机电专业新技术普及丛书

PLC 实用技术（三菱）

主　编　王　建　张文凡　张　凯

副主编　李　伟　张　宏　娄志勇

　　　　韩春梅

参　编　王春晖　寇　爽　李迎波

　　　　吴　婧　汤　瑞

主　审　徐洪亮

参　审　宋永昌

机 械 工 业 出 版 社

本书根据企业生产实际，结合典型项目的 PLC、变频器及触摸屏程序，详细介绍了三菱 FX2N 系列 PLC 的实用技术，实例设计紧贴生产一线。主要内容包括：PLC 基础知识，PLC 的基本操作，PLC 的应用基础，步进顺序控制指令的应用，功能指令的应用，FX 系列 PLC、变频器及触摸屏的综合应用等。

本书内容取材于生产一线，实用性强，既可作为机电专业新技术普及用书，也可作为企业培训部门、职业技能鉴定培训机构的教材，还可作为从事 PLC 应用及开发的工程技术人员的参考用书。

图书在版编目（CIP）数据

PLC 实用技术．三菱/王建，张文凡，张凯主编．—北京：机械工业出版社，2012.3（2025.1 重印）
（机电专业新技术普及丛书）
ISBN 978-7-111-37734-4

Ⅰ.①P… Ⅱ.①王…②张…③张… Ⅲ.①plc 技术 Ⅳ.①TM571.6

中国版本图书馆 CIP 数据核字（2012）第 048495 号

机械工业出版社（北京市百万庄大街 22 号 邮政编码 100037）
策划编辑：朱 华 责任编辑：王振国
版式设计：石 冉 责任校对：陈延翔
封面设计：路恩中 责任印制：郜 敏
北京富资园科技发展有限公司印刷
2025 年 1 月第 1 版第 4 次印刷
184mm×260mm · 12 印张 · 296 千字
标准书号：ISBN 978-7-111-37734-4
定价：39.80 元

电话服务 网络服务
客服电话：010-88361066 机 工 官 网：www.cmpbook.com
010-88379833 机 工 官 博：weibo.com/cmp1952
010-68326294 金 书 网：www.golden-book.com
封底无防伪标均为盗版 机工教育服务网：www.cmpedu.com

丛书编委会

前言
FOREWORD

随着经济全球化进程的不断加快，发达国家的制造能力加速向发展中国家转移，我国已成为全球的加工制造基地，但却凸显了我国高技能型人才严重短缺的现实问题，特别是对掌握数控加工技术以及自动化新技术人才的需要越来越多，而很多工人受条件限制，无法到学校接受系统的数控加工技术以及自动化新技术的职业教育；对于离开校园数年、有一定工作经验的人员，也需要进行“充电”，以适应新技术发展的需要。

为解决上述矛盾，本丛书编委会组织一批学术水平高、经验丰富、实践能力强，身处企业、行业一线的专家在充分调研的基础上，结合企业实际需要，共同研究培训目标，编写了这套《机电专业新技术普及丛书》。

本套丛书的编写特色有：

1. 坚持以“以技能为核心，面向青年工人的继续充电、继续提高”为培养方针，把企业和技术工人急需的高新技术进行普及和推广，加快高技能人才的培养，更好地满足企业的用人需求。

2. 更注重实际工作能力和动手技能的培养，内容贴近生产岗位，注重实用，力图实现培训的“短、平、快”，使学员经过培训后能立即胜任本岗位的工作。

3. 在内容上充分体现一个“新”字，即充分反映新知识、新技术、新工艺和新设备，紧跟科技发展的潮流，具有先进性和前瞻性。

4. 以解决实际问题为切入点，尽量采用以图代文、代表代文的编写形式，最大限度降低学习难度，提高读者的学习兴趣。

本套丛书涉及数控技术和电气技术两大领域，是面向有志于学习数控加工、机电一体化以及自动控制实用技术，并从事过相关工作的技术工人的培训用书。适合有一定经验的工人进行自学或转岗培训。

我们希望这套丛书能成为读者的良师益友，能为读者提供有益的帮助！

本书由王建、张文凡、张凯任主编，李伟、张宏、娄志勇、韩春梅任副主编，王春晖、寇爽、李迎波、吴婧、汤瑞参加编写。全书由徐洪亮任主审，宋永昌参审。

由于时间和水平有限，书中难免存在不足之处，敬请广大读者批评指正。

编　者

目录

CONTENT

第一章 PLC基础知识

第一节 PLC 概述

可编程序控制器（Programmble Controller）简称 PC 或 PLC。它是在电器控制技术和计算机技术的基础上开发出来的，并逐渐发展成为以微处理器为核心，把自动化技术、计算机技术、通信技术融为一体的新型工业控制装置。目前，PLC 已被广泛应用于各种生产机械和生产过程的自动控制中，成为一种最重要、最普及、应用场合最多的工业控制装置，被公认为现代工业自动化的三大支柱（PLC、机器人、CAD/CAM）之一。

一、PLC 的特点与应用领域

PLC 技术之所以得到高速发展，除了工业自动化的客观需要外，主要是因为它具有许多独特的优点。它较好地解决了工业控制领域中普遍关心的可靠、安全、灵活、方便、经济等问题。它主要有以下特点：

（1）可靠性高、抗干扰能力强　可靠性高、抗干扰能力强是 PLC 最重要的特点之一。PLC 的平均无故障时间可达几十万个小时，之所以有这么高的可靠性，是由于它采用了一系列的硬件和软件的抗干扰措施：

1）硬件方面：I/O 通道采用光电隔离，有效地抑制了外部干扰源对 PLC 的影响；对供电电源及线路采用多种形式的滤波，从而消除或抑制了高频干扰；对 CPU 等重要部件采用良好的导电、导磁材料进行屏蔽，以减少空间电磁干扰；对有些模块设置了联锁保护、自诊断电路等。

2）软件方面：PLC 采用扫描工作方式，减少了由于外界环境干扰引起的故障；在 PLC 系统程序中设有故障检测和自诊断程序，能对系统硬件电路等故障实现检测和判断；当由外界干扰引起故障时，能立即将当前重要信息加以封存，禁止任何不稳定的读写操作，一旦外界环境正常后，便可恢复到故障发生前的状态，继续原来的工作。

（2）编程简单、使用方便　目前，大多数 PLC 采用的编程语言是梯形图语言，它是一种面向生产、面向用户的编程语言。梯形图与电器控制电路图相似，形象、直观，不需要掌握计算机知识，很容易让广大工程技术人员掌握。当生产流程需要改变时，可以现场改变程序，使用方便、灵活。同时，PLC 编程器的操作和使用也很简单。这也是 PLC 获得普及和推广的主要原因之一。

许多 PLC 还针对具体问题，设计了各种专用编程指令及编程方法，进一步简化了编程。

（3）功能完善、通用性强　现代 PLC 不仅具有逻辑运算、定时、计数、顺序控制等功能，而且还具有 A/D 和 D/A 转换、数值运算、数据处理、PID 控制、通信联网等功能。同时，由于 PLC 产品的系列化、模块化，有品种齐全的各种硬件装置供用户选用，可以组成满足各种要求的控制系统。

（4）设计安装简单、维护方便　由于 PLC 用软件代替了传统电气控制系统的硬件，控制柜的设计、安装接线工作量大为减少。PLC 的用户程序大部分可在实验室进行模拟调试，缩短了应用设计和调试周期。在维修方面，由于 PLC 的故障率极低，维修工作量很小；而且 PLC 具有很强的自诊断功能，如果出现故障，可根据 PLC 或编程器提供的故障信息，迅速查明原因，维修极为方便。

（5）体积小、重量轻、能耗低　由于 PLC 采用了集成电路，其结构紧凑、体积小、能耗低，因而是实现机电一体化的理想控制设备。

二、PLC 的应用

目前，在国内外 PLC 已广泛应用于冶金、石油、化工、建材、机械制造、电力、汽车、轻工、环保及文化娱乐等各行各业，随着 PLC 性能价格比的不断提高，其应用领域也在不断扩大。从应用类型看，PLC 的应用大致可归纳为以下几个方面：

（1）开关量逻辑控制　利用 PLC 最基本的逻辑运算、定时、计数等功能实现逻辑控制，可以取代传统的继电器控制，用于单机控制、多机群控制、生产自动线控制等，例如：机床、注塑机、印刷机械、装配生产线、电镀流水线及电梯的控制等。这是 PLC 最基本的应用，也是 PLC 最广泛的应用领域。

（2）运动控制　大多数 PLC 都有拖动步进电动机或伺服电动机的单轴或多轴位置控制模块。这一功能广泛用于各种机械设备，如对各种机床、装配机械、机器人等进行运动控制。

（3）过程控制　大、中型 PLC 都具有多路模拟量 I/O 模块和 PID 控制功能，有的小型 PLC 也具有模拟量输入和输出。所以 PLC 可实现模拟量控制，而且具有 PID 控制功能的 PLC 可构成闭环控制，用于过程控制。这一功能已广泛用于锅炉、反应堆、水处理、酿酒以及闭环位置控制和速度控制等方面。

（4）数据处理　现代的 PLC 都具有数学运算、数据传送、转换、排序和查表等功能，可进行数据的采集、分析和处理，同时可通过通信接口将这些数据传送给其他智能装置，如计算机数值控制（CNC）设备，进行处理。

（5）通信联网　PLC 的通信包括 PLC 与 PLC、PLC 与上位计算机、PLC 与其他智能设备之间的通信，PLC 系统与通用计算机可直接或通过通信处理单元、通信转换单元相连构成网络，以实现信息的交换，并可构成“集中管理、分散控制”的多级分布式控制系统，满足工厂自动化（FA）系统发展的需要。

三、PLC 的分类

PLC 产品种类繁多，其规格和性能也各不相同。对 PLC 的分类，通常根据其结构形式的不同、功能的差异和 I/O 点数的多少等进行大致分类。

（1）按结构形式分类　根据 PLC 的结构形式，可将 PLC 分为整体式和模块式两类。

1）整体式 PLC。整体式 PLC 是将电源、CPU、I/O 接口等部件都集中安装在一个机箱内，具有结构紧凑、体积小、价格低的特点。小型 PLC 一般采用这种整体式结构。整体式 PLC 由不同 I/O 点数的基本单元（又称为主机）和扩展单元组成。基本单元内有 CPU、I/O

接口、与I/O扩展单元相连的扩展口，以及与编程器或EPROM写入器相连的接口等。扩展单元内只有I/O和电源等，没有CPU。基本单元和扩展单元之间一般用扁平电缆连接。整体式PLC一般还可配备特殊功能单元，如模拟量单元、位置控制单元等，使其功能得以扩展。

2）模块式PLC。模块式PLC是将PLC各组成部分，分别制作成若干个单独的模块，如CPU模块、I/O模块、电源模块（有的含在CPU模块中）以及各种功能模块。模块式PLC由框架或基板和各种模块组成。模块装在框架或基板的插座上。这种模块式PLC的特点是配置灵活，可根据需要选配不同规模的系统，而且装配方便，便于扩展和维修。大、中型PLC一般采用模块式结构。

还有一些PLC将整体式和模块式的特点结合起来，构成所谓叠装式PLC。叠装式PLC的CPU、电源、I/O接口等也是各自独立的模块，但它们之间是靠电缆进行连接，并且各模块可以一层层地叠装。这样，不但系统可以灵活配置，还可以将体积制作得更为小巧。

（2）按功能分类　根据PLC所具有的功能不同，可将PLC分为低档、中档、高档三类。

1）低档PLC。这种PLC具有逻辑运算、定时、计数、移位以及自诊断、监控等基本功能，还可以有少量模拟量输入/输出、算术运算、数据传送和比较、通信等功能。它主要用于逻辑控制、顺序控制或少量模拟量控制的单机控制系统。

2）中档PLC。这种PLC除具有低档PLC的功能外，还具有较强的模拟量输入/输出、算术运算、数据传送和比较、数制转换、远程I/O、子程序、通信联网等功能。有些还可以增设中断控制、PID控制等功能，适用于复杂控制系统。

3）高档PLC。这种PLC除具有中档机的功能外，还增加了带符号算术运算、矩阵运算、位逻辑运算、平方根运算及其他特殊功能函数的运算、制表及表格传送功能等。高档PLC机具有更强的通信联网功能，可用于大规模过程控制或构成分布式网络控制系统，实现工厂自动化。

（3）按I/O点数分类　根据PLC的I/O点数的多少，可将PLC分为小型、中型和大型三类。

1）小型PLC。I/O点数为256点以下的为小型PLC。其中，I/O点数小于64点的为超小型或微型PLC。

2）中型PLC。I/O点数为256点以上、2048点以下的为中型PLC。

3）大型PLC。I/O点数为2048以上的为大型PLC。其中，I/O点数超过8192点的为超大型PLC。

在实际中，一般PLC功能的强弱与其I/O点数的多少是相互关联的，即PLC的功能越强，其可配置的I/O点数越多。因此，通常我们所说的小型、中型、大型PLC，除指其I/O点数不同外，同时也表示其对应功能为低档、中档、高档。

第二节　PLC的内部结构和控制系统

一、PLC的基本组成

PLC是微机技术和控制技术相结合的产物，是一种以微处理器为核心的用于控制的特殊计算机，因此PLC的基本组成与一般的微机系统类似。

1. PLC 的硬件组成

PLC 的硬件主要由中央处理器（CPU）、存储器、输入单元、输出单元、通信接口、扩展接口电源等部分组成。其中，CPU 是 PLC 的核心，输入单元与输出单元是连接现场输入/输出设备与 CPU 之间的接口电路，通信接口用于与编程器、上位计算机等外部设备连接。

对于整体式 PLC，所有部件都安装在同一机壳内，其组成框图如图 1-1 所示；对于模块式 PLC，各部件独立封装成模块，各模块通过总线连接，安装在机架或导轨上，其组成框图如图 1-2 所示。无论是哪种结构类型的 PLC，都可根据用户需要进行配置与组合。

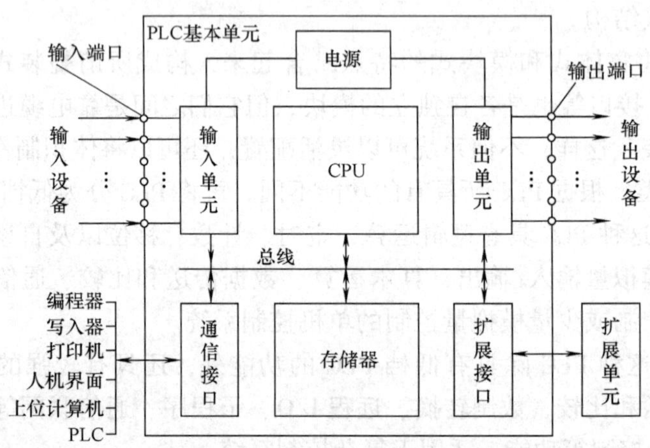

图 1-1 整体式 PLC 组成框图

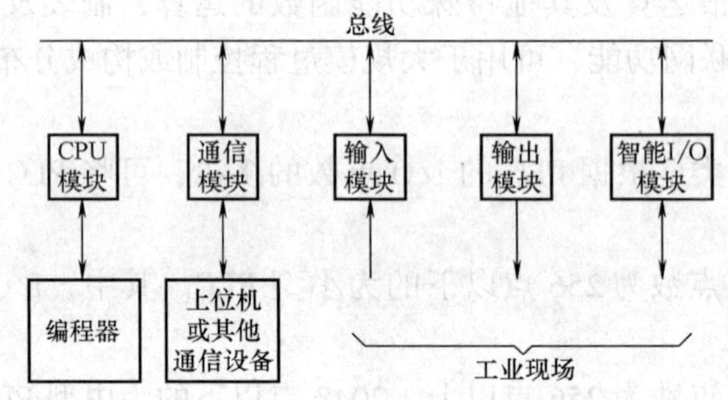

图 1-2 模块式 PLC 组成框图

尽管整体式 PLC 与模块式 PLC 的结构不太一样，但其各组成部分的功能和作用是相同的，下面对 PLC 主要各组成部分进行简单介绍。

（1）中央处理器（CPU） 同一般的微机一样，CPU 是 PLC 的核心。PLC 中所配置的 CPU 随机型不同而不同，常用的有三类：通用微处理器（如 Z80、8086、80286 等）、单片微处理器（如 8031、8096 等）和位片式微处理器（如 AMD29W 等）。小型 PLC 大多采用 8 位通用微处理器和单片微处理器；中型 PLC 大多采用 16 位通用微处理器或单片微处理器；大型 PLC 大多采用高速位片式微处理器。

目前，小型 PLC 为单 CPU 系统，而中、大型 PLC 则大多为双 CPU 系统，甚至有些 PLC 中多达 8 个 CPU。对于双 CPU 系统，其中一个为字处理器，一般采用 8 位或 16 位处理器；另一个为位处理器，采用由各厂家设计制造的专用芯片。字处理器为主处理器，用于执行编程器接口功能，监视内部定时器，监视扫描时间，处理字节指令以及对系统总线和位处理器进行控制等。位处理器为从处理器，主要用于处理位操作指令和实现 PLC 编程语言向机器语言的转换。位处理器的采用，提高了 PLC 的速度，使 PLC 更好地满足实时控制要求。

（2）存储器　存储器主要有两种：一种是可读/写操作的随机存储器 RAM，另一种是只读存储器 ROM、PROM、EPROM 和 EEPROM。在 PLC 中，存储器主要用于存放系统程序、用户程序及工作数据。

1）系统程序。它是由 PLC 的制造厂家编写的，和 PLC 的硬件组成有关，完成系统诊断、命令解释、功能子程序调用管理、逻辑运算、通信及各种参数设定等功能，提供 PLC 运行的平台。系统程序关系到 PLC 的性能，而且在 PLC 使用过程中不会变动，所以是由制造厂家直接固化在只读存储器 ROM、PROM 或 EPROM 中，用户不能访问和修改。

2）用户程序。它是随 PLC 的控制对象而定的，由用户根据对象生产工艺的控制要求而编制的应用程序。为了便于读出、检查和修改，用户程序一般存于 CMOS 静态 RAM 中，用锂电池作为后备电源，以保证掉电时不会丢失信息。为了防止干扰对 RAM 中程序的破坏，若用户程序正常运行，不需要改变，可将其固化在只读存储器 EPROM 中。现在有许多 PLC 直接采用 EEPROM 作为用户存储器。

3）工作数据。它是 PLC 运行过程中经常变化、经常存取的一些数据。存放在 RAM 中，以适应随机存取的要求。在 PLC 的工作数据存储器中，设有存放输入/输出继电器、辅助继电器、定时器、计数器等逻辑器件的存储区，这些器件的状态都是由用户程序的初始设置和运行情况而确定的。根据需要，部分数据在掉电时用后备电池维持其现有的状态，这部分在掉电时可保存数据的存储区域称为保持数据区。

由于系统程序及工作数据与用户无直接联系，所以在 PLC 产品样本或使用手册中所列存储器的形式及容量是指用户程序存储器。当 PLC 提供的用户存储器容量不够用时，许多 PLC 还提供有存储器扩展功能。

（3）输入/输出单元　输入/输出单元通常也称为 I/O 单元或 I/O 模块，是 PLC 与工业生产现场之间的连接部件。PLC 通过输入接口可以检测被控对象的各种数据，以这些数据作为 PLC 对被控制对象进行控制的依据；同时 PLC 又通过输出接口将处理结果送给被控制对象，以实现控制目的。

由于外部输入设备和输出设备所需的信号电平是多种多样的，而 PLC 内部 CPU 处理的信息只能是标准电平，所以 I/O 接口要实现这种转换。I/O 接口一般都具有光电隔离和滤波功能，以提高 PLC 的抗干扰能力。另外，I/O 接口上通常还有状态指示，工作状况直观，便于维护。

PLC 提供了多种操作电平和驱动能力的 I/O 接口，有各种各样功能的 I/O 接口供用户选用。I/O 接口的主要类型有：数字量（开关量）输入、数字量（开关量）输出、模拟量输入、模拟量输出等。

常用的开关量输入接口按其使用的电源不同有三种类型：直流输入型、交流输入型和交/直流输入型，其基本原理电路如图 1-3 所示。

常用的开关量输出接口按输出开关器件不同有三种类型：继电器输出型、晶体管输出型和双向晶闸管输出型，其基本电路如图 1-4 所示。继电器输出型接口可驱动交流或直流负载，但其响应时间长，动作频率低；而晶体管输出型和双向晶闸管输出型接口的响应速度

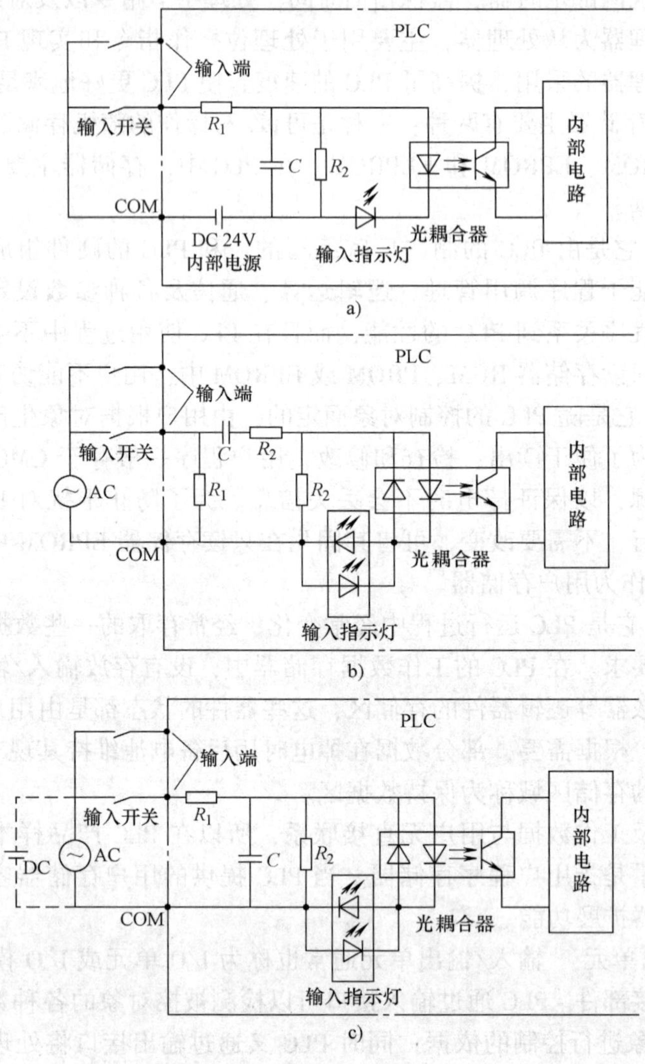

图 1-3　开关量输入接口基本电路
a）直流输入型　b）交流输入型　c）交/直流输入型

快，动作频率高，但前者只能用于驱动直流负载，后者只能用于交流负载。

PLC 的 I/O 接口所能接受的输入信号个数和输出信号个数称为 PLC 输入/输出（I/O）点数。I/O 点数是选择 PLC 的重要依据之一。当系统的 I/O 点数不够时，可通过 PLC 的 I/O 扩展接口对系统进行扩展。

（4）通信接口　PLC 配有各种通信接口，这些通信接口一般都带有通信处理器。PLC 通过这些通信接口可与监视器、打印机、其他 PLC、计算机等设备实现通信。PLC 与打印机连接，可将过程信息、系统参数等输出打印；与监视器连接，可将控制过程图像显示出来；与其他 PLC 连接，可组成多机系统或连成网络，实现更大规模控制。与计算机连接，可组成多级分布式控制系统，实现控制与管理相结合。

远程 I/O 系统也必须配备相应的通信接口模块。

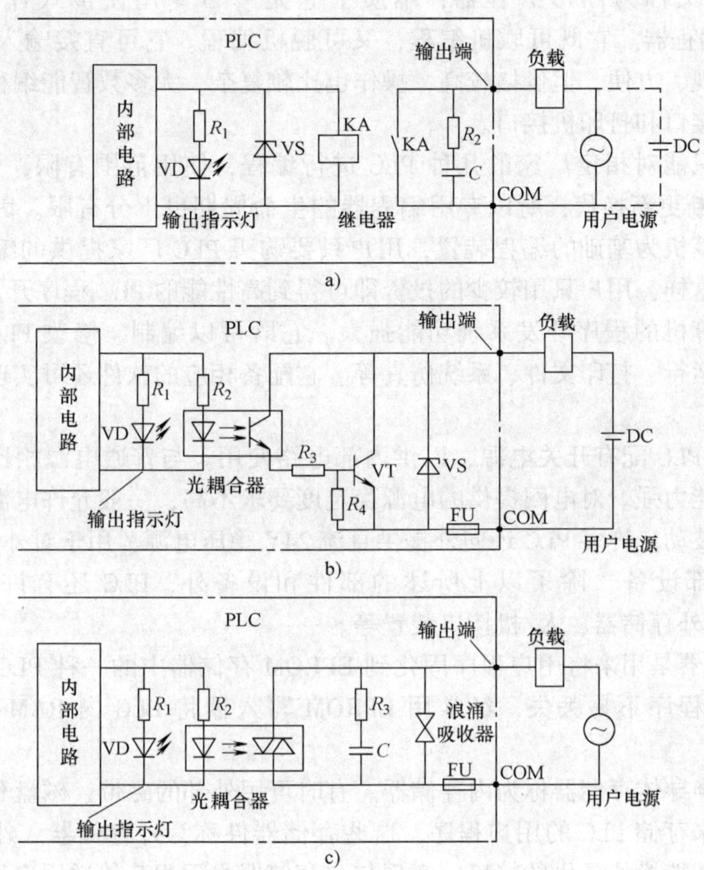

图 1-4　开关量输出接口基本电路

a）继电器输出型　b）晶体管输出型　c）晶闸管输出型

（5）智能接口模块　智能接口模块是一个独立的计算机系统，它有自己的 CPU、系统程序、存储器以及与 PLC 系统总线相连的接口。它作为 PLC 系统的一个模块，通过总线与 PLC 相连，进行数据交换，并在 PLC 的协调管理下独立地进行工作。

PLC 的智能接口模块种类很多，如：高速计数模块、闭环控制模块、运动控制模块、中断控制模块等。

（6）编程装置　编程装置的作用是编辑、调试、输入用户程序，也可在线监控 PLC 内部状态和参数，与 PLC 进行人机对话。它是开发、应用、维护 PLC 不可缺少的工具。编程装置可以是专用编程器，也可以是配有专用编程软件包的通用计算机系统。专用编程器是由 PLC 厂家生产，专供该厂家生产的某些 PLC 产品使用，它主要由键盘、显示器和外存储器接插口等部件组成。专用编程器有简易编程器和智能编程器两类。

简易编程器只能联机编程，而且不能直接输入和编辑梯形图程序，需要将梯形图程序转化为指令表程序才能输入。简易编程器体积小、价格便宜，它可以直接插在 PLC 的编程插座上，或者用专用电缆与 PLC 相连，以方便编程和调试。有些简易编程器带有存储盒，可用来储存用户程序，如三菱的 FX-20P-E 简易编程器。

智能编程器又称为图形编程器，本质上它是一台专用便携式计算机，如三菱的GP-80FX-E智能编程器。它既可联机编程，又可脱机编程。它可直接输入和编辑梯形图程序，使用更加直观、方便，但价格较高，操作也比较复杂。大多数智能编程器带有磁盘驱动器，提供录音机接口和打印机接口。

专用编程器只能对指定厂家的几种 PLC 进行编程，使用范围有限，价格较高。同时，由于 PLC 产品不断更新换代，所以专用编程器的生命周期也十分有限。因此，现在的趋势是使用以个人计算机为基础的编程装置，用户只要购买 PLC 厂家提供的编程软件和相应的硬件接口装置。这样，用户只用较少的投资即可得到高性能的 PLC 程序开发系统。

基于个人计算机的程序开发系统功能强大。它既可以编制、修改 PLC 的梯形图程序，又可以监视系统运行、打印文件、系统仿真等。它配备相应的软件还可实现数据采集和分析等许多功能。

（7）电源　PLC 配有开关电源，以供内部电路使用。与普通电源相比，PLC 电源的稳定性好、抗干扰能力强。对电网提供的电源稳定度要求不高，一般允许电源电压在其额定值 ±15% 的范围内波动。许多 PLC 还向外提供直流 24V 稳压电源，用于对外部传感器供电。

（8）其他外部设备　除了以上所述的部件和设备外，PLC 还有许多外部设备，如 EPROM 写入器、外存储器、人/机接口装置等。

EPROM 写入器是用来将用户程序固化到 EPROM 存储器中的一种 PLC 外部设备。为了使调试好的用户程序不易丢失，经常用 EPROM 写入器将 PLC 内 RAM 中的程序保存到 EPROM 中。

PLC 内部的半导体存储器称为内存储器。有时可用外部的磁带、磁盘和用半导体存储器作成的存储盒等来存储 PLC 的用户程序，这些存储器件称为外存储器。外存储器一般是通过编程器或其他智能模块提供的接口，实现与内存储器之间相互传送用户程序。

人/机接口装置是用来实现操作人员与 PLC 控制系统的对话。最简单、最普遍的人/机接口装置由安装在控制台上的按钮、转换开关、拨码开关、指示灯、LED 显示器、声光报警器等器件构成。对于 PLC 系统，还可采用半智能型 CRT 人/机接口装置和智能型终端人/机接口装置。半智能型 CRT 人/机接口装置可长期安装在控制台上，通过通信接口接收来自 PLC 的信息并在 CRT 上显示出来；而智能型终端人/机接口装置有自己的微处理器和存储器，能够与操作人员快速交换信息，并通过通信接口与 PLC 相连，也可作为独立的节点接入 PLC 网络。

2. PLC 的软件组成

PLC 的软件由系统程序和用户程序组成。

（1）系统程序　它由 PLC 制造厂商设计编写，并存入 PLC 的系统存储器中，用户不能直接读写与更改。系统程序一般包括系统诊断程序、输入处理程序、编译程序、信息传送程序、监控程序等。

（2）用户程序　PLC 的用户程序是用户利用 PLC 的编程语言，根据控制要求编制的程序。在 PLC 的应用中，最重要的是用 PLC 的编程语言来编写用户程序，以实现控制目的。由于 PLC 是专门为工业控制而开发的装置，其主要使用者是广大电气技术人员，为了满足他们的传统习惯和掌握能力，PLC 的主要编程语言采用比计算机语言相对简单、易懂、形象的专用语言。

PLC 编程语言是多种多样的，对于不同生产厂家、不同系列的 PLC 产品采用的编程语言的表达方式也不相同，但基本上可以归纳为两种类型：一种是采用字符表达方式的编程语言，如语句表等；另一种是采用图形符号表达方式编程语言，如梯形图等。

1）梯形图语言。梯形图语言是在传统电器控制系统中常用的接触器、继电器等图形表达符号的基础上演变而来的。它与电器控制电路图相似，继承了传统电器控制逻辑中使用的框架结构、逻辑运算方式和输入/输出形式，具有形象、直观、实用的特点。因此，这种编程语言为广大电气技术人员所熟知，是应用最广泛的 PLC 的编程语言，是 PLC 的第一编程语言。

如图 1-5 所示为传统的电器控制电路图与 PLC 梯形图。

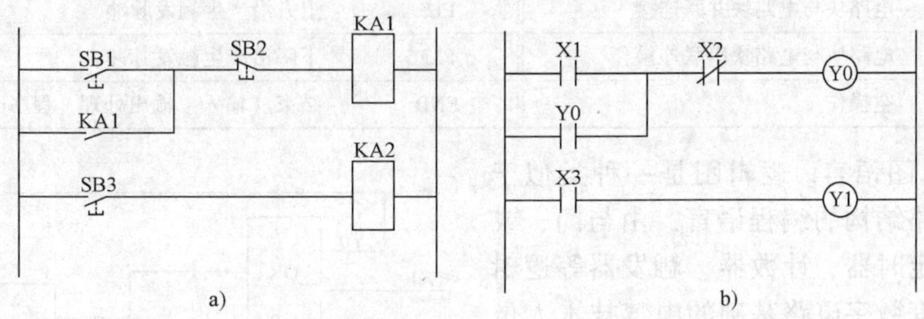

图 1-5　电器控制电路图与 PLC 梯形图

a）电器控制电路图　b）PLC 梯形图

从图中可看出，两种图基本表达思想是一致的，只是具体表达方式有一定区别。PLC 的梯形图使用的是内部继电器、定时/计数器等，都是由软件来实现的，使用方便，修改灵活，是原电器控制电路硬接线无法比拟的。

2）语句表语言。这种编程语言是一种与汇编语言类似的助记符编程表达方式。在 PLC 应用中，经常采用简易编程器，而这种编程器中没有 CRT 屏幕显示，或没有较大的液晶屏幕显示。因此，就用一系列 PLC 操作命令组成的语句表将梯形图描述出来，再通过简易编程器输入到 PLC 中。虽然各个 PLC 生产厂家的语句表形式不尽相同，但基本功能相差无几。以下是与图 1-5 所示梯形图对应的（FX 系列 PLC）语句表程序。

步序号	指令	数据
0	LD	X1
1	OR	Y0
2	ANI	X2
3	OUT	Y0
4	LD	X3
5	OUT	Y1

可以看出，语句是语句表程序的基本单元，每个语句和微机一样也由地址（步序号）、操作码（指令）和操作数（数据）三部分组成。

FX2 系列 PLC 的指令系统包括 20 条基本指令、2 条步进指令和 87 条功能指令。其常见的基本指令见表 1-1。

表 1-1 FX2 系列 PLC 的基本指令

指　令	助记符功能	指　令	助记符功能
LD	常开触点与左母线连接	MPS	进栈
LDI	常闭触点与左母线连接	MRD	读栈
OUT	输出逻辑运算结果，驱动输出线圈	MPP	出栈
AND	常开触点	MC	主控（公共触点串联连接）
ANI	常闭触点串联连接	MCR	主控复位
OR	常开触点并联连接	SET	置位（使操作保持）
ORI	常闭触点并联连接	RST	复位（使操作复位或当前数据清零）
ORB	电路块与电路块并联连接	PLS	上升沿产生触发脉冲
ANB	电路块与电路块串联连接	PLF	下降沿产生触发脉冲
NOP	空操作	END	结束（输入、输出处理，程序回第“0”步）

3）逻辑图语言。逻辑图是一种类似于数字逻辑电路结构的编程语言，由与门、或门、非门、定时器、计数器、触发器等逻辑符号组成。有数字电路基础的电气技术人员较容易掌握，如图 1-6 所示。

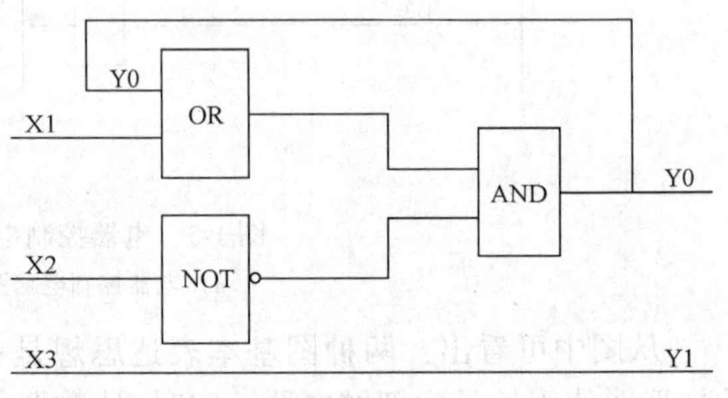

图 1-6　逻辑图语言编程

4）功能表图语言。功能表图语言（又称为 SFC 语言）是一种较新的编程方法，又称为状态转移图语言。它将一个完整的控制过程分为若干阶段，各阶段具有不同的动作，阶段间有一定的转换条件，转换条件满足时就可实现阶段转移，上一阶段动作结束，下一阶段动作开始。使用功能表图的方式来表达一个控制过程，对于顺序控制系统特别适用。

5）高级语言。随着 PLC 技术的发展，为了增强 PLC 的运算、数据处理及通信等功能，以上编程语言无法很好地满足要求。近年来推出的 PLC，尤其是大型 PLC，都可用高级语言，如 BASIC 语言、C 语言、PASCAL 语言等进行编程。采用高级语言后，用户可以像使用普通微型计算机一样操作 PLC，使 PLC 的各种功能得到更好的发挥。

二、PLC 的工作原理

1. 扫描工作原理

当 PLC 运行时，是通过执行反映控制要求的用户程序来完成控制任务的，需要执行众多的操作，但 CPU 不可能同时去执行多个操作，它只能按分时操作（串行工作）方式，每一次执行一个操作，按顺序逐个执行。由于 CPU 的运算处理速度很快，所以从宏观上来看，PLC 外部出现的结果似乎是同时（并行）完成的。这种串行工作过程称为 PLC 的扫描工作方式。

用扫描工作方式执行用户程序时，扫描是从第一条程序开始，在无中断或跳转控制的情况下，按程序存储顺序的先后，逐条执行用户程序，直到程序结束；然后，再从头开始扫描执行，周而复始重复运行。

PLC 的扫描工作方式与电器控制的工作原理明显不同。电器控制装置采用硬逻辑的并行工作方式，例如：若某个继电器的线圈通电或断电，那么该继电器的所有常开和常闭触点不论处在控制电路的哪个位置上，都会立即同时动作；而 PLC 采用扫描工作方式（串行工作方式），例如：若某个软继电器的线圈被接通或断开，其所有的触点不会立即动作，必须扫描到才会动作。但是，由于 PLC 的扫描速度快，通常 PLC 与电器控制装置在 I/O 的处理结果上并没有什么差别。

2. PLC 扫描工作过程

PLC 的扫描工作过程除了执行用户程序外，在每次扫描工作过程中还要完成内部处理、通信服务工作。如图 1-7 所示，整个扫描工作过程包括内部处理、通信服务、输入采样、程序执行、输出刷新五个阶段。整个过程扫描执行一遍所需要的时间称为扫描周期。扫描周期与 CPU 运行速度、PLC 硬件配置及用户程序长短有关，典型值为 1～100ms。

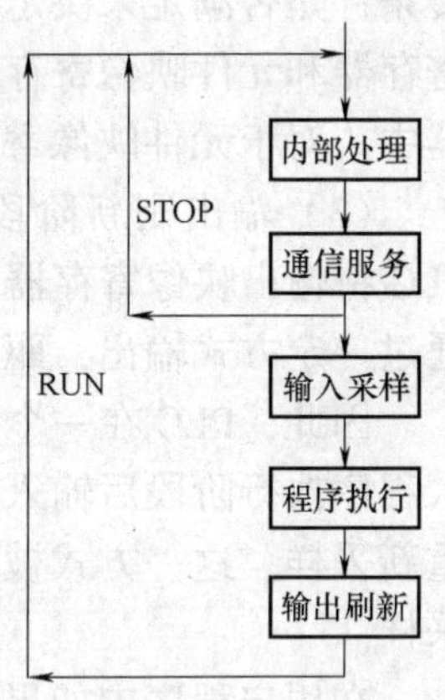

图 1-7 扫描过程示意图

在内部处理阶段，进行 PLC 自检，检查内部硬件是否正常，对监视定时器（WDT）复位以及完成其他一些内部处理工作。

在通信服务阶段，PLC 与其他智能装置实现通信，响应编程器键入的命令，更新编程器的显示内容等。

当 PLC 处于停止（STOP）状态时，只完成内部处理和通信服务工作。当 PLC 处于运行（RUN）状态时，除完成内部处理和通信服务工作外，还要完成输入采样、程序执行、输出刷新工作。

PLC 的扫描工作方式简单直观，便于程序的设计，并为可靠运行提供了保障。当 PLC 扫描到的指令被执行后，其结果马上就被后面将要扫描到的指令所利用，而且还可通过 CPU 内部设置的监视定时器来监视每次扫描是否超过规定时间，避免由于 CPU 内部故障使程序执行进入死循环。

3. PLC 执行程序的过程及特点

PLC 执行程序的过程分为三个阶段，即输入采样阶段、程序执行阶段、输出刷新阶段，如图 1-8 所示。

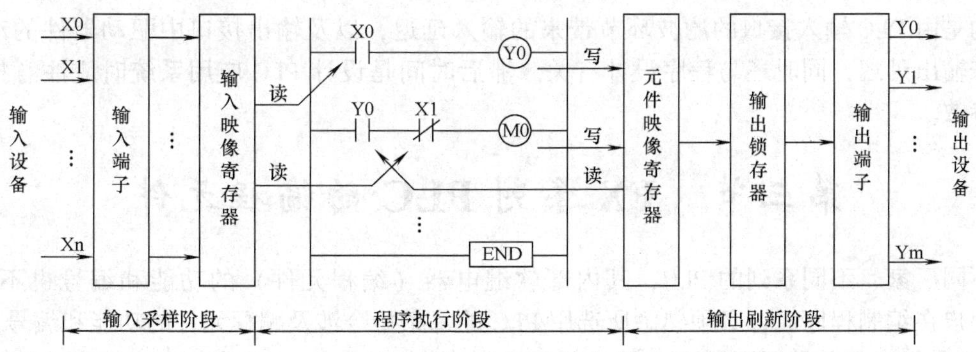

图 1-8 PLC 执行程序过程示意图

（1）输入采样阶段　在输入采样阶段，PLC以扫描工作方式按顺序对所有输入端的输入状态进行采样，并存入输入映像寄存器中，此时输入映像寄存器被刷新。接着进入程序处理阶段，在程序执行阶段或其他阶段，即使输入状态发生变化，输入映像寄存器的内容也不会改变，输入状态的变化只有在下一个扫描周期的输入处理阶段才能被采样到。

（2）程序执行阶段　在程序执行阶段，PLC对程序按顺序进行扫描执行。若程序用梯形图来表示，则总是按先上后下，先左后右的顺序进行。当遇到程序跳转指令时，则根据跳转条件是否满足来决定程序是否跳转。当指令中涉及到输入、输出状态时，PLC从输入映像寄存器和元件映像寄存器中读出，根据用户程序进行运算，运算的结果再存入元件映像寄存器中。对于元件映像寄存器来说，其内容会随程序执行的过程而变化。

（3）输出刷新阶段　当所有程序执行完毕后，进入输出处理阶段。在这一阶段里，PLC将输出映像寄存器中与输出有关的状态（输出继电器状态）转存到输出锁存器中，并通过一定方式输出，驱动外部负载。

因此，PLC在一个扫描周期内，对输入状态的采样只在输入采样阶段进行。当PLC进入程序执行阶段后输入端将被封锁，直到下一个扫描周期的输入采样阶段才对输入状态进行重新采样。这一方式被称为集中采样，即在一个扫描周期内，集中一段时间对输入状态进行采样。

在用户程序中如果对输出结果多次赋值，则最后一次有效。在一个扫描周期内，只在输出刷新阶段才将输出状态从输出映像寄存器中输出，对输出接口进行刷新。在其他阶段里输出状态一直保存在输出映像寄存器中。这种方式称为集中输出。

对于小型PLC，其I/O点数较少，用户程序较短，一般采用集中采样、集中输出的工作方式，虽然在一定程度上降低了系统的响应速度，但是PLC工作时大多数时间与外部输入/输出设备隔离，从根本上提高了系统的抗干扰能力，增强了系统的可靠性。

而对于大中型PLC，其I/O点数较多，控制功能强，用户程序较长，为提高系统响应速度，可以采用定期采样、定期输出方式，或中断输入、输出方式以及采用智能I/O接口等多种方式。

从上述分析可知，当PLC的输入端输入信号发生变化到PLC输出端对该输入变化作出反应，需要一段时间，这种现象称为PLC输入/输出响应滞后。对一般的工业控制，这种滞后是完全允许的。应该注意的是，这种响应滞后不仅是由于PLC扫描工作方式造成的，更主要的是由PLC输入接口的滤波环节带来的输入延迟，以及输出接口中驱动器件的动作时间带来输出延迟，同时还与程序设计有关。滞后时间是设计PLC应用系统时应注意把握的一个参数。

第三节　FX系列PLC的编程元件

不同厂家、不同系列的PLC，其内部软继电器（编程元件）的功能和编号也不相同，因此用户在编制程序时，必须熟悉所选用PLC的每条指令涉及编程元件的功能和编号。

FX系列中几种常用型号PLC的编程元件及编号见表1-2。FX系列PLC编程元件的编号由字母和数字组成，其中输入继电器和输出继电器用八进制数字编号，其他均采用十进制数字编号。为了能全面了解FX系列PLC的内部软继电器，本节是以FX2N为例进行介绍的。

表 1-2　FX 系列 PLC 的内部软继电器及编号

编程元件种类 \ PLC 型号		FX0S	FX1S	FX0N	FX1N	FX2N（FX2NC）
输入继电器 X（按八进制编号）		X0 ~ X17（不可扩展）	X0 ~ X17（不可扩展）	X0 ~ X43（可扩展）	X0 ~ X43（可扩展）	X0 ~ X77（可扩展）
输出继电器 Y（按八进制编号）		Y0 ~ Y15（不可扩展）	Y0 ~ Y15（不可扩展）	Y0 ~ Y27（可扩展）	Y0 ~ Y27（可扩展）	Y0 ~ Y77（可扩展）
辅助继电器 M	通用	M0 ~ M495	M0 ~ M383	M0 ~ M383	M0 ~ M383	M0 ~ M499
	断电保持	M496 ~ M511	M384 ~ M511	M384 ~ M511	M384 ~ M1535	M500 ~ M3071
	特殊	M8000 ~ M8255				
状态寄存器 S	初始状态用	S0 ~ S9	S0 ~ S9	S0 ~ S9	S0 ~ S9	S0 ~ S9
	返回原点用	—	—	—	—	S10 ~ S19
	普通	S10 ~ S63	S10 ~ S127	S10 ~ S127	S10 ~ S999	S20 ~ S499
	保持	—	S0 ~ S127	S0 ~ S127	S0 ~ S999	S500 ~ S899
	信号报警用	—	—	—	—	S900 ~ S999
定时器 T	100ms	T0 ~ T49	T0 ~ T62	T0 ~ T62	T0 ~ T199	T0 ~ T199
	10ms	T24 ~ T49	T32 ~ T62	T32 ~ T62	T200 ~ T245	T200 ~ T245
	1ms	—	—	T63	—	—
	1ms 累积	—	T63	—	T246 ~ T249	T246 ~ T249
	100ms 累积	—	—	—	T250 ~ T255	T250 ~ T255
计数器 C	16 位增计数（普通）	C0 ~ C13	C0 ~ C15	C0 ~ C15	C0 ~ C15	C0 ~ C99
	16 位增计数（保持）	C14、C15	C16 ~ C31	C16 ~ C31	C16 ~ C199	C100 ~ C199
	32 位可逆计数（普通）	—	—	—	C200 ~ C219	C200 ~ C219
	32 位可逆计数（保持）	—	—	—	C220 ~ C234	C220 ~ C234
	高速计数器	C235 ~ C255				
数据寄存器 D	16 位通用	D0 ~ D29	D0 ~ D127	D0 ~ D127	D0 ~ D127	D0 ~ D199
	16 位保持	D30、D31	D128 ~ D255	D128 ~ D255	D128 ~ D7999	D200 ~ D7999
	16 位特殊	D8000 ~ D8069	D8000 ~ D8255	D8000 ~ D8255	D8000 ~ D8255	D8000 ~ D8195
	16 位变址	V Z	V0 ~ V7 Z0 ~ Z7	V Z	V0 ~ V7 Z0 ~ Z7	V0 ~ V7 Z0 ~ Z7
指针 N、P、I	嵌套用	N0 ~ N7	N0 ~ N7	N0 ~ N7	N0 ~ N7	N0 ~ N7
	跳转用	P0 ~ P63	P0 ~ P63	P0 ~ P63	P0 ~ P127	P0 ~ P127
	输入中断用	I00 * ~ I30 *	I00 * ~ I50 *	I00 * ~ I30 *	I00 * ~ I50 *	I00 * ~ I50 *
	定时器中断	—	—	—	—	I6 ** ~ I8 **
	计数器中断	—	—	—	—	I010 ~ I060
常数 K、H	16 位	K：－32，768 ~ 32，767			H：0000 ~ FFFFH	
	32 位	K：－2，147，483，648 ~ 2，147，483，647			H：00000000 ~ FFFFFFFF	

一、输入继电器（X）

输入继电器与输入端相连，它是专门用来接收 PLC 外部开关信号的元件。PLC 通过输入接口将外部输入信号状态（接通时为“1”，断开时为“0”）读入并存储在输入映像寄存器中。如图 1-9 所示为输入继电器 X1 的等效电路。

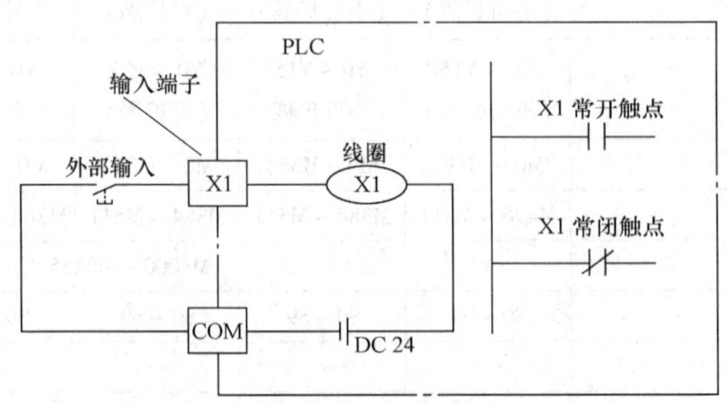

图 1-9　输入继电器 X1 的等效电路

输入继电器必须由外部信号驱动，不能用程序驱动，所以在程序中不可能出现其线圈。由于输入继电器 X 为输入映像寄存器中的状态，所以其触点的使用次数不限。

FX 系列 PLC 的输入继电器以八进制进行编号，FX2N 输入继电器的编号范围为 X0 ~ X267（184 点）。注意，基本单元输入继电器的编号是固定的，扩展单元和扩展模块是按与基本单元最靠近开始，顺序进行编号。例如：基本单元 FX2N -64M 的输入继电器编号为 X0 ~ X37（32 点），如果接有扩展单元或扩展模块，则扩展的输入继电器从 X40 开始编号。

二、输出继电器（Y）

输出继电器是用来将 PLC 内部信号输出传送给外部负载（用户输出设备）。输出继电器线圈是由 PLC 内部程序的指令驱动，其线圈状态传送给输出单元，再由输出单元对应的硬触点来驱动外部负载。如图 1-10 所示为输出继电器 Y0 的等效电路。

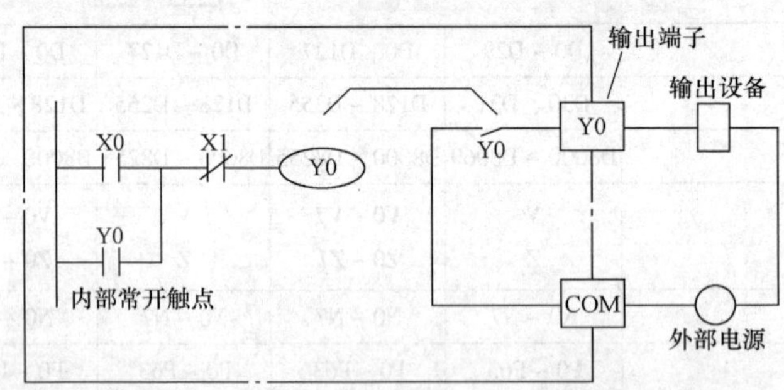

图 1-10　输出继电器 Y0 的等效电路

每个输出继电器在输出单元中都对应有唯一一个常开触点，但在程序中供编程的输出继电器，不管是常开触点还是常闭触点，都可以无数量限制地使用。

FX 系列 PLC 的输出继电器也是八进制编号，其中 FX2N 编号范围为 Y0 ~ Y267（184 点）。与输入继电器一样，基本单元的输出继电器编号是固定的，扩展单元和扩展模块的编号也是按与基本单元最靠近开始，顺序进行编号。

在实际使用中，输入、输出继电器的数量，要看具体系统的配置情况。

三、辅助继电器（M）

辅助继电器是 PLC 中数量最多的一种继电器，一般的辅助继电器与继电器控制系统中的中间继电器相似。

辅助继电器不能直接驱动外部负载，负载只能由输出继电器的外部触点驱动。辅助继电器的常开触点与常闭触点在 PLC 内部编程时可无限次使用。

辅助继电器采用 M 与十进制数共同组成编号（只有输入/输出继电器才用八进制数）。

1. 通用辅助继电器（M0～M499）

FX2N 系列 PLC 共有 500 点通用辅助继电器。通用辅助继电器在 PLC 运行时，如果电源突然断电，则全部线圈均 OFF。当电源再次接通时，除了因外部输入信号而变为 ON 的以外，其余的仍将保持 OFF 状态，它们没有断电保护功能。通用辅助继电器常在逻辑运算中作为辅助运算、状态暂存、移位等。

根据需要可通过程序设定，将 M0～M499 变为断电保持辅助继电器。

2. 断电保持辅助继电器（M500～M3071）

FX2N 系列 PLC 有 M500～M3071 共 2572 个断电保持辅助继电器。它与普通辅助继电器不同的是具有断电保护功能，即能记忆电源中断瞬时的状态，并在重新通电后再现其状态。它之所以能在电源断电时保持其原有的状态，是因为电源中断时用 PLC 中的锂电池保持它们映像寄存器中的内容。其中 M500～M1023 可由软件将其设定为通用辅助继电器。

3. 特殊辅助继电器

PLC 内有大量的特殊辅助继电器，它们都有各自的特殊功能。FX2N 系列 PLC 中有 256 个特殊辅助继电器，可分为触点型和线圈型两大类。

（1）触点型　其线圈由 PLC 自动驱动，用户只可使用其触点。例如：

M8000：运行监视器（在 PLC 运行中接通），M8001 与 M8000 相反逻辑。

M8002：初始脉冲（仅在运行开始时瞬间接通），M8003 与 M8002 相反逻辑。

M8011、M8012、M8013 和 M8014 分别是产生 10ms、100ms、1s 和 1min 时钟脉冲的特殊辅助继电器。

M8000、M8002、M8012 产生的波形如图 1-11所示。

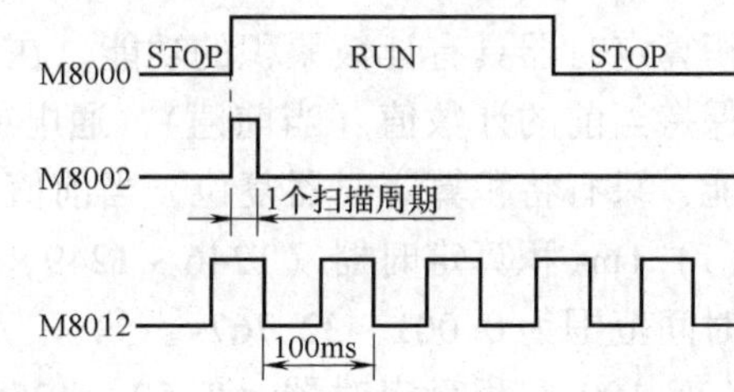

图 1-11　M8000、M8002、M8012 产生的波形

（2）线圈型　由用户程序驱动线圈后 PLC 执行特定的动作。例如：

M8033：若使其线圈得电，则 PLC 停止时保持输出映像存储器和数据寄存器内容。

M8034：若使其线圈得电，则将 PLC 的输出全部禁止。

M8039：若使其线圈得电，则 PLC 按 D8039 中指定的扫描时间工作。

四、状态寄存器（S）

状态寄存器用来记录系统运行中的状态。它是编制顺序控制程序的重要编程元件，应与后述的步进顺控指令 STL 配合应用。

状态寄存器有五种类型：初始状态寄存器 S0～S9 共 10 点；回零状态寄存器 S10～S19 共 10 点；通用状态寄存器 S20～S499 共 480 点；具有状态断电保持的状态寄存器有 S500～S899，共 400 点；供报警用的状态寄存器（可用作外部故障诊断输出）S900～S999 共 100 点。

在使用状态寄存器时应注意以下几点：

1）状态寄存器与辅助继电器一样有无数的常开和常闭触点。

2）状态寄存器不与步进顺控指令 STL 配合使用时，可作为辅助继电器 M 使用。

3）FX2N 系列 PLC 可通过程序设定将 S0～S499 设置为有断电保持功能的状态寄存器。

五、定时器（T）

PLC 中的定时器（T）相当于继电器控制系统中的通电型时间继电器。它可以提供无限对常开或常闭延时触点。定时器中有一个设定值寄存器（一个字长），一个当前值寄存器（一个字长）和一个用来存储其输出触点的映像寄存器（一个二进制位），这三个量使用同一地址编号。但使用场合不一样，意义也不同。

FX2N 系列 PLC 中的定时器可分为通用定时器、积算定时器两种。它们是通过对一定周期的时钟脉冲进行累积而实现定时的，时钟脉冲有周期为 1ms、10ms、100ms 三种，当所计数达到设定值时触点动作。设定值可用常数 K 或数据寄存器 D 的内容来设置。

1. 通用定时器

通用定时器的特点是不具备断电保持功能，即当输入电路断开或停电时定时器复位。通用定时器有 100ms 和 10ms 两种。

（1）100ms 通用定时器（T0～T199） 共 200 点，其中 T192～T199 为子程序和中断服务程序专用定时器。这类定时器是对 100ms 时钟累积计数，设定值为 1～32767，所以其定时范围为 0.1～3276.7s。

（2）10ms 通用定时器（T200～T245） 共 46 点。这类定时器是对 10ms 时钟累积计数，设定值为 1～32767，所以其定时范围为 0.01～327.67s。

2. 积算定时器

积算定时器具有计数累积的功能。在定时过程中如果断电或定时器线圈 OFF，积算定时器将保持当前的计数值（当前值），通电或定时器线圈 ON 后继续累积，即其当前值具有保持功能，只有将积算定时器复位，当前值才变为 0。积算定时器有 1ms 和 100ms 两种。

（1）1ms 积算定时器（T246～T249） 共 4 点，是对 1ms 时钟脉冲进行累积计数的，定时的时间范围为 0.001～32.767s。

（2）100ms 积算定时器（T250～T255） 共 6 点，是对 100ms 时钟脉冲进行累积计数的，定时的时间范围为 0.1～3276.7s。

六、计数器（C）

FX2N 系列 PLC 中计数器可分为内部计数器和高速计数器两类。

1. 内部计数器

内部计数器是在执行扫描操作时对内部信号（如 X、Y、M、S、T 等）进行计数。内部输入信号的接通和断开时间应比 PLC 的扫描周期稍长。

（1）16 位增计数器（C0～C199） 共 200 点，其中 C0～C99 为通用型，C100～C199 共 100 点为断电保持型（断电保持型即断电后能保持当前值待通电后继续计数）。这类计数器为递加计数，应用前要先对其设置一个设定值，当输入信号（上升沿）个数累加到设定值时，计数器动作，其常开触点闭合、常闭触点断开。计数器的设定值为 1～32767（16 位二进制），设定值除了用常数 K 设定外，还可间接通过指定数据寄存器设定。

（2）32 位增/减计数器（C200～C234） 共有 35 点 32 位加/减计数器，其中 C200～C219（共 20 点）为通用型，C220～C234（共 15 点）为断电保持型。这类计数器与 16 位增计数器除位数不同外，还在于它能通过控制实现加/减双向计数。设定值范围均为 -214783648～-+214783647（32 位）。

C200～C234 是增计数还是减计数，分别由特殊辅助继电器 M8200～M8234 设定。对应的特殊辅助继电器被置为 ON 时为减计数，置为 OFF 时为增计数。

计数器的设定值与 16 位计数器一样，可直接用常数 K 或间接用数据寄存器 D 的内容作为设定值。在间接设定时，要用编号紧连在一起的两个数据计数器。

2. 高速计数器（C235～C255）

高速计数器与内部计数器相比除允许输入高频率之外，应用也更为灵活，高速计数器均有断电保持功能，通过参数设定也可变成非断电保持。FX2N 系列 PLC 有 C235～C255 共 21 点高速计数器。适合用来作为高速计数器输入的 PLC 输入端口有 X0～X7。X0～X7 不能重复使用，即某一个输入端已被某个高速计数器占用，它就不能再用于其他高速计数器，也不能挪作他用。各高速计数器对应的输入端见表 1-3。

高速计数器可分为以下几种：

（1）单相单计数输入高速计数器（C235～C245） 其触点动作与 32 位增/减计数器相同，可进行增或减计数（取决于 M8235～M8245 的状态）。其应用见表 1-3。

表 1-3 高速计数器的应用

计数器 \ 输入		X0	X1	X2	X3	X4	X5	X6	X7
单相单计数输入	C235	U/D							
	C236		U/D						
	C237			U/D					
	C238				U/D				
	C239					U/D			
	C240						U/D		
	C241	U/D	R						
	C242			U/D	R				
	C243				U/D	R			
	C244	U/D	R					S	
	C245			U/D	R				S
单相双计数输入	C246	U	D						
	C247	U	D	R					
	C248				U	D	R		
	C249	U	D	R				S	
	C250				U	D	R		S

（续）

计数器 \ 输入		X0	X1	X2	X3	X4	X5	X6	X7
双相	C251	A	B						
	C252	A	B	R					
	C253				A	B	R		
	C254	A	B	R				S	
	C255				A	B	R		S

表中，U 表示加计数输入，D 为减计数输入，B 表示 B 相输入，A 为 A 相输入，R 为复位输入，S 为启动输入。X6、X7 只能用作启动信号，而不能用作计数信号。

（2）单相双计数输入高速计数器（C246 ~ C250） 这类高速计数器具有两个输入端，一个为增计数输入端，另一个为减计数输入端。利用 M8246 ~ M8250 的 ON/OFF 动作可监控 C246 ~ C250 的增计数/减计数动作。

（3）双相高速计数器（C251 ~ C255） A 相和 B 相信号决定计数器是增计数还是减计数。当 A 相为 ON 时，若 B 相由 OFF 到 ON，则为增计数；当 A 相为 ON 时，若 B 相由 ON 到 OFF，则为减计数。

注意：高速计数器的计数频率较高，它们的输入信号的频率受两方面的限制。一是全部高速计数器的处理时间。因它们采用中断方式，所以计数器用得越少，则可计数频率就越高；二是输入端的响应速度，其中 X0、X2、X3 最高频率为 10kHz，X1、X4、X5 最高频率为 7kHz。

七、数据寄存器（D）

PLC 在进行输入/输出处理、模拟量控制、位置控制时，需要许多数据寄存器存储数据和参数。数据寄存器为 16 位，最高位为符号位。可用两个数据寄存器来存储 32 位数据，最高位仍为符号位。数据寄存器有以下几种类型：

1. 通用数据寄存器（D0 ~ D199）

它共有 200 点，当 M8033 为 ON 时，D0 ~ D199 有断电保护功能；当 M8033 为 OFF 时，它们无断电保护，这种情况 PLC 由 RUN →STOP 或停电时，数据全部清零。

2. 断电保持数据寄存器（D200 ~ D7999）

它共有 7800 点，其中 D200 ~ D511（共 12 点）有断电保持功能，可以利用外部设备的参数设定改变通用数据寄存器与有断电保持功能数据寄存器的分配；D490 ~ D509 供通信用；D512 ~ D7999 的断电保持功能不能用软件改变，但可用指令清除它们的内容。根据参数设定可以将 D1000 以上的数据寄存器作为文件寄存器。

3. 特殊数据寄存器（D8000 ~ D8255）

它共有 256 点，特殊数据寄存器的作用是用来监控 PLC 的运行状态，如扫描时间、电池电压等。未加定义的特殊数据寄存器，用户不能使用。

4. 变址寄存器（V/Z）

FX2N 系列 PLC 有 V0 ~ V7 和 Z0 ~ Z7 共 16 个变址寄存器，它们都是 16 位的寄存器。变址寄存器 V/Z 实际上是一种特殊用途的数据寄存器，其作用相当于微机中的变址寄存器，用于改变元件的编号（变址），例如 V0 = 5，则执行 D20V0 时，被执行的编号为 D25

（D20 +5）。变址寄存器可以像其他数据寄存器一样进行读写，需要进行32位操作时，可将V、Z串联使用（Z为低位，V为高位）。

八、指针（P、I）

在FX系列PLC中，指针用来指示分支指令的跳转目标和中断程序的入口标号。它可分为分支用指针、输入中断指针及定时中断指针和记数中断指针。

1. 分支用指针（P0 ~ P127）

FX2N PLC有P0 ~ P127共128点分支用指针。分支指针用来指示跳转指令（CJ）的跳转目标或子程序调用指令（CALL）调用子程序的入口地址。

2. 中断指针（I0□□ ~ I8□□）

中断指针是用来指示某一中断程序的入口位置。执行中断后遇到IRET（中断返回）指令，则返回主程序。中断用指针有以下三种类型：

（1）输入中断用指针（I00□ ~ I50□）　共6点，它是用来指示由特定输入端的输入信号而产生中断的中断服务程序的入口位置，这类中断不受PLC扫描周期的影响，可以及时处理外界信息。输入中断用指针的编号格式如下：

I□　0□
0：下降沿中断
1：上升沿中断
输入号（0 ~ 5），对应输入X0 ~ X5且每个只能用一次

例如：I101为当输入X1从OFF→ON变化时，执行以I101为标号后面的中断程序，并根据IRET指令返回。

（2）定时器中断用指针（I6□□ ~ I8□□）　共3点，是用来指示周期定时中断的中断服务程序的入口位置，这类中断的作用是PLC以指定的周期定时执行中断服务程序，定时循环处理某些任务。处理的时间也不受PLC扫描周期的限制。□□表示定时范围，可在10 ~ 99ms中选取。

（3）计数器中断用指针（I010 ~ I060）　共6点，它们用在PLC内置的高速计数器中。根据高速计数器的计数当前值与计数设定值的关系确定是否执行中断服务程序。它常用于利用高速计数器优先处理计数结果的场合。

九、常数（K、H）

K是表示十进制整数的符号，主要用来指定定时器或计数器的设定值及应用功能指令操作数中的数值；H是表示十六进制数，主要用来表示应用功能指令的操作数值。例如20用十进制表示为K20，用十六进制则表示为H14。

第二章 PLC的基本操作

第一节 FX系列PLC与计算机的连接和通信

一、三菱PLC的接线

PLC控制系统由可编程序控制器和电源、主令器件、传感器设备以及驱动执行机构相连接而构成。

1. 电源部分

PLC的电源接在图2-1所示的L端子和N端子之间，接线时要注意以下几点：

1）电源电压不能超过电压的允许范围AC85～264V。

2）为避免发生无法补救的重大事故，应有急停电路。

3）为防止发生短路故障，应选用250V，1A的熔断器。

4）为防止电源电压波动过大或过强的噪声干扰引起整个控制系统瘫痪，可采取隔离变压器等。

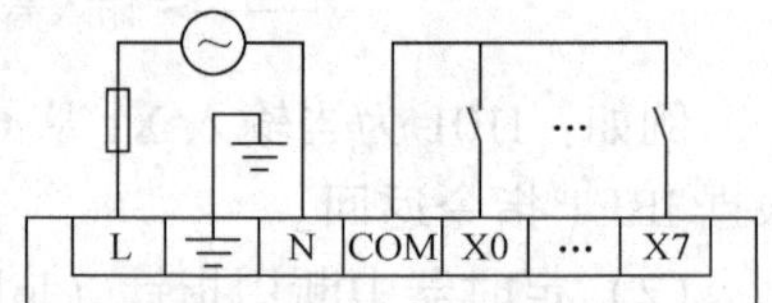

图2-1 PLC电源接线示意图

5）不能将外部电源线接到内部提供24V直流电源的端子上。

6）PLC的接地线应为专用接地线，进行单独接地。

2. 输入部件和输出部件

输入部分是可编程序控制系统的信号输入部分，主要由按钮、行程开关、光电开关等主令电器构成，用于发送控制指令。

可编程序控制器输出接口电路带负载的能力是有限的，它是通过执行装置，即接触器或继电器、执行器和气动与液动执行装置用电磁阀，来带动生产机械工作的，这些执行装置就是PLC的输出部件。

在PLC的本体上还可以连接多种功能扩展单元，例如数字量输入/输出模块、模拟量输入/输出模块、通信模块、高速计数模块等。

输入部件和输出部件接线时要注意以下几点：

1）输入部件导线尽可能远离输出部件导线、高压线及电动机等干扰源。

2）不能将输入部件和输出部件接到带“·”端子上。

3）PLC各“COM”端均为独立的，当各负载使用不同电压时，可采用独立输出方式；而各个负载使用相同电压时，可采用公共输出方式，这时应使用型号为AFP1803的短路片将它们的“COM”端短接起来。

4）若输出端接感性负载时，需要根据负载的不同情况接入相应的保护电路。在交流感性负载两端并接 *RC* 串联电路；在直流感性负载两端并接二极管保护电路；在带低电流负载的输出端并接一个电阻以避免漏电流的干扰。

5）在 PLC 内部输出接口电路中没有熔断器，为防止因负载短路而造成输出短路，应在外部输出电路中安装熔断器。

3. PLC 的接线

（1）输入器件的接线　FX 系列 PLC 的输入回路采用直流输入，且在 PLC 内部，无源开关类输入不采用单独电源供电。

（2）输出器件的接线　PLC 有三类输出：继电器输出、晶体管输出和晶闸管输出。晶闸管输出只能接交流负载；晶体管输出只能接直流负载；继电器输出既可接交流负载也可接直流负载。

二、FX 系列 PLC 与计算机的连接

1. PLC 通信端口的选择

在 FX 系列 PLC 的控制面板上有多个通信端口，如与手持编程器的通信端口、与特殊功能模块的通信端口、与计算机的通信端口等。其中与计算机的通信端口如图 2-2 所示，只有选择这个端口才能实现与计算机之间的通信。

2. 计算机通信端口的选择

在计算机的后面板上也有很多端口，如视频输出端口、音频输出端口、USB 端口等。其中，与 FX 系列 PLC 通信的 RS-232C 端口如图 2-3 所示。

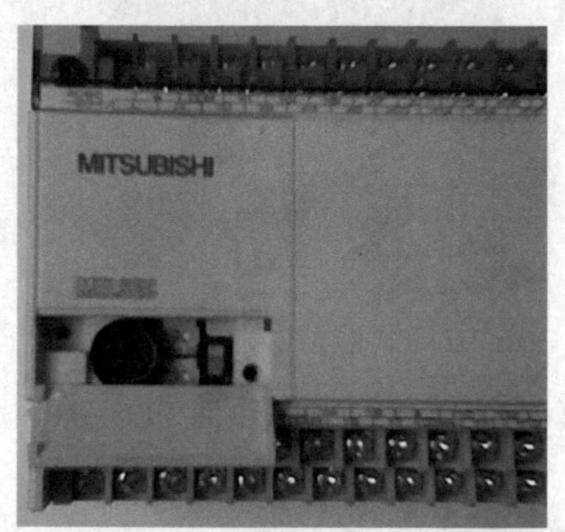

图 2-2　PLC 与计算机的通信端口

图 2-3　计算机的通信端口 RS-232C

3. PLC 与计算机的通信电缆

计算机与 PLC 端口所选用的电缆不同，计算机的 RS-232C 为 9 针端口，而 PLC 与计算机的通信端口 RS-232C 却只有 7 针。所以通信时，要在两者之间进行转换。FX 系列 PLC 与计算机通信使用的是“RS-232C/RS-422 转换器。”这三者就组成了 FX 系列 PLC 与计算机的通信电缆，如图 2-4 所示。一般在购买 PLC 时，都会附带相应的通信电缆。

4. 计算机和 PLC 的连接

具体连接步骤如下：

1）准备好三菱 PLC、专用电缆和所需工具。

2）认真阅读三菱 PLC 的使用说明书。

3）观察三菱 PLC，找到控制单元设有与编程器、计算机相连的接口；与 I/O 扩展单元（或 A/D、D/A 转换单元）相连的扩展口、输入端子、电源输入和输出端子等。

① 首先将电缆线和转换器连接好，连接时要小心，并将固定螺钉拧紧，如图 2-5 所示。

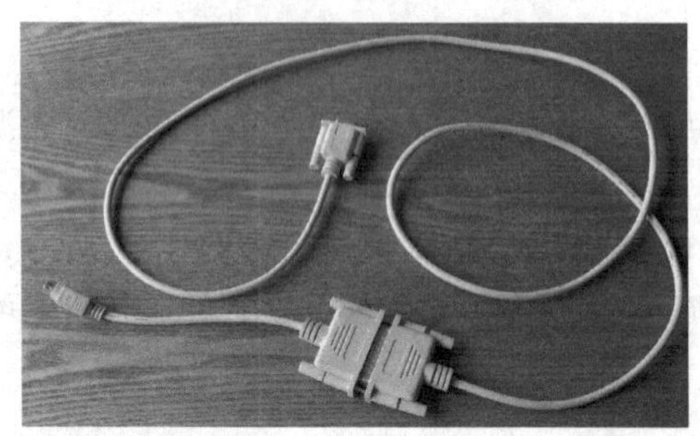

图 2-4　PLC 与计算机之间的通信电缆

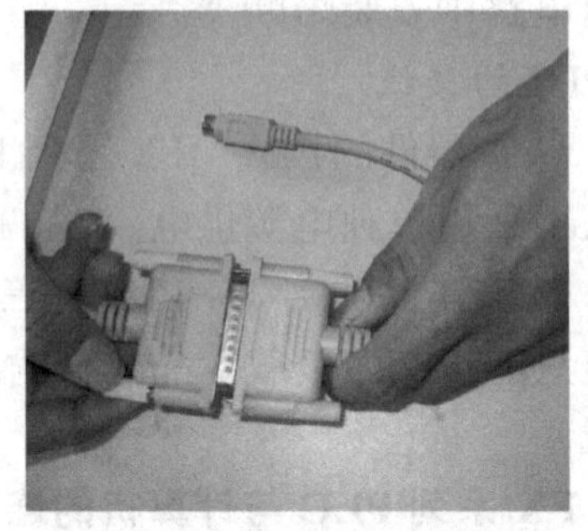

图 2-5　电缆线和转换器的连接

② 将连接端口插入计算机的 RS-232C 端口，插入时不要用力过猛，要可靠连接，如图 2-6 所示。

③ 将电缆线与 PLC 连接，插入连接线时，一定要小心，防止插脚折断，如图 2-7 所示。

图 2-6　将连接端口插入计算机的 RS-232C 端口

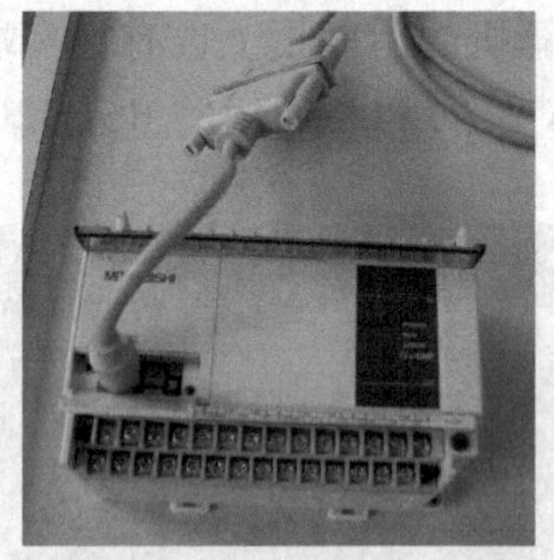

图 2-7　将电缆线与 PLC 连接

④ 检查 PLC 与计算机的连接是否正确，接通计算机和 PLC 的电源，使 PLC 处于“停机”状态，如图 2-8 所示。

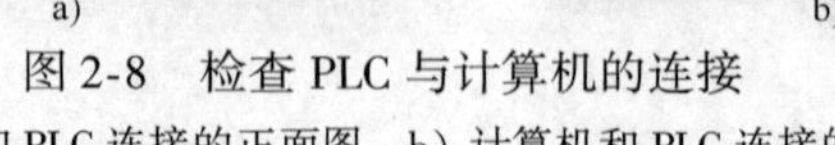

a)　　　b)

图 2-8　检查 PLC 与计算机的连接

a）计算机和 PLC 连接的正面图　b）计算机和 PLC 连接的背面图

第二节　FX 系列 PLC 编程器的使用

编程器是 PLC 最重要的外围设备，它一方面可对 PLC 进行编程，另一方面又可对 PLC 的运行状况进行监控。FX 系列 PLC 常用的编程器有手持式简易编程器和利用编程软件在计算机上编程。FX 系列 PLC 的手持式简易编程器型号为 FX—20P—E 型。FX—20P—E 型手持式简易编程器可以联机（在线）编程，还可以脱机（离线）编程。

一、简易编程器基本结构

FX—20P—E 型简易编程器由液晶显示屏、ROM 写入器接口、存储器卡盒接口，以及包括功能键、指令键、元件符号键、数字键等的键盘组成。编程器与主机之间采用专用电缆连接，主机的型号不同，电缆的型号也不同。FX—20P—E 型简易编程器与主机连接如图 2-9 所示。

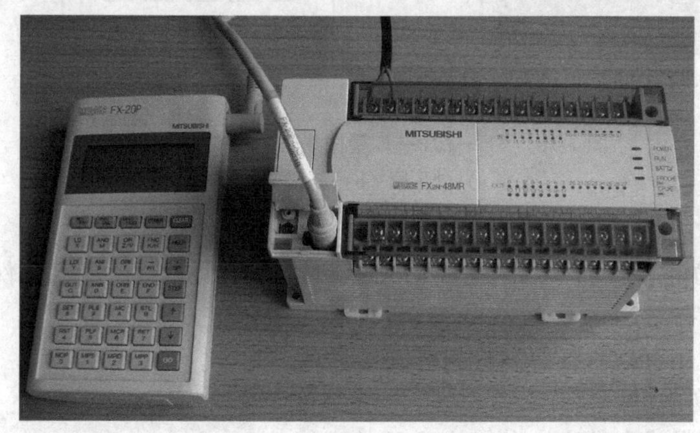

图 2-9　FX—20P—E 型简易编程器与主机的连接

1. 操作面板

FX—20P—E 型简易编程器的操作面板如图 2-10 所示，操作面板上各个按键的功能如下：

（1）功能键　功能键有三个，RD/WR 为读出/写入键；INS/DEL 为插入/删除键盘，MNT/TEST 为监视/测试键。三个功能键盘都是复用键，交替起作用，按第一次时选择键左上方表示的功能，按第二次时则选择右下方表示的功能。

（2）执行键 GO　此键用于指令的确认、执行、显示画面和检索。

（3）清除键 CLERA　如果在按执行键之间按此键，则清除键入的数据。该键也可用于清除显示屏上的错误信息或恢复原来的画面。

（4）其他键 OTHER　在任何状态下按此键，将显示方式项目单菜单。安装 ROM 写入模块时，在脱机方式项目单上进行项目选择。

（5）辅助键 HELP　显示应用指令一览表。在监视时，进行十进制数和十六进制数的转换。

（6）空格键 SP　在输入时，用此键指定元件号和常数。

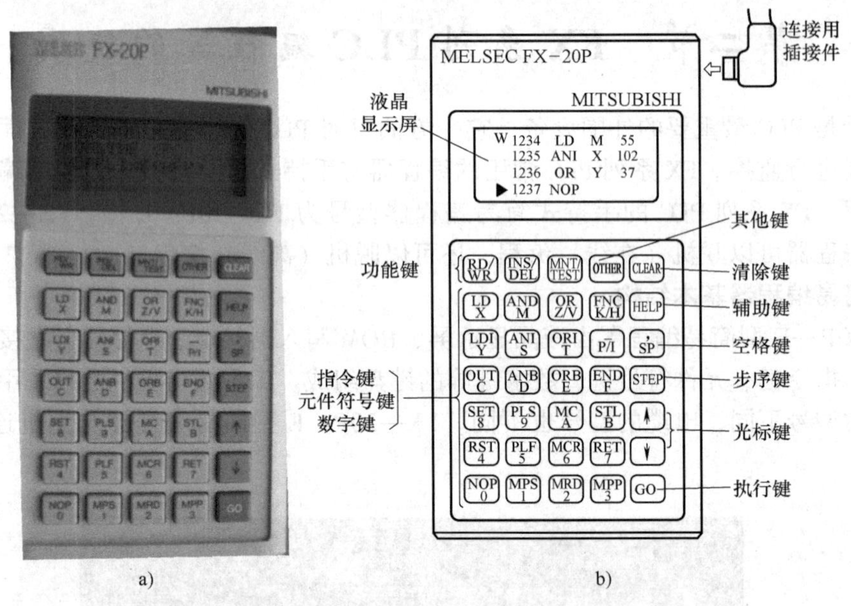

图 2-10 FX—20P—E 型简易编程器的操作面板

a）外形图 b）键盘的意义

（7）步序键 STEP 设定步序号时按此键。

（8）光标移动键↑、↓ 用该键移动光标和提示符，指定已指定元件前一个或后一个地址号的元件，作行滚动。

除上述键外，还有指令键、元件符号键、数字键，这些键均是复用键，每个键的上面为指令符号，下面为元件符号或者数字。各键中上下的功能是根据当前所执行的操作自动进行切换的，其中下面的元件符号 Z/V、K/H、P/I 又是交替起作用，反复按该键时交替切换。

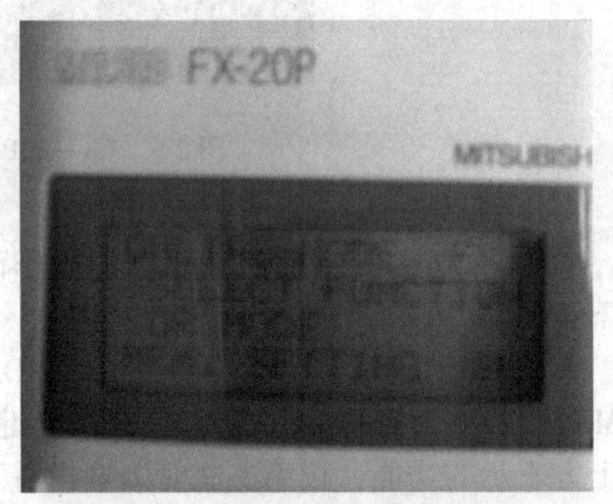

图 2-11 液晶显示屏上显示的画面

2. 显示屏

FX—20P—E 型简易编程器的液晶显示屏较小，只能同时显示 4 行，每行 16 个字符。在编程操作时，显示屏上显示的画面如图 2-11 所示。

显示屏中黑三角旁的字母为功能方式提示，不同字母其含义如下：

R（Read）——读出　　D（Delete）——删除

W（Write）——写入　　M（Monitor）——监视

I（Insert）——插入　　T（Test）——测试

二、简易编程器的联机操作

1）与 PLC 的连接：与 PLC 的连接如图 2-12 所示。

2）启动系统：接通 PLC 电源及复位编程器（RST、GO）。

a)

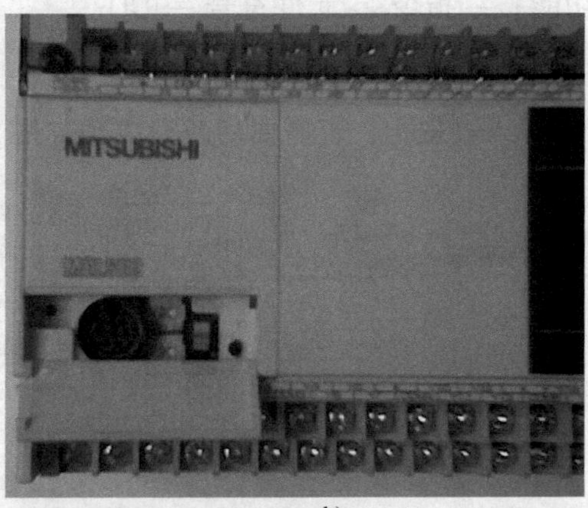

b)

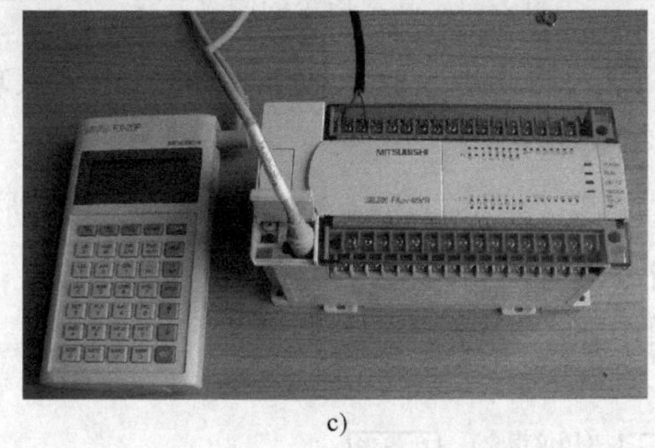

c)

图 2-12　编程器与 PLC 的连接

a）插接编程器电缆　b）打开 PLC 连接口　c）将编程器与 PLC 的连接

3）设定联机方式：用方式设定画面，选择联机方式按 GO 键，选择脱机方式按 ↓ 、GO 键。

4）编程操作：利用写入、读出、插入、删除等功能，编制程序。

5）结束。

三、编程器的基本编程操作

无论是联机方式或是脱机方式，基本编程操作相同，其步骤如下：

1. 写入程序

在写入程序前，先对 PLC 的用户存储器清零。清零过程如下：

RD / WD → RD / WD → NOP → A → GO → GO

清零后即可进行程序写入操作。写入操作有基本指令（包括步进指令共 22 条）的写入和功能指令的写入。

（1）基本指令的写入　基本指令有三种情况：一是仅有指令助记符，不带元件；二是有指令助记符和一个元件；三是有指令助记符带两个元件。这三种基本指令的操作方法如下：

［写入功能］→ 指令 → GO

[写入功能] →指令→元件符号→GO

[写入功能] →指令→元件符号→元件号→SP→元件符号→元件号→GO

在指令的写入过程中，若需要修改，方法如图 2-13 所示。

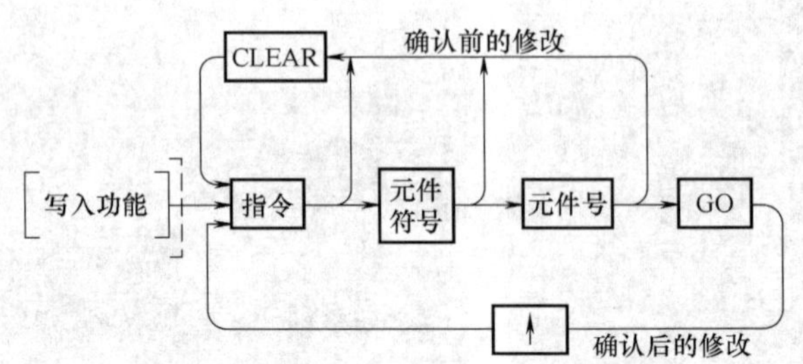

图 2-13　基本指令的修改方法

（2）功能指令的写入　写入功能指令时，按FNC键后再输入功能指令号。这时不能像写入基本指令那样使用元件符号键。

功能指令的输入方法有两种：一是直接输入指令号；二是借助于HELP键的功能，在所显示的指令一览表上检索指令编号后再输入。

功能指令写入的基本操作如图 2-14 所示。

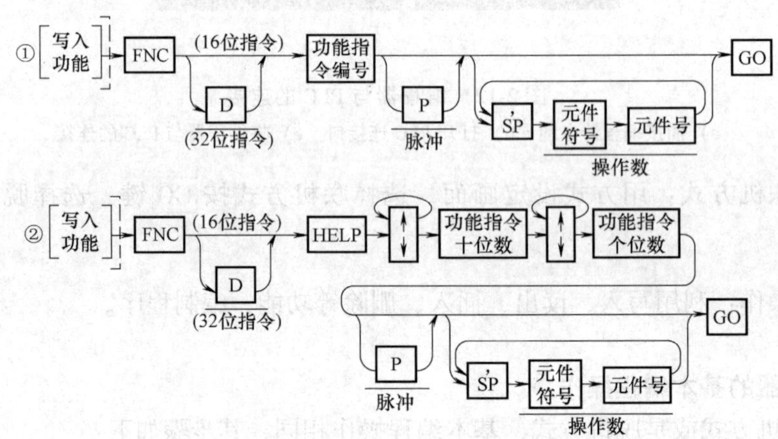

图 2-14　功能指令写入的基本操作

（3）程序的改写　在程序输入后，如果要对某一程序进行改写，可按下列步骤操作：

1）根据步序号读出程序。

2）按WR键后，依次键入指令、元件符号及元件号。

3）按SP键，键入第二元件符号和第二元件号。

4）按GO键，重新写入指令。

（4）NOP 的成批写入　在指定范围内，将 NOP 成批写入的基本操作如图 2-15 所示。

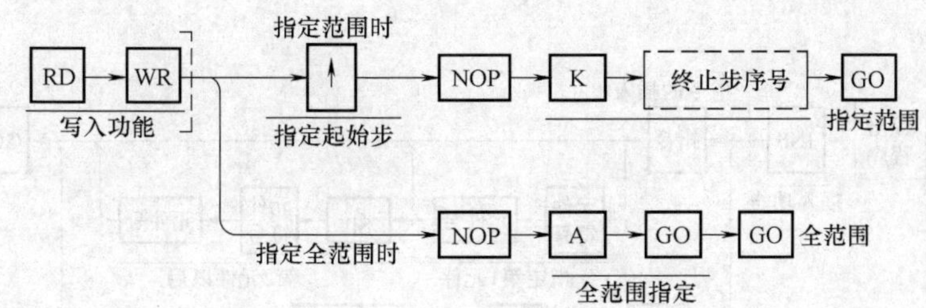

图 2-15　NOP 成批写入的基本操作

2. 读出程序

有时需要将写入的程序读出以便检查。读出程序的方式有几种，如根据步序号，根据指令或根据元件读出。在联机方式下，PLC 在运行状态时要读出指令，只能根据步序号读出；若 PLC 处在停止状态，还可用其他方式读出程序。

（1）根据步序号读出程序　指定步序号，从 PLC 用户程序存储器中读出程序的基本操作，如图 2-16 所示。

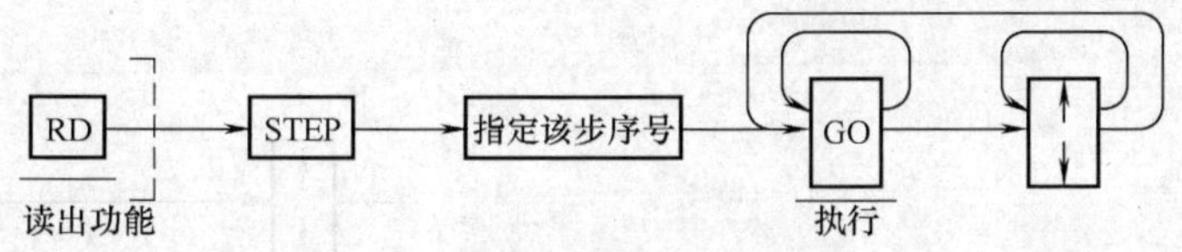

图 2-16　根据步序号读出程序

（2）根据指令读出程序　指定指令，从 PLC 用户程序存储器中读出程序的基本操作（此时 PLC 应处于停止状态），如图 2-17 所示。

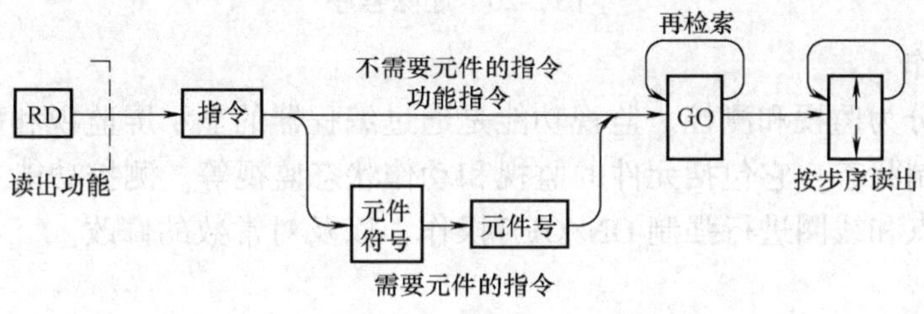

图 2-17　根据指令读出程序

（3）根据元件读出程序　指定元件符号和元件号，从 PLC 用户程序存储器中读出程序的基本操作（此时 PLC 应处于停止状态），如图 2-18 所示。

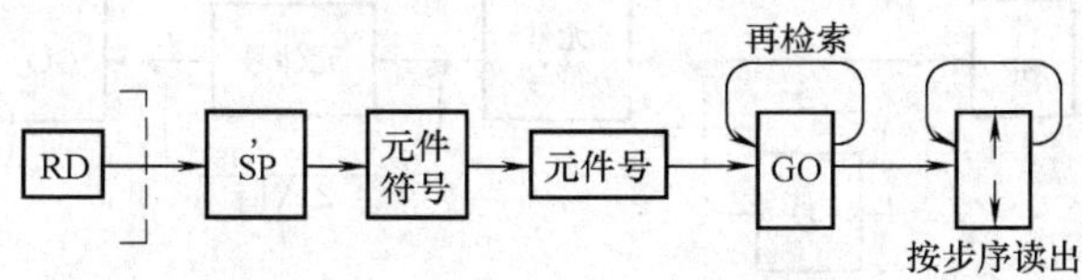

图 2-18　根据元件读出程序

3. 插入程序

插入程序操作是根据步序号读出程序，在指定的位置上插入指令或指针，其基本操作如

图 2-19 所示。

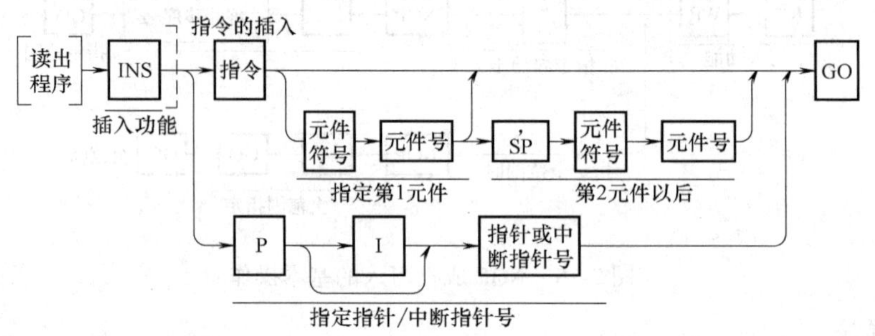

图 2-19　插入程序

4. 删除程序

删除程序分为逐条删除、指定范围删除和 NOP 式成批删除三种方式。下面以逐条删除为例，介绍删除程序的基本操作。

要删除程序时，先读出有关程序，用光标指定需删除的指令或指针，基本操作如图 2-20 所示。

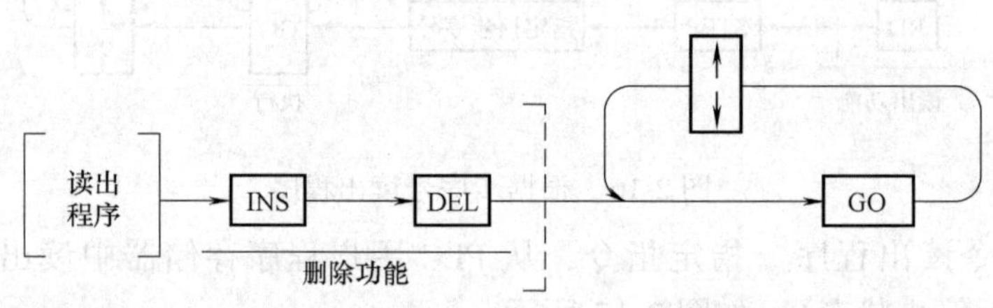

图 2-20　删除程序

四、监控操作

监控功能可分为监视和测控。监视功能是通过编程器的显示屏监视和确认在联机方式下 PLC 的动作和控制状态，它包括元件的监视和动作状态监视等。测控功能主要是指编程器对 PLC 的位元件触点和线圈进行强制 ON/OFF 操作，以及对常数的修改。

1. 元件监视

元件监视是指监视指定元件的 ON/OFF 状态、设定值及当前值。元件监视的基本操作如图 2-21 所示。

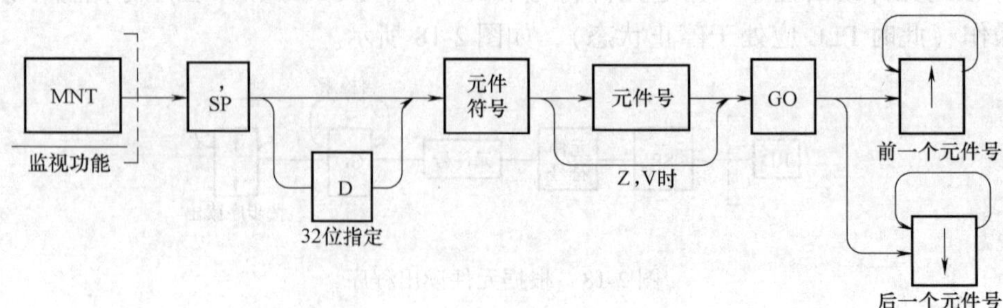

图 2-21　元件监视的基本操作

2. 动作状态监视

利用步进指令监视 S 的动作状态（状态号从小到大，最多为 8 点）的键盘操作如下：

MNT → STL → GO

3. 强制 ON/OFF 操作

对元件进行强制 ON/OFF 操作时，应先对元件进行监视，然后进行测试。其基本操作如图 2-22 所示。

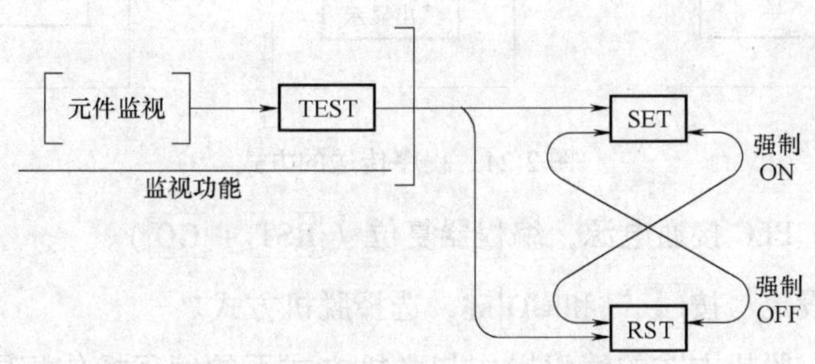

图 2-22 强制 ON/OFF 的基本操作

强制 ON/OFF 操作只在一个运行周期内有效。

4. 修改 T、C 设定值

对元件监视操作后，转到测试功能，可修改 T、C 的设定值，基本操作如图 2-23 所示。

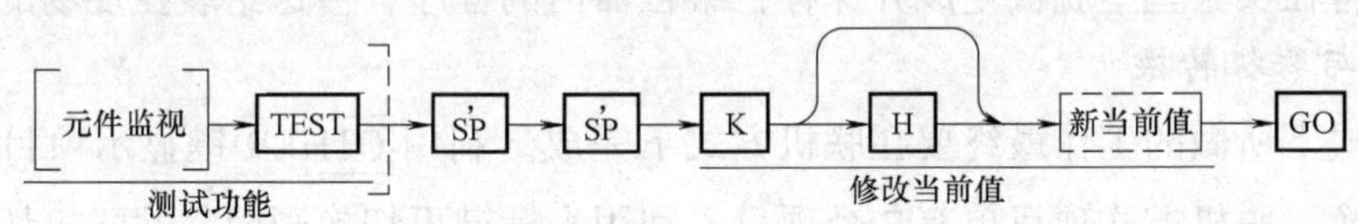

图 2-23 修改 T、C 设定值的基本操作

五、简易编程器的脱机工作

编程器脱机方式是指对编程器内部存储器的存取方式，即脱机时所编程序存放在简易编程器内部的 RAM 中。而在联机方式中，简易编程器键入的程序是放在 PLC 内的 RAM 中，此时编程器内的程序原封不动地保存着。在编程器内部 RAM 上写入的程序可成批地传送到 PLC 内部 RAM，也可成批地传送到 PLC 上的存储器卡盒。像 ROM 写入器的传送，也可在脱机方式下进行。

程序传送的方式如图 2-24 所示，图中：

① 表示此时编程是在编程器内部 RAM 上进行，与 PLC 上的存储器形式及 RUN/STOP 状态无关。

② 表示成批传送，分为编程器送 PLC（写入）和 PLC 送编程器（读出）。写入时 PLC 的 RUN/STOP 状态应处于 STOP，PLC 的程序存储器保护开关为 OFF。读出时 PLC 的状态开关为 RUN、STOP 均可。

③ 也表示成批传送，但与 PLC 上的状态开关和存储器形式无关。

1. 脱机方式下的操作过程

（1）准备　将编程器与 PLC 连接好。

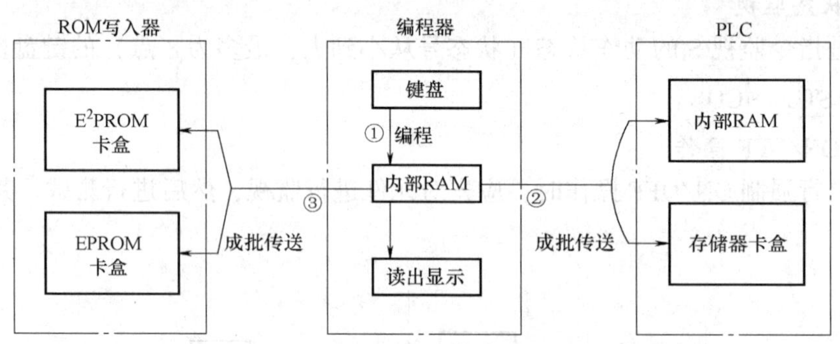

图 2-24 程序传送的方式

（2）组成系统 PLC 接通电源，编程器复位（RST + GO）。

（3）脱机方式设定 按 ↓ 键和 GO 键，选择脱机方式。

（4）编程操作 脱机方式的编程操作与联机方式下的编程操作相同，即利用写入、读出、插入、删除等功能，生成并编辑程序。

（5）结束 脱机方式下生成的程序已写入到编程器内部的 RAM，若传送到 PLC 中，则 PLC 中原有的程序将消失。

简易编程器内的 RAM 中的程序用超级电容进行停电保护。充电 1h，可保持 3 天以上。因此，可以将在实验室里脱机生成并保存在编程器内的程序，传送给装在现场的 PLC。

2. 脱机与联机转换

脱机方式下所做的工作最终要在联机方式下完成。利用 OTHER 键显示项目单一览表进行方式的切换。脱机方式项目单有 7 个项目，利用光标键可切换画面。除联机切换、编程器与 PLC 传送、模块间传送外，其他方式的操作与联机方式相同。

显示脱机方式项目单及选择各项目单的项目的操作步骤如图 2-25 所示。

显示方式项目单时，按所选的项目或使光标对准所选项目并按 GO 键，即显示各项目单的项目，实现从脱机方式到联机方式的切换。

例如：编程器与主机（HPP—FX PLC）之间的传送，在无存储器卡盒的情况下，编程器（HPP）和主机（FX PLC）之间成批传送程序和参数的显示如图 2-26 所示。

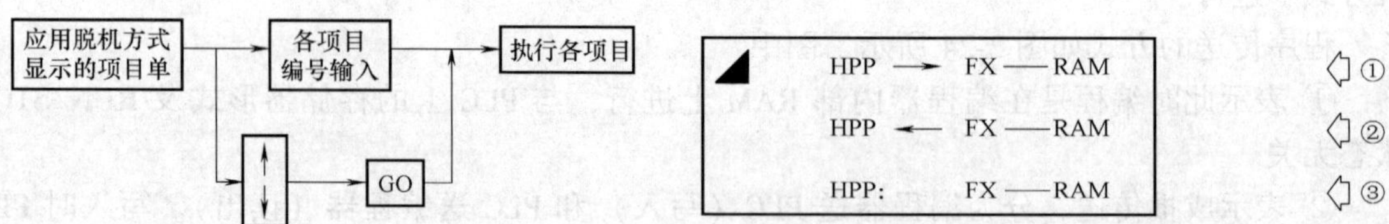

图 2-25 脱机操作步骤　　　图 2-26 成批传送程序和参数的显示

① 从 HPP 内部 RAM 往 PLC 内部 RAM 成批传送程序和参数（PLC 处于 STOP 状态）。

② 从 PLC 内部往 HPP 内部 RAM 成批传送程序和参数。

③ 校验 HPP 内部 RAM 和 PLC 内部 RAM 的程序和参数。

若 PLC 已安装了 E^2PROM 卡盒，进行 HPP→E^2PROM 传送时，必须使 PLC 处于 STOP 状态，并使存储器卡盒内的存储器保护置于 OFF 位置。其他操作相同。

第三节 MELSOFT 系列 GX Developer 编程软件的应用

三菱 MELSOFT 系列 GX Developer 编程软件，是应用于 FX 系列 PLC 的中文编程软件，可在 Windows 操作系统中运行。

一、MELSOFT 系列 GX Developer 编程软件简介

1. 主要功能

1）在 MELSOFT 系列 GX Developer 中，可通过线路符号、列表语言及 SFC 符号来创建顺序控制指令程序，建立注释数据并设置寄存器数据。

2）创建顺序控制指令程序并将其储存为文件，用打印机打印。

3）该程序可在串行系统中与 PLC 进行通信、文件传送、操作控制以及各种功能测试。

2. 系统配置

（1）计算机　要求配置为 IBM PC/AT（兼容）；CPU486 以上；内存 8MB 或更高（推荐 16MB 以上）；显示器分辨率 800×600，16 色或更高。

（2）编程和通信软件　采用应用于 FX 系列 PLC 的编程软件 MELSOFT 系列 GX Developer。

（3）接口单元　采用 FX—232AVC 型 RS—232C/RS—422 转换器（便捷式）或 FX—232AW型 RS—232C/RS—422 转换器（内置式），以及其他指定的转换器。

（4）通信缆线　采用 FX—422CAB 型 RS—422 缆线（用于 FX_2、FX_{2C}型 PLC，0.3m）或 FX—422CAB—150 型 RS—422 缆线（用于 FX_2、FX_{2C}型 PLC，1.5m），以及其他指定的电缆。

3. 操作环境

可运行于 Windows 操作系统。

二、MELSOFT 系列 GX Developer 编程软件的安装

首先把 MELSOFT 系列 GX Developer 编程软件下载至计算机硬盘（以 G 盘为例）中。安装过程如下：

1）选择 G 盘，双击中文 GPPW，屏幕出现如图 2-27 所示图标。

2）进入中文 GPPW，双击 SW7D5C-GPPW-CL，如图 2-28 所示。

图 2-27　中文 GPPW 图标

3）依次双击 SW7D5C-GPPW-C、QSS-SUPPORT、ENVMEL，最后双击 SETUP，如图 2-29 所示。

① 系统进入安装程序的准备工作，进入如图 2-30 所示画面。

② 屏幕将会弹出“安装程序”对话框，本程序将把 Environment of MELSOFT 装入计算机。单击“取消”退出设置程序，单击“下一个”继续设置程序，依次出现如图 2-31 和图 2-32 所示对话框。单击“下一步”设置程序将在计算机上进行安装，这个准备过程大概需要 1～2min。

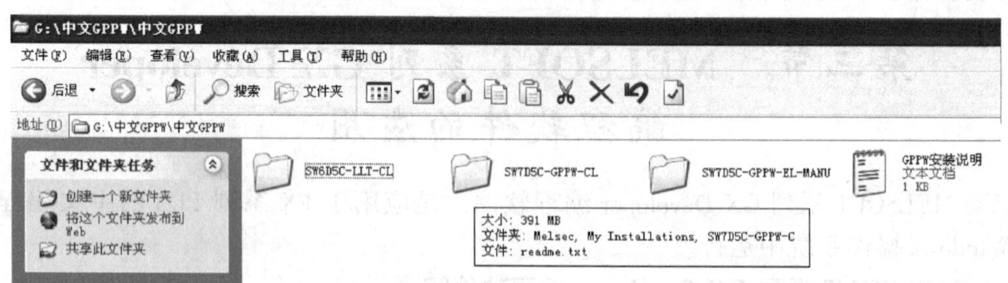

图 2-28　选择文件夹

图 2-29　双击 SETUP

图 2-30　安装程序画面

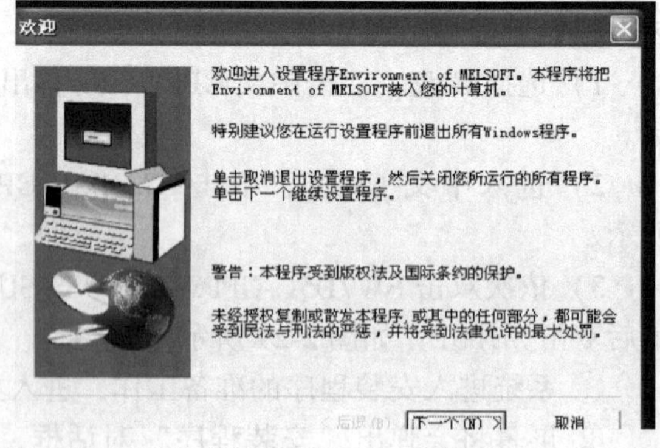

图 2-31　“安装程序”对话框

③ 设置程序已经在计算机上完成安装，单击结束完成设置。

4）返回 SETUP 安装前页面，依次双击 UPDATE、AXDIST，MELSOFT 系列 GX Developer 编程软件的安装完成。

三、MELSOFT 系列 GX Developer 编程软件的安装及调试

1. 安装数据环境

具体操作步骤同“二、MELSOFT 系列 GX Developer 编程软件的安装”。

2. 安装应用软件

双击 SETUP，出现如图 2-33 所示对话框完成准备工作。

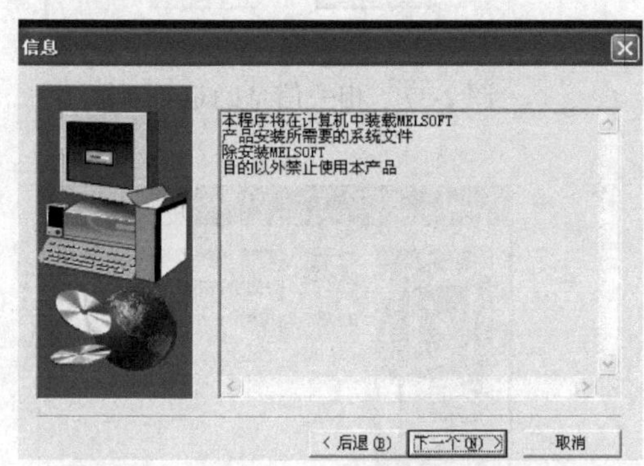

图 2-32　装载 MELSOFT 对话框

图 2-33　进入 SETUP 对话框

1）进入 MELSOFT 系列 GX Developer 编程软件的设置程序对话框，如图 2-34 和图 2-35 所示。

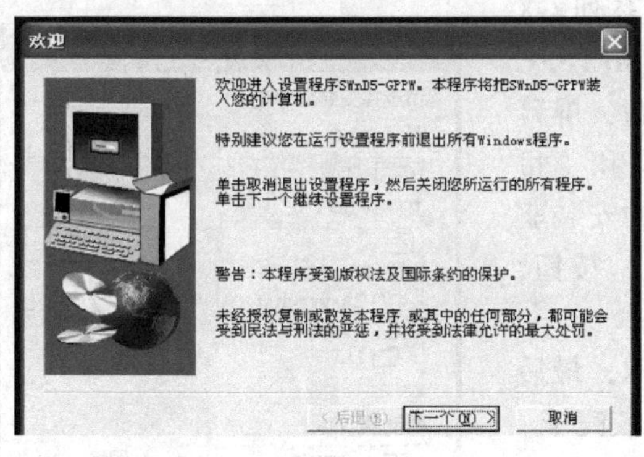

图 2-34　设置程序对话框

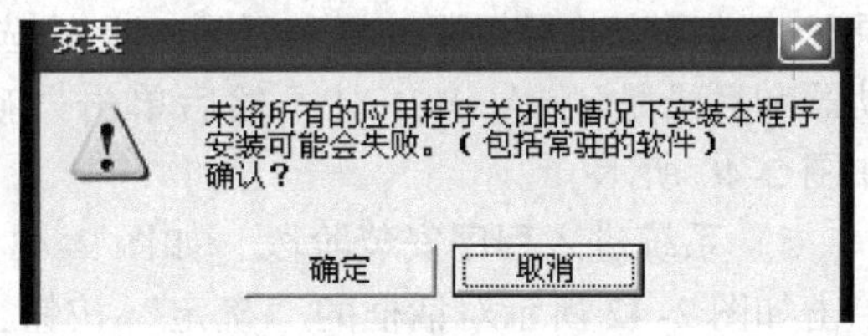

图 2-35　安装提示对话框

2）单击“下一个”按钮，弹出如图 2-36 所示“用户信息”对话框。在该对话框中输入用户的相关信息并单击“下一个”按钮，出现的对话框如图 2-37 所示，然后单击“是”按钮，进入“输入产品序列号”对话框，如图 2-38 所示。

3）输入产品序列号，依次单击两次“下一个”对话按钮，然后单击“浏览”按钮，弹出“选择目标位置”对话框，如图 2-39 所示。

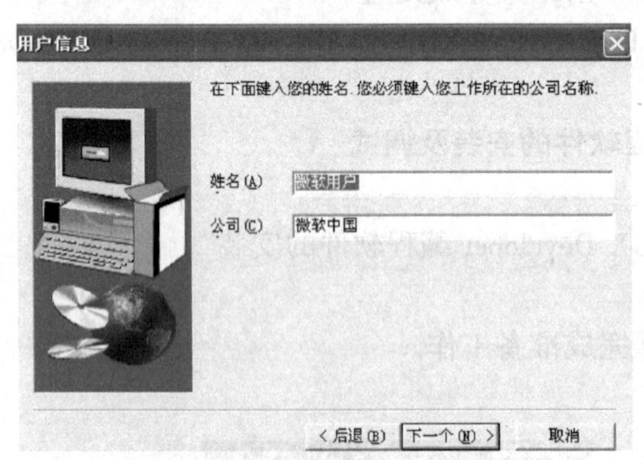

图 2-36 “用户信息”对话框

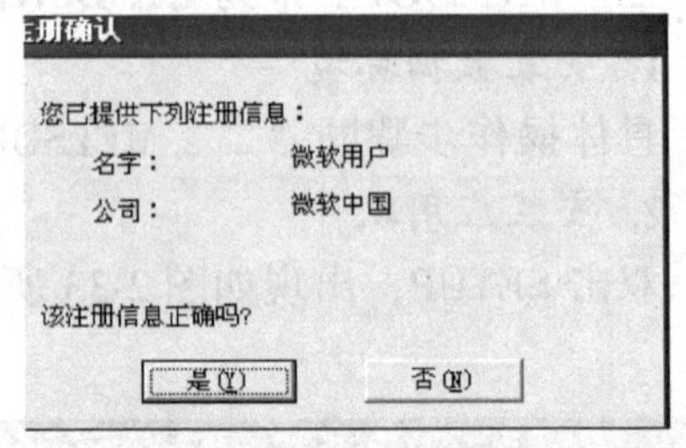

图 2-37 相关信息确定对话框

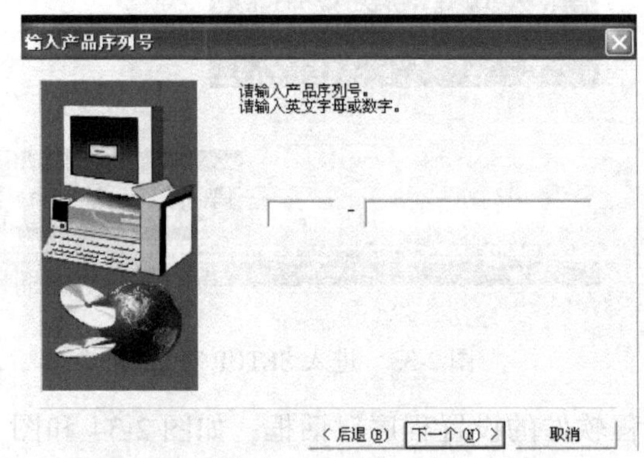

图 2-38 输入产品序列号对话框

图 2-39 “选择目标位置”对话框

4）如果单击“下一个”按钮，MELSOFT 系列 GX Developer 将安装到系统设置的目标目录 C：\ MELSEC 中。如果需要改变目标目录，单击“浏览”按钮，屏幕弹出“选择目录”对话框，分别在“驱动器”和“目录”中选择安装目标驱动器和目录，此处选择的安装驱动器和目录是 c：\ WINXP，然后单击“确定”按钮，如图 2-40 所示。

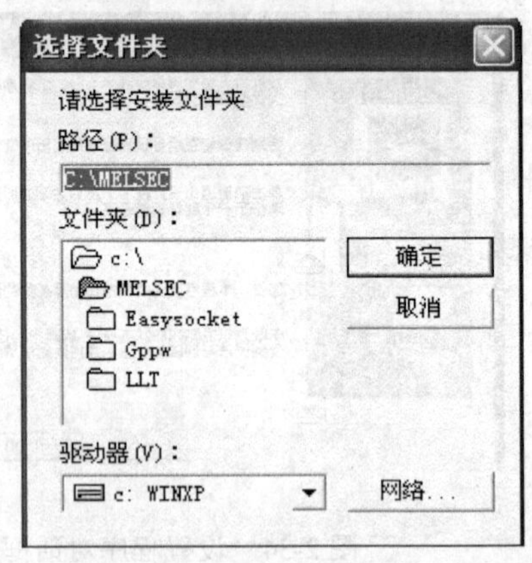

图 2-40 “选择目录”对话框

5）系统进入程序安装阶段，如图 2-41 所示，最后单击如图 2-42 所示对话框的“确定”按钮，安装完毕。

3. 安装调试软件

打开文件夹“中文 GPPW”，依次双击“SW6D5C-LLT-CL”、“GX SIMULATOR6-C”、SETUP，进入 PLC 模拟调试软件安装阶段。准备工作完成后，将进入MELSOFT系列 GX Developer 的模拟调试设置。

1）按照前述操作进入“用户信息”对话框（见图 2-36）。在该对话框中输入用户的相关信息，也可以跳过进入下一个。方法同前。

图 2-41　程序安装对话框

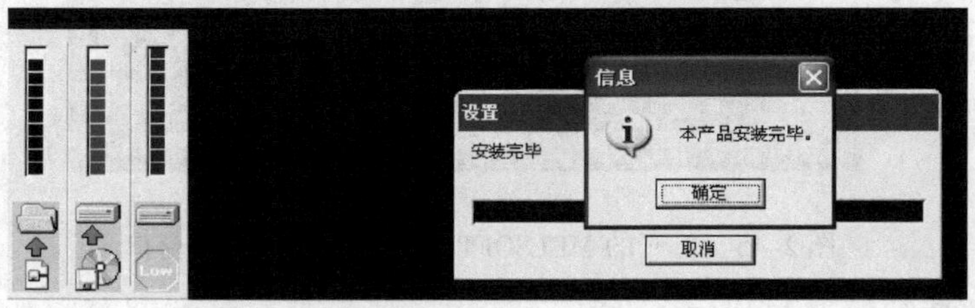

图 2-42　程序安装阶段对话框

2）单击“下一个”按钮，弹出”选择目标位置”对话框，如图 2-43 所示。如果单击“下一个”按钮，MELSOFT 系列 GX Developer 将安装到系统设置的目标目录 C：\ MELSEC 中。如果需要改变目标目录，单击“浏览”按钮，屏幕弹出“选择目录”对话框，如图 2-44所示。分别在“驱动器”和“目录”中选择安装目标驱动器和目录，此处选择的安装驱动器和目录是 c：\ WINXP，然后单击“确定”按钮。最后系统进入安装阶段。

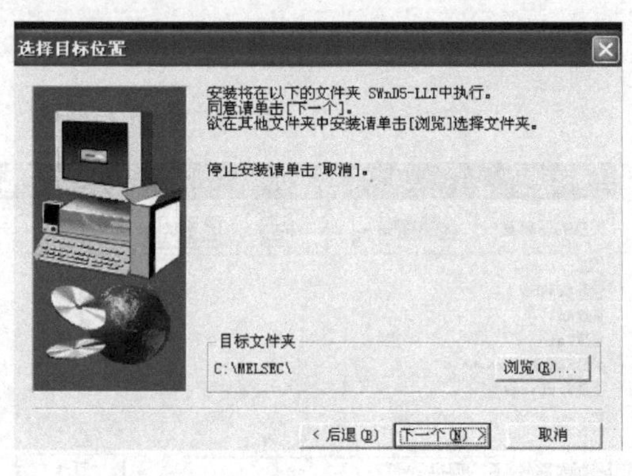

图 2-43　“选择目标位置”对话框

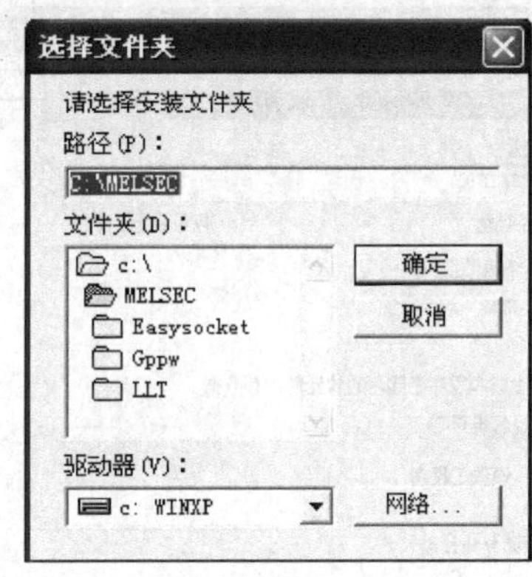

图 2-44　改变目标目录对话框

四、MELSOFT 系列 GX Developer 编程软件的使用

1. 系统的启动与退出

要想启动 MELSOFT 系列 GX Developer，单击开始→程序→MELSOFT 应用程序→ GX Developer，或者用鼠标双击桌面上的图标，然后选择程序栏，进入如图 2-45 所示程序界面，若要退出程序，单击右上角关闭按钮即可。

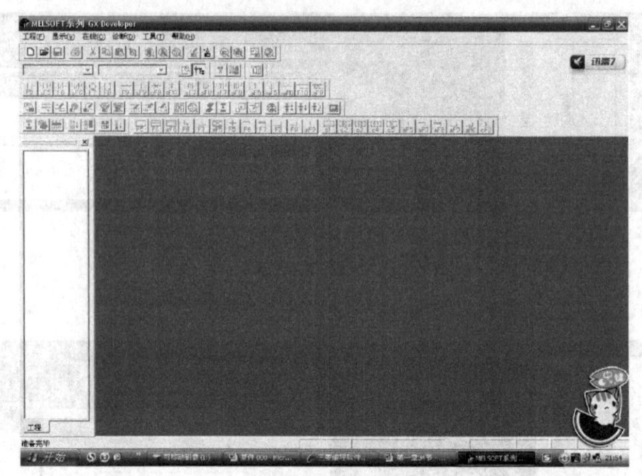

图 2-45　打开的 MELSOFT 系列 GX Developer 窗口

2. 工程的管理

（1）创建新工程　创建一个新工程的操作方法是：单击“工程”菜单下“创建新工程”或者按“Ctrl” + “N”键，将弹出如图 2-46 所示对话框，然后在相应对话框中选择 PLC 系列及 PLC 类型，单击“确定”按钮即可。

（2）打开工程　从一个工程列表中打开一个程序或数据的操作方法是：先执行“工程”菜单下的“打开工程”命令或按“Ctrl + O”键，再在打开的文件菜单中选择一个所需的指令程序，单击“打开”按钮即可，如图 2-47 所示。

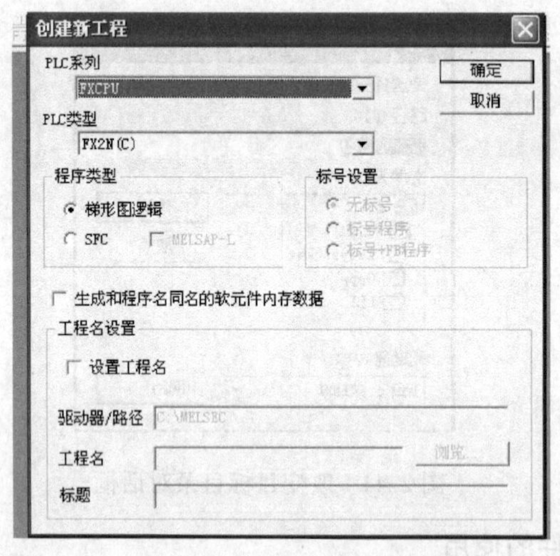

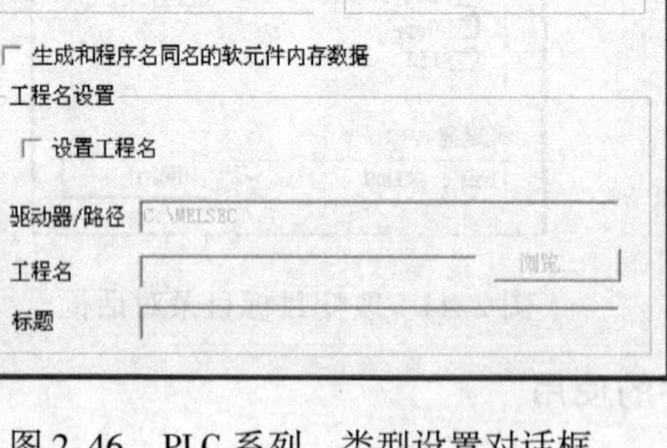

打开工程
工程的驱动器
[-c-]
..
123456
Ani
Int
SampleComment
SysImage
驱动器/路径
C:\MELSEC\GPPW
工程名
打开
取消

图 2-46　PLC 系列、类型设置对话框

图 2-47　打开工程对话框

（3）保存和关闭工程　保存当前程序、注释数据以及其他在同一工程名下的数据。如果是第一次保存，屏幕显示如图 2-48 所示的“另存工程为”对话框，将该程序命名填入“工程名”并保存下来。操作方法是：执行“工程”菜单下的“保存工程”命令或按“Ctrl + S”键即可。

（4）关闭工程　单击工程菜单下“关闭工程”或者直接单击屏幕右上方的关闭按钮 ，如图 2-49 所示。若关闭程序前未保存工程，屏幕将出现对话框提示是否保存该工程，如图 2-50 所示。

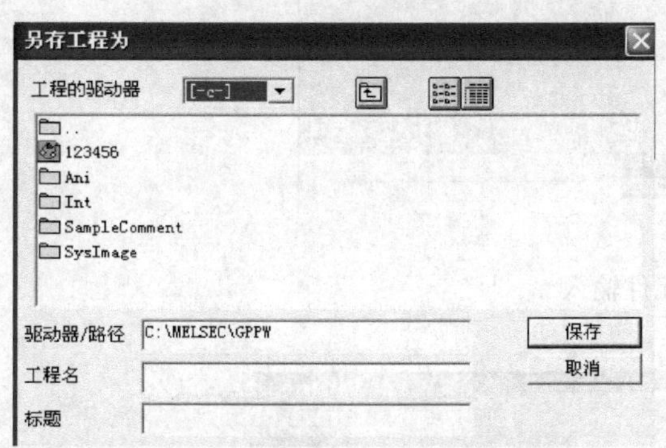

图 2-48　工程保存对话框

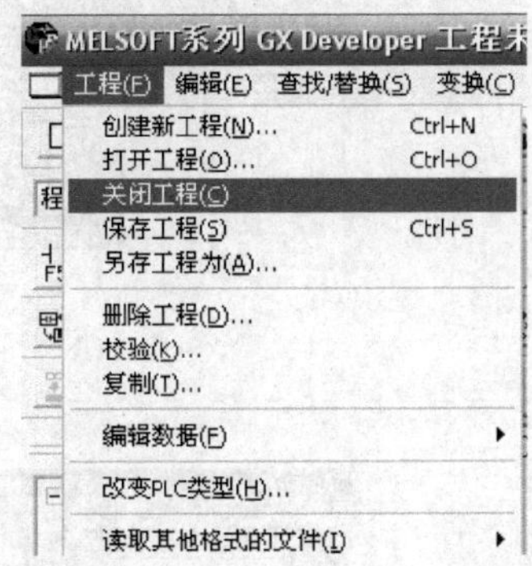

图 2-49　关闭工程

图 2-50　关闭工程对话框

3. 梯形图编程

单击图标 ，创建新工程，选择 PLC 系列及类型，单击“确认”后，屏幕进入编辑状态，如图 2-51 所示。

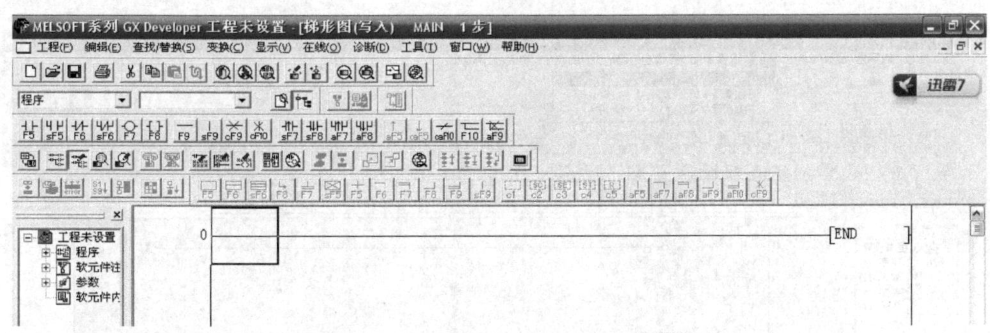

图 2-51　创建新工程

（1）元件输入　触点、线圈符号、特殊功能线圈和连接导线的输入，程序的插入、清除，可通过执行“工具”菜单栏实现，直接单击常开触点输入元件名即可，如图 2-52 所示。

也可以通过键盘用指令直接进行输入元件，如图 2-53 所示。

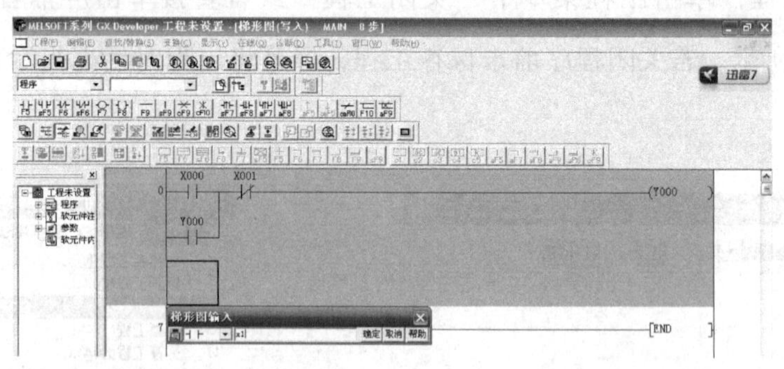

图 2-52　元件输入

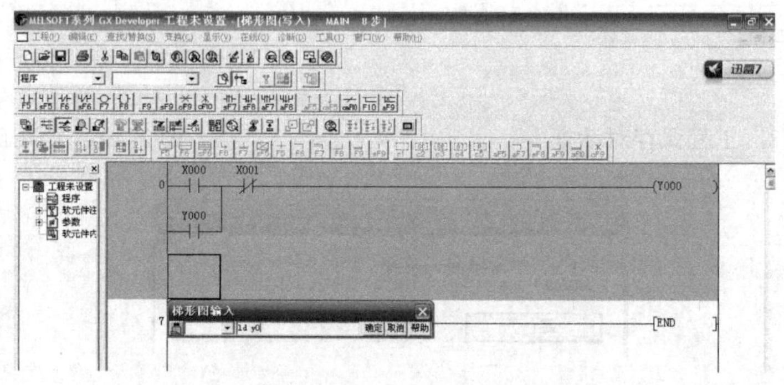

图 2-53　通过键盘用指令直接进行输入元件

（2）梯形图的转换　将创建的梯形图转换格式存入到计算机中，操作方法是执行“工具”菜单下的“变换”命令或按 F4 键，如图 2-54 所示。在转换过程中将显示梯形图转换信息，如果在不完成转换的情况下关闭梯形图窗口，创建的梯形图将被抹去。未转换前梯形图呈灰色，转换后梯形图即为白色。转换后梯形图的左母线显示程序步。

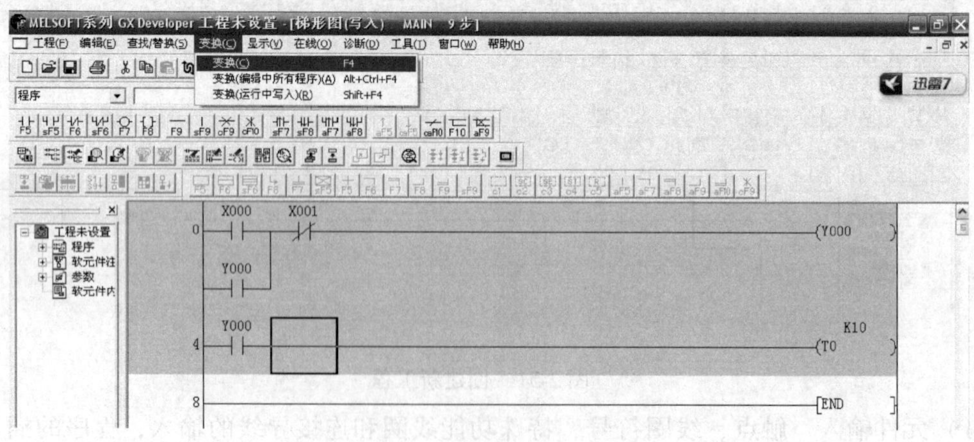

图 2-54　梯形图的转换

也可以直接单击右键选择“变换 F4”，如图 2-55 所示。

（3）元件名、线圈以及梯形图单元块的注释　这些操作可通过工具栏中实现，单击“注释编辑”按钮，梯形图行距拉开，双击要注释的元件，屏幕弹出“输入注释”对话框，输入相应注释，单击“确定”，如图 2-56 所示。

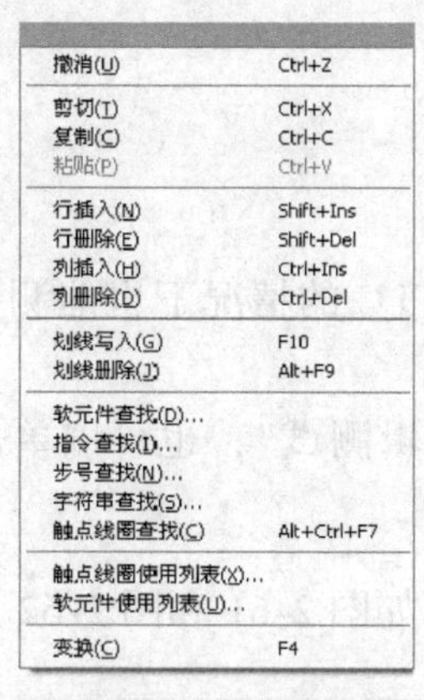

图 2-55　选择“变换 F4”转换梯形图

图 2-56　相应注释对话框

如果要取消显示注释，可以单击菜单栏中“显示”，选择“注释显示”，这样就取消注释了，如图 2-57 所示。

（4）查找及替换　软元件、指令、步号、字符串、触点、线圈的查找和替换，可通过执行“查找/替换”菜单栏实现，如图 2-58 所示。

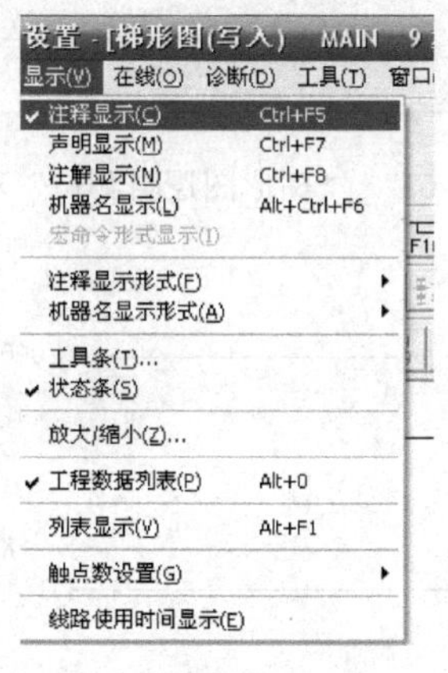

图 2-57　取消显示注释

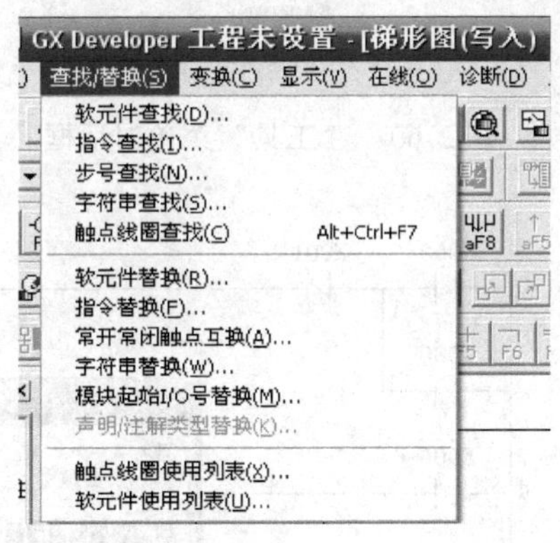

图 2-58　查找及替换

4. 指令表编程

单击工具栏中“梯形图/列表显示切换”按钮，可实现指令表程序与梯形图程序之间的转换，如图 2-59 所示。

```
0    LD     X000
1    OR     Y000
2    ANI    X001
3    OUT    Y000
4    LD     Y000
5    OUT    T0      K10
8    END
```

图 2-59　指令表编程

5. 程序的调试

MELSOFT 系列 GX Developer 软件具有仿真功能，即使没有 PLC 的情况下也能测试程序是否能正常运行，具体调试过程如下：

1）输入完整程序后，单击“工具”菜单，选择“梯形图逻辑测试”，也可以单击“梯形图逻辑测试”按钮，如图 2-60 所示。

程序将模拟写入 PLC，系统进入“梯形图逻辑测试”阶段，如图 2-61 和图 2-62 所示。

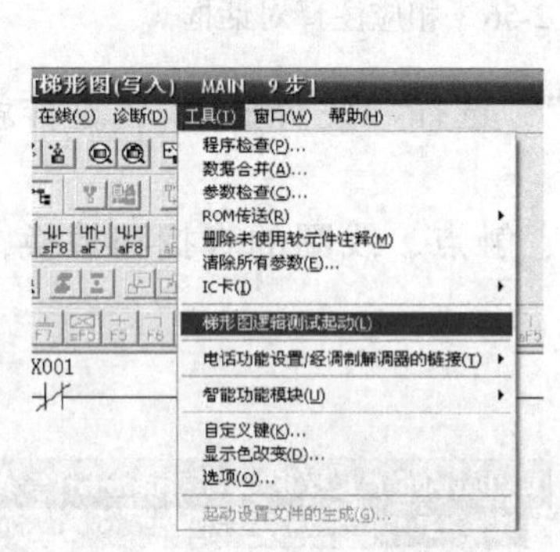

图 2-60　“工具”菜单对话框

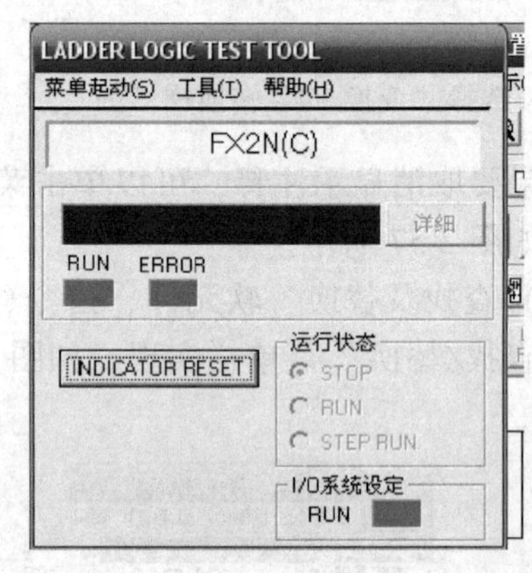

图 2-61　“梯形图逻辑测试”对话框

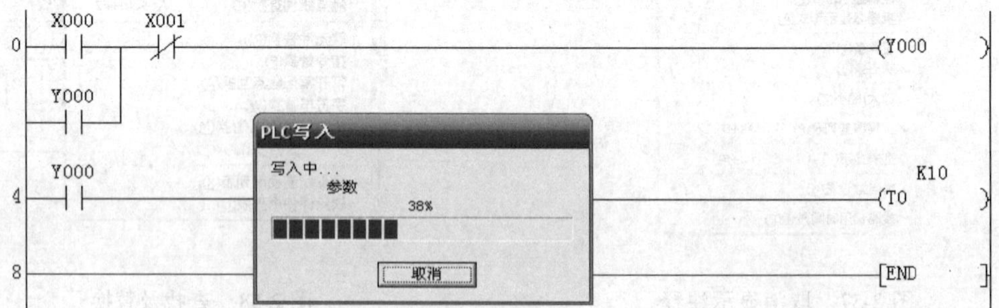

图 2-62　程序写入 PLC

该程序正在监视执行中，如图 2-63 所示。

2）进行梯形图的程序调试操作。从梯形图中可以看出要想 Y000 闭合，必须接通 X000，选择 X000 单击右键，选择“软元件测试”，如图 2-64 所示。屏幕出现“软元件测试”对话框，将 X000 强制 ON，如图 2-65 所示。测试结果如图 2-66 所示，从测试结果看，当 X000 闭合→Y000 闭合→T0 闭合，要想停止 Y000 必须使 X001 断开（将 X001 强制 ON）。

3）梯形图测试完毕，单击结束梯形图逻辑测试按钮 。然后，再单击“确定”结束梯形图逻辑测试，如图 2-67 所示。此时程序处于读出模式 ，若程序需要改动则需要切换读出模式按钮 到写入模式按钮 才能进行程序修改。

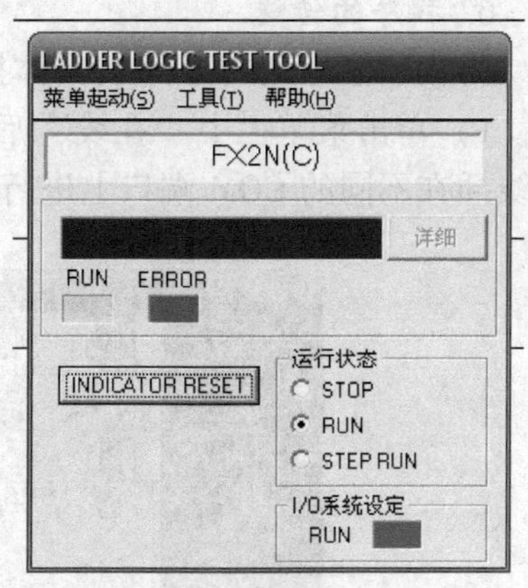

图 2-63　程序监视执行

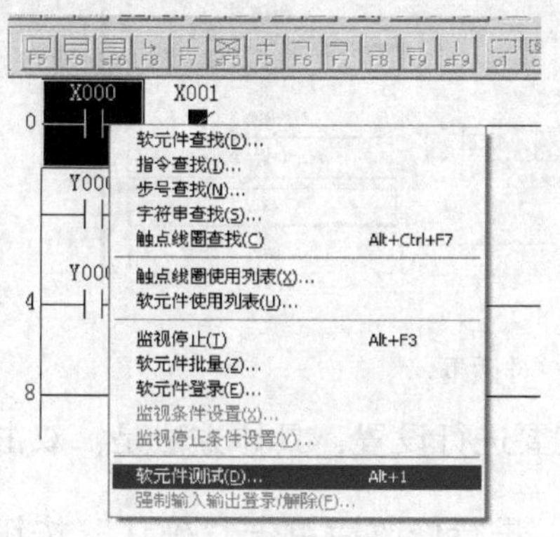

图 2-64　选择“软元件测试”

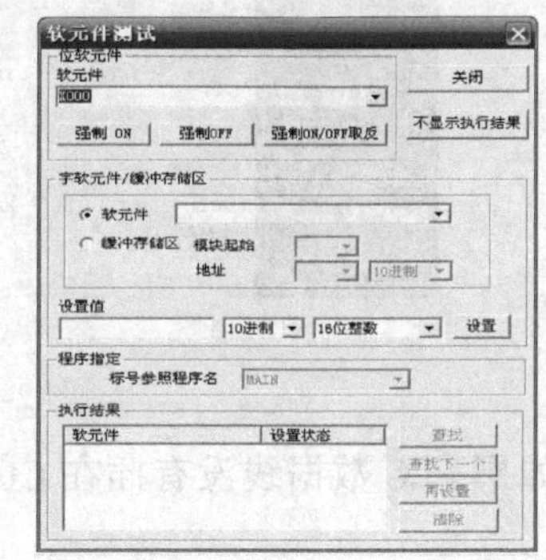

图 2-65　“软元件测试”对话框

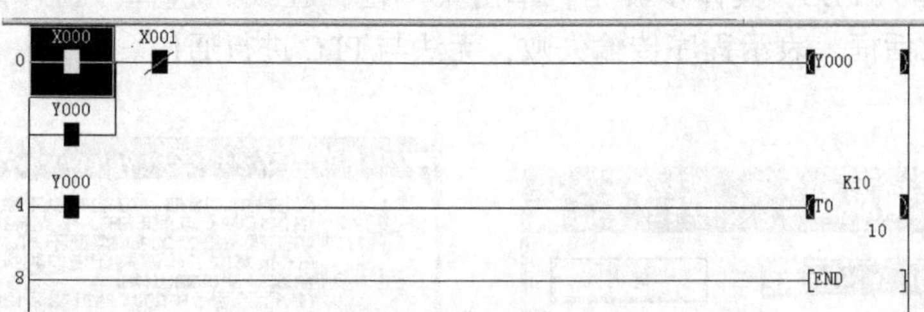

图 2-66　软元件测试结果

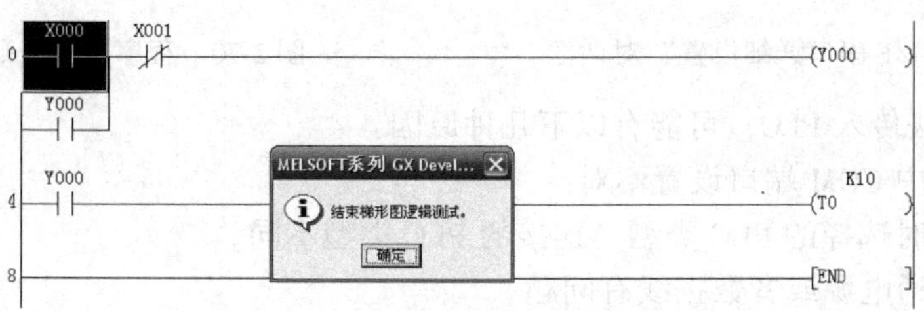

图 2-67　结束梯形图逻辑测试

6. 程序的传送

将程序输入到 PLC 中，具体操作步骤如下：

1）单击菜单栏中“在线”后，单击“传输设置”进行 COM 端口的设置，根据 PLC 数据线插在不同的 COM 端口上进行设置，系统默认为 COM1，如图 2-68 所示。

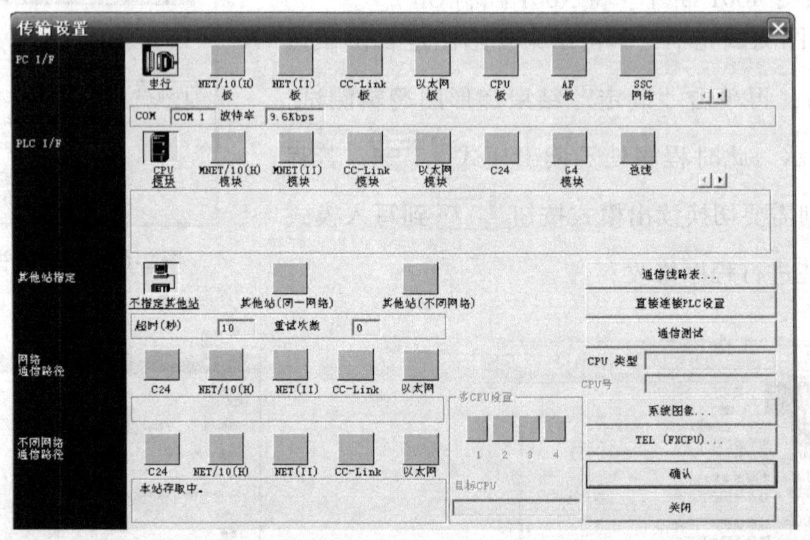

图 2-68　“传输设置”对话框

2）如果 PLC 数据线没有插在 COM1 端口上，就要进行设置，具体方法是：双击串行按钮，屏幕弹出“PC I/F 串口详细设置”对话框，进行修改后单击“确认”按钮，如图 2-69 所示。

3）将程序写入 PLC，具体步骤是：单击菜单栏“在线”选择“PLC 写入”，如果系统出现如图 2-70 对话框，表示程序传输失败，无法与 PLC 进行通信。

图 2-69　“PC I/F 串口详细设置”对话框

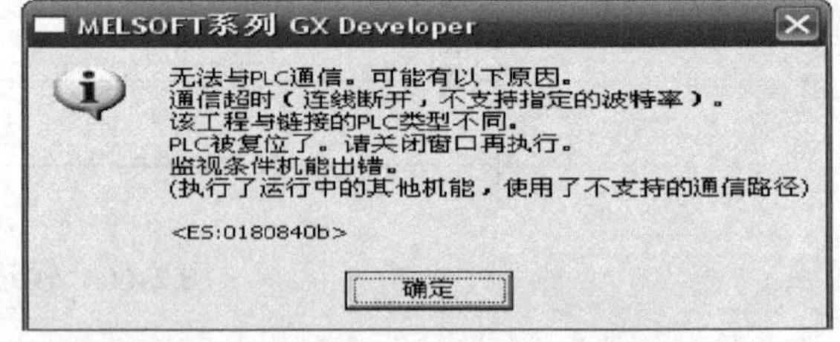

图 2-70　程序传输失败对话框

如果程序无法传入 PLC，可能有以下几种原因：

① 传输设置中 COM 端口设置不对。

② 输入程序时选择的 PLC 类型与连接的 PLC 类型不同。

③ PLC 未接通电源或者数据线有问题。

如果该工程与连接的 PLC 类型不同，可以在“工程”菜单栏中选择如图 2-71 所示的

“改变 PLC 类型”对话框，进行修改后单击“确认”按钮，如图 2-72 所示。

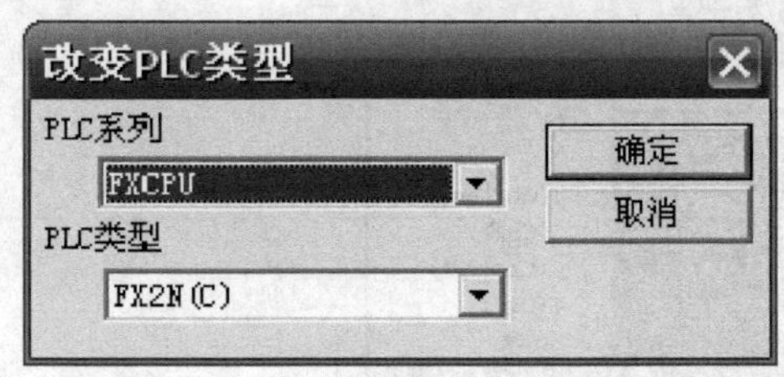

图 2-71 “改变 PLC 类型”对话框（一）

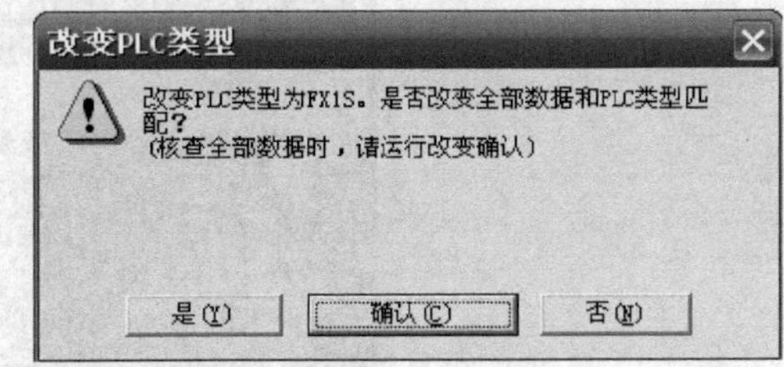

图 2-72 “改变 PLC 类型”对话框（二）

如果需要改变参数，可选择“是”按钮，然后改变参数，并对软元件注释，如图 2-73 和图 2-74 所示。

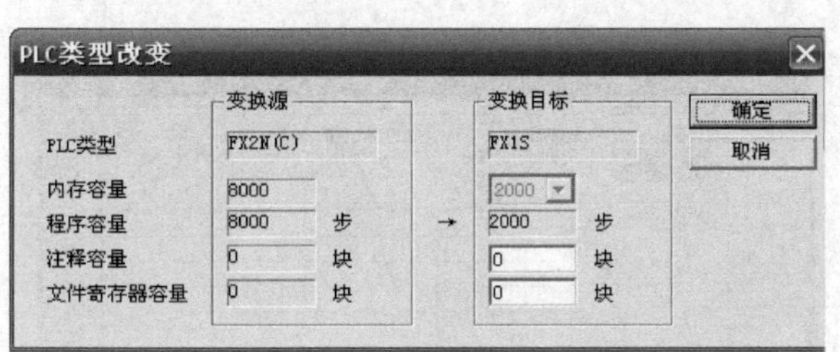

图 2-73 改变参数

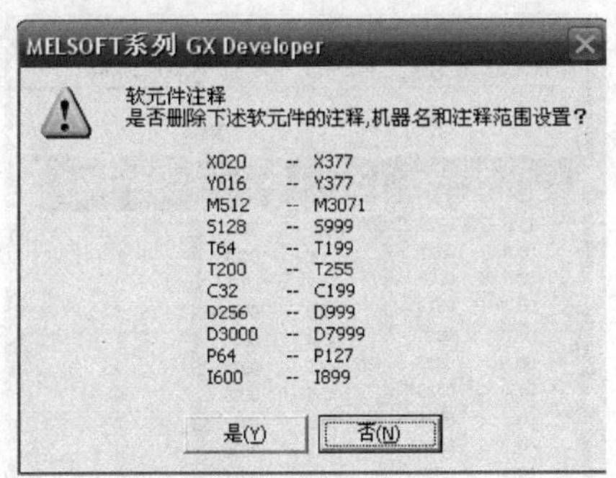

图 2-74 软元件注释

7. 监控操作

在“梯形图逻辑测试”过程中，选择“梯形图监视执行中”画面中如图 2-75 所示的对话框，单击“菜单起动”，选择“继电器内存监视”，屏幕将出现如图 2-76 所示对话框。

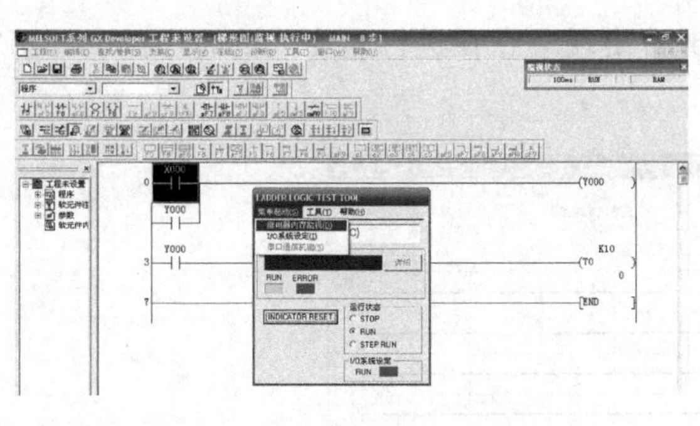

图 2-75 “继电器内存监视”

图 2-76 选择对话框

（1）元件监视 单击“软元件”，单击“位软元件窗口”，或者“字软元件窗口”，如图 2-77 所示。

选择要监视的字元件或位元件进行监视，如图 2-78 所示。

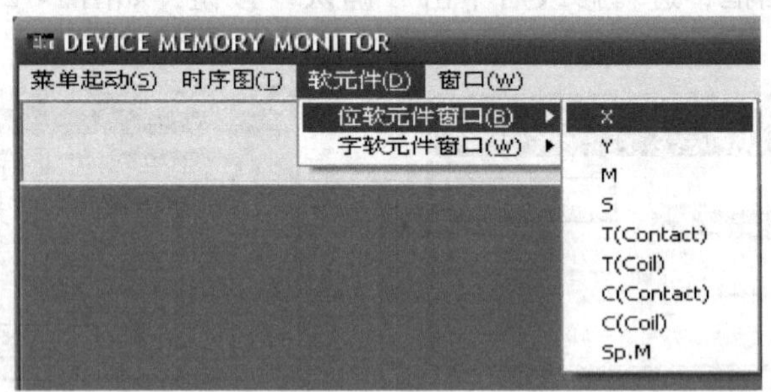

图 2-77　元件监视

（2）时序图监视　单击“时序图”屏幕出现如图 2-79 所示的对话框。

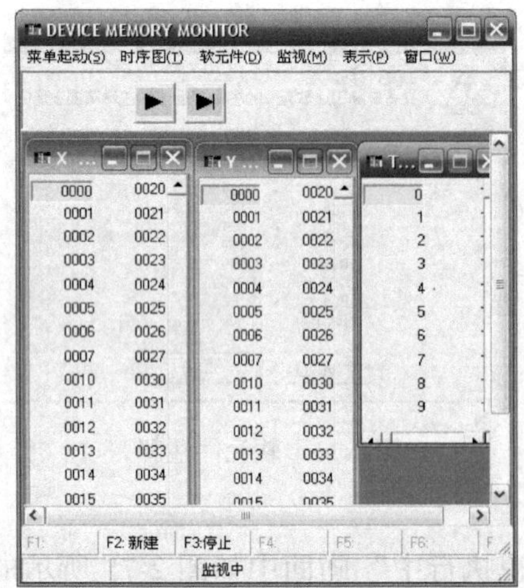

图 2-78　字元件或位元件监视选择对话框

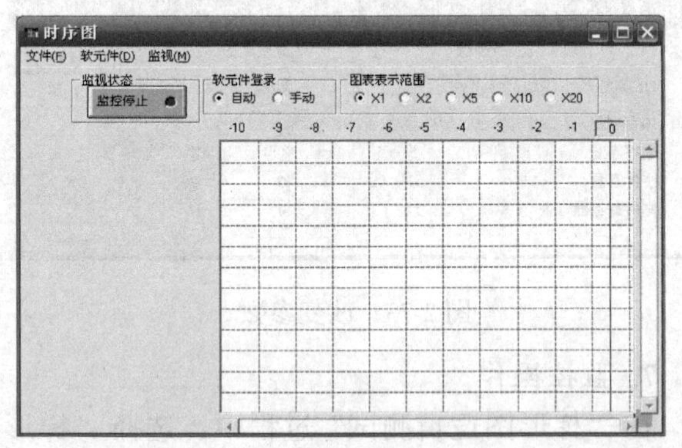

图 2-79　“时序图”屏幕对话框

单击“监控停止”按钮 监控停止 ，屏幕出现“正在进行监控”的时序图，如图2-80所示。

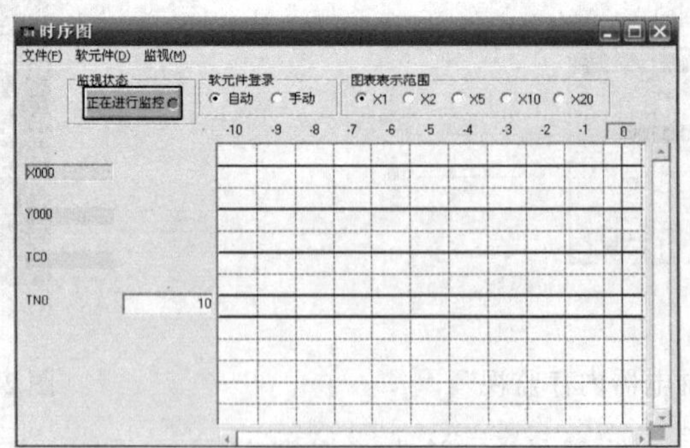

图 2-80　“正在进行监控”的时序图

第三章 PLC 的应用基础

PLC 编程语言中，最常用的是梯形图和指令语句表。因为梯形图在形式上与继电器控制电路很相似，而且读图方法和习惯也相同，所以梯形图是一种使用最多的编程方法。在完成梯形图设计后，为使 PLC 按程序完成控制要求，就需要将这段程序存入到 PLC 的用户存储器中去，这时只要使用编程软件或编程器将程序的一条条指令按顺序键入 PLC 即可。梯形图和指令语句表之间存在着相互对应关系，是可以相互转换的。例如，一段程序的梯形图和对应的指令语句表如图 3-1 所示。

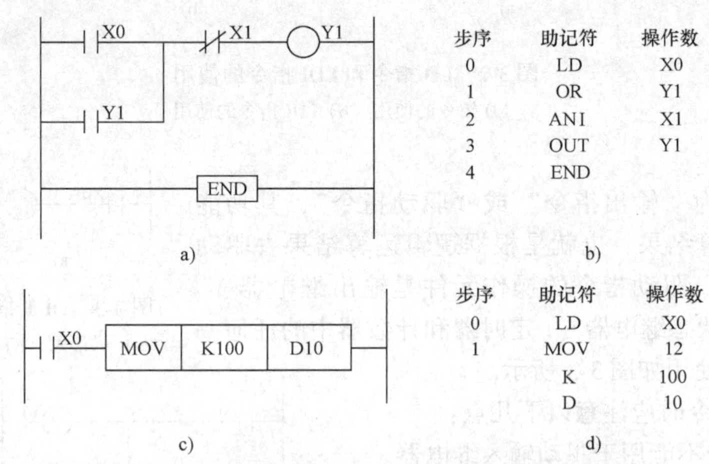

步序	助记符	操作数
0	LD	X0
1	OR	Y1
2	ANI	X1
3	OUT	Y1
4	END	

b)

步序	助记符	操作数
0	LD	X0
1	MOV	12
	K	100
	D	10

d)

图 3-1　一段程序的梯形图和对应的指令语句

a）基本指令梯形图　b）基本指令语句表

c）功能指令梯形图　d）功能指令语句表

PLC 的指令有基本指令和功能指令之分，图 3-1 a、b 为基本指令。基本指令一般由助记符和操作元件组成，助记符是每条基本指令的符号，它表明了操作功能；操作元件表明了操作对象。某些基本指令仅有助记符组成，如图 3-1 中的 END 指令。功能指令是一系列完成不同功能子程序的指令，功能指令主要由功能指令助记符和操作元件两大部分组成，如图 3-1c、d 所示。

第一节　FX 系列 PLC 的基本指令

FX 系列 PLC 有基本逻辑指令 20 条（或 27 条）、步进指令 2 条、功能指令 100 多条（不同系列有所不同）。本节以 FX2N 为例，介绍其基本逻辑指令和步进指令及其应用。

一、FX 系列 PLC 的基本逻辑指令

FX2N 系列 PLC 共有 27 条基本逻辑指令，其中包含了有些子系列 PLC 的 20 条基本逻辑指令。

1. 连接指令

1）LD 指令称为“取指令”。其功能是使常开触点与左母线连接。

2）LDI 指令称为“取反指令”。其功能是使常闭触点与左母线连接。

LD 指令和 LDI 指令的操作元件可以是输入继电器 X、输出继电器 Y、辅助继电器 M 状态继电器 S、定时器 T 和计数器 C。

LD 指令和 LDI 指令的使用如图 3-2 所示。

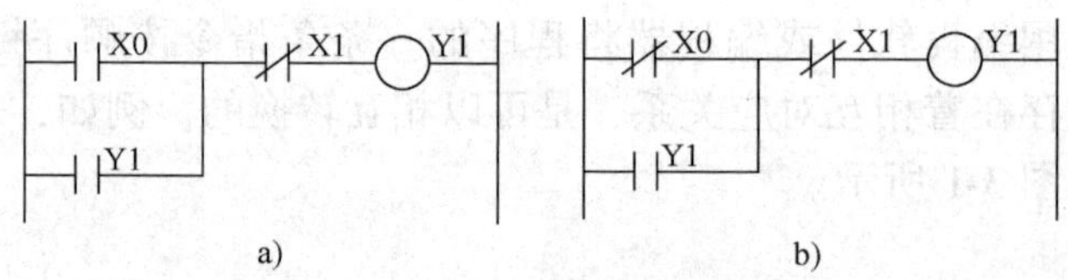

图 3-2　LD 指令和 LDI 指令的使用

a）LD 指令的使用　b）LDI 指令的使用

2. OUT 指令

OUT 指令称为“输出指令”或“驱动指令”，其功能是：输出逻辑运算结果，也就是根据逻辑运算结果去驱动一个指定的线圈。驱动指令的操作元件是输出继电器 Y、辅助继电器 M、状态继电器 S、定时器和计数器中的任何一个。OUT 指令的使用如图 3-3 所示。

X0　Y1

a)

0	LD	X0
1	OUT	Y1

b)

图 3-3　OUT 指令的使用（一）

a）梯形图　b）基本指令语句表

使用 OUT 指令时应注意以下几点：

1）OUT 指令不能用于驱动输入继电器。

2）OUT 指令可以连续使用，称为并行输出，且不受使用次数的限制。

3）定时器和计数器 C 使用 OUT 指令后，还需要一条常数设定值语句，如图 3-4 所示。

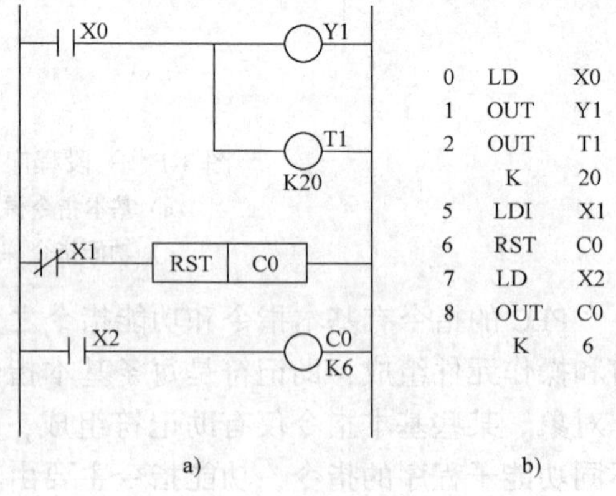

图 3-4　OUT 指令的使用（二）

a）梯形图　b）基本指令语句表

3. AND 和 ANI 指令

1）AND 指令称为“与指令”。其功能是使继电器的常开触点与其他继电器的触点串联。

2）ANI 指令称为“与非指令”。其功能是使继电器的常闭触点与其他继电器的触点串联。

AND 指令的使用如图 3-5 所示。输入继电器 X0 与 X1 的常开触点串联，它们之间的逻辑关系是“与”，当 X0 常开触点与 X1 常开触点都闭合时，输出继电器 Y2 的线圈才能被驱动。

ANI 指令的使用如图 3-6 所示。辅助继电器 M1 的常开触点和 X1 的常闭触点串联，它们之间的逻辑关系仍然是“与”，常闭触点在逻辑上是“非”逻辑关系，当 M1 常开触点闭合，同时 X1 常闭触点也闭合时，输出继电器 Y1 的线圈才能被驱动。

a)

0	LD	X0
1	AND	X1
2	OUT	Y2
3	LDI	X3
4	AND	X4
5	OUT	Y3

b)

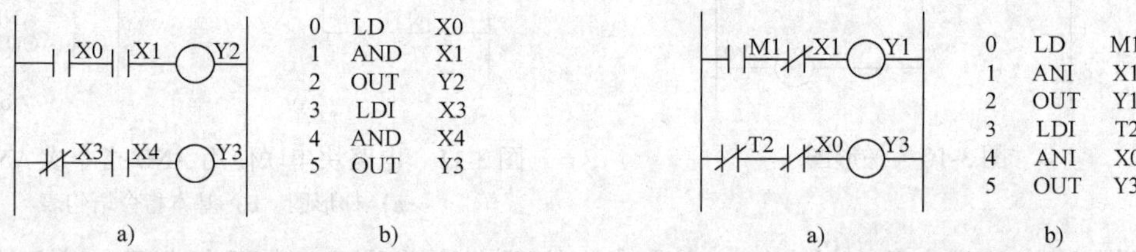

图 3-5　AND 指令的使用

a）梯形图　b）基本指令语句表

a)

0	LD	M1
1	ANI	X1
2	OUT	Y1
3	LDI	T2
4	ANI	X0
5	OUT	Y3

b)

图 3-6　ANI 指令的使用

a）梯形图　b）基本指令语句表

AND 指令和 ANI 指令的操作对象与 LD 指令相同，使用 AND 和 ANI 指令时应注意以下几点：

1）AND 指令和 ANI 指令可以连续使用，并且不受使用次数的限制，如图 3-7 所示。

2）如果在 OUT 指令之后，再通过触点对其他线圈使用 OUT 指令，称为纵接输出，如图 3-8 所示。X1 的常开触点与 M1 的线圈串联后，与 Y0 线圈并联，就是纵接输出。这种情况下，X1 仍可使用 AND 指令，并可多次使用，如图 3-9 所示。

a)

0	LD	X1
1	AND	M1
2	ANI	Y1
3	AND	X2
4	OUT	Y0

b)

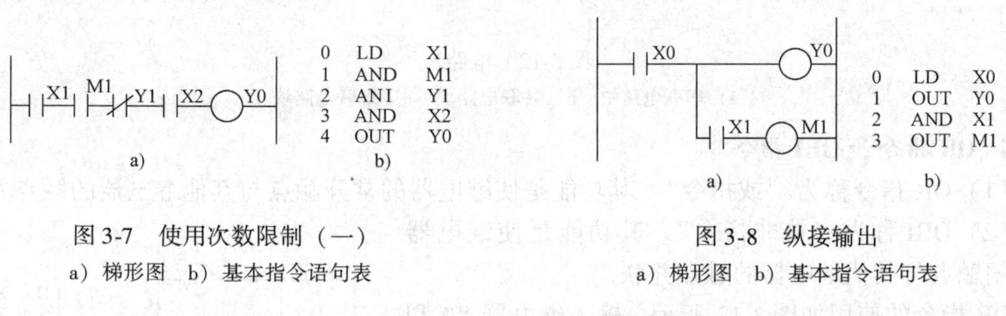

图 3-7　使用次数限制（一）

a）梯形图　b）基本指令语句表

a)

0	LD	X0
1	OUT	Y0
2	AND	X1
3	OUT	M1

b)

图 3-8　纵接输出

a）梯形图　b）基本指令语句表

a)

0	LDI	X10
1	OUT	Y2
2	AND	M1
3	OUT	Y3
4	ANI	M2
5	OUT	Y4
6	AND	M3
7	OUT	Y5

b)

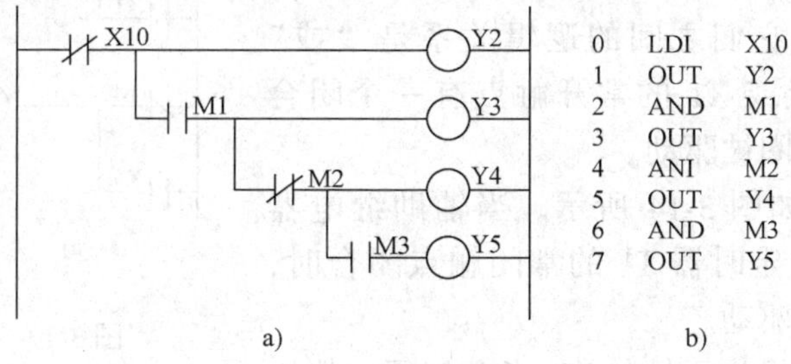

图 3-9　使用次数限制（二）

a）梯形图　b）基本指令语句表

应当注意的是，如图 3-10 所示的梯形图，不能使用 AND 指令或 ANI 指令。注意图 3-8 与图 3-10 的区别。

3）当继电器的常开触点或常闭触点与其他继电器的触点组成的电路块串联时，也可以使用 AND 指令或 ANI 指令，如图 3-11 所示。

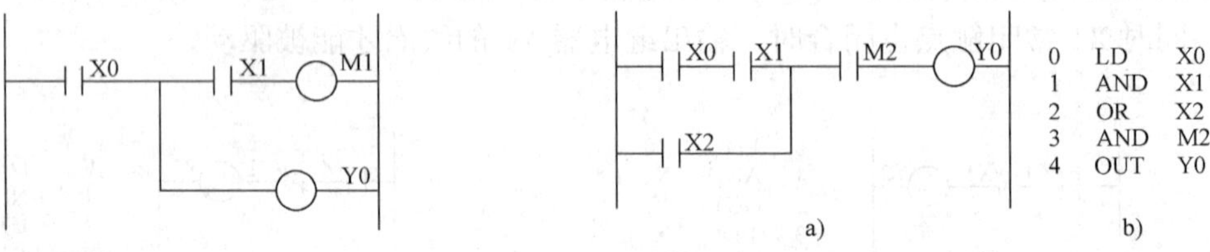

图 3-10　梯形图

a)

0	LD	X0
1	AND	X1
2	OR	X2
3	AND	M2
4	OUT	Y0

b)

图 3-11　电路块串联使用 AND 指令或 ANI 指令
a）梯形图　b）基本指令语句表

所谓电路块就是由几个触点按一定方式连接而成的梯形图。由两个或两个以上的触点串联连接而成的电路块，如图 3-12a 所示。由两个或两个以上的触点并联连接而成的电路块，如图 3-12b 所示。触点的混联就形成混联电路块，如图 3-12c 所示。

a)　b)　c)

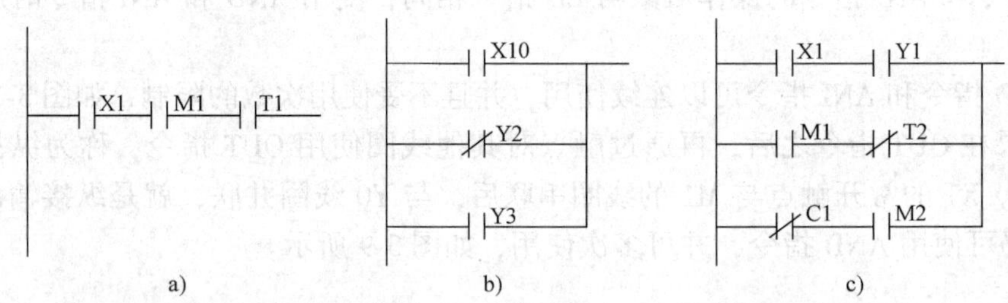

图 3-12　电路块
a）串联电路块　b）并联电路块　c）混联电路块

4. OR 指令和 ORI 指令

（1）OR 指令称为"或指令"。其功能是使继电器的常开触点与其他继电器的触点并联。

（2）ORI 称为"或非指令"。其功能是使继电器的常闭触点与其他继电器的触点并联。

OR 指令的使用如图 3-13 所示。输入继电器 X0 和 X1 的常开触点并联，它们之间的逻辑关系是"或"逻辑。当 X0 常开触点或 X1 的常开触点有一个闭合时，输出继电器 Y2 线圈被驱动。

ORI 指令的使用如图 3-14 所示。当辅助继电器 M1 的常开触点闭合或定时器 T1 的常闭触点闭合时，输出继电器 Y0 线圈被驱动。

a)

0	LD	X0
1	OR	X1
2	OUT	Y2
3	LDI	M0
4	OR	X3
5	OUT	Y3

b)

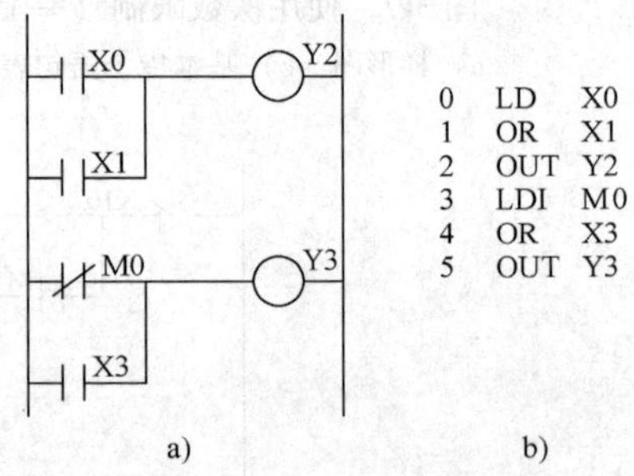

图 3-13　OR 指令的使用
a）梯形图　b）基本指令语句表

OR 和 ORI 指令的操作元件与 LD 指令相同。使用 OR 指令和 ORI 指令时应注意以下两点：

1）OR 指令和 ORI 指令可以连续使用，并且不受使用次数限制，如图 3-15 所示。

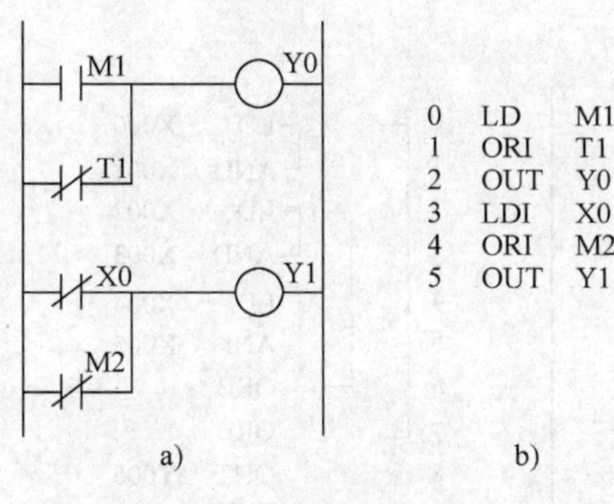

图 3-14 ORI 指令的使用

a）梯形图 b）基本指令语句表

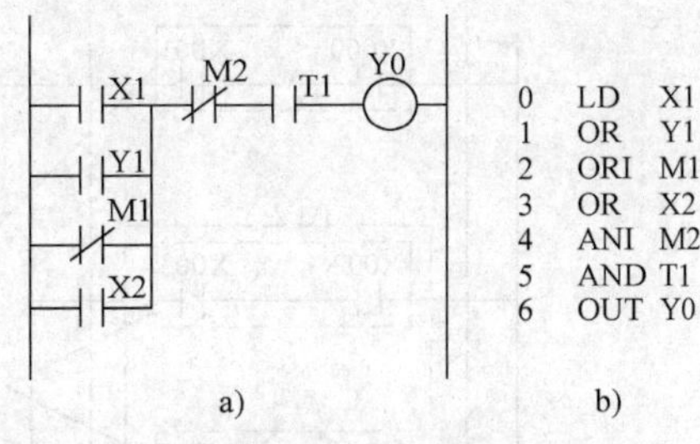

图 3-15 使用次数

a）梯形图 b）基本指令语句表

2）当继电器的常开触点或常闭触点与其他继电器的触点组成的混联块并联时，也可使用 OR 指令或 ORI 指令，如图 3-16 所示。

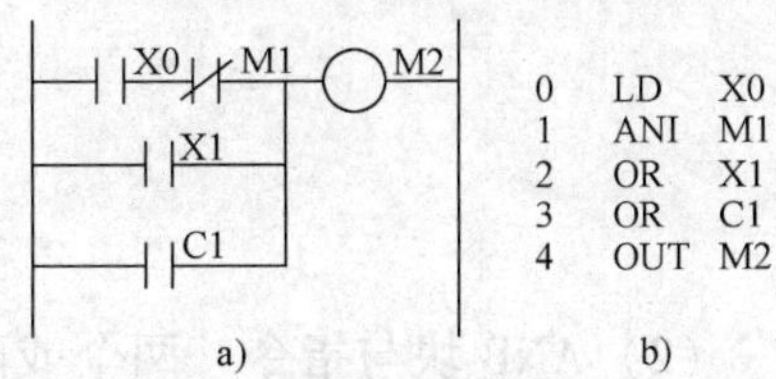

图 3-16 使用次数

a）梯形图 b）基本指令语句表

5. ANB 和 ORB 块指令

（1）ORB 块或指令 两个或两个以上的触点串联电路之间的并联采用 ORB 块或指令。ORB 指令的使用说明如下：

1）几个串联电路块并联连接时，每个串联电路块的开始处应该用 LD、LDI 指令，如图 3-17 所示的梯形图中有 3 个串联电路块：X000、X001、X002、X003、X004、X005，每块开始的三个触点 X000、X002、X004 都使用了 LD 指令。

2）有多个电路块并联回路，如对每个电路块使用 ORB 指令，则并联电路块数量没有限制，如图 3-17 所示。

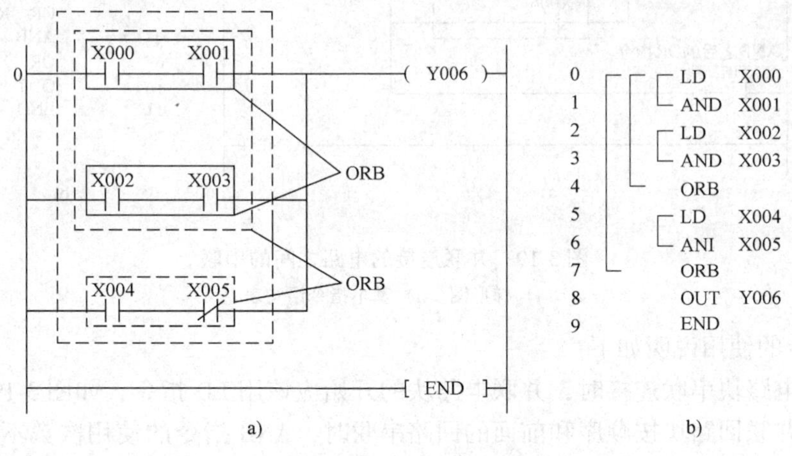

图 3-17 串联电路块并联连接

a）梯形图 b）基本指令语句表

3）ORB 指令也可以连续使用，如图 3-18 所示，但这种程序写法不推荐使用，LD 或 LDI 指令的使用次数不得超过 8 次。

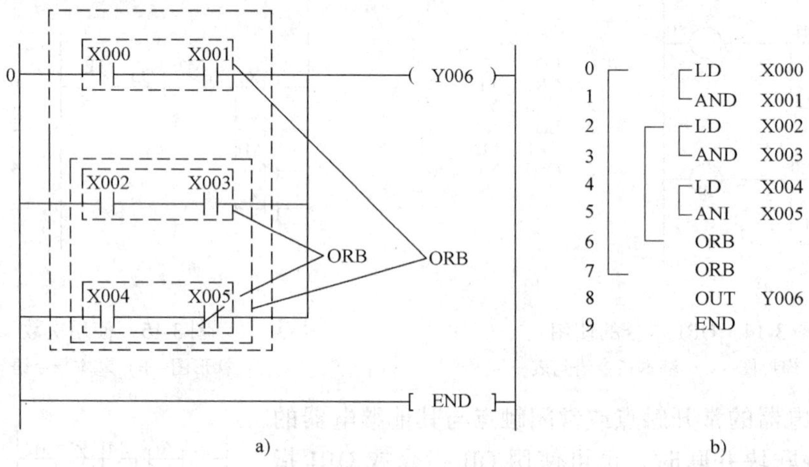

图 3-18　ORB 指令连续使用

a）梯形图　b）基本指令语句表

（2）ANB 块与指令　两个或两个以上的触点并联电路之间的串联采用 ANB 块与指令，如图 3-19 所示，X000、X001 是并联电路块，X002 ~ X006 也是并联电路块，再将这两个并联电路块串联，所以在指令表中使用了 ANB 指令。

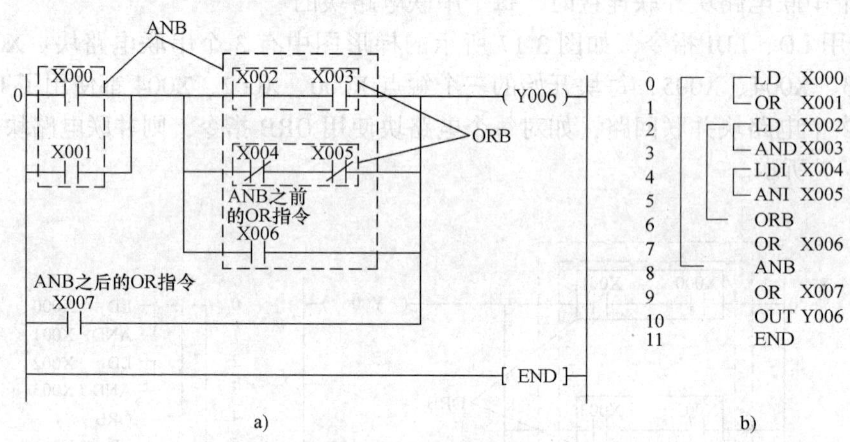

图 3-19　并联连接的电路之间的串联

a）梯形图　b）基本指令语句表

ANB 指令的使用说明如下：

1）并联电路块串联连接时，并联电路块的开始应该用 LD 指令，如图 3-19 所示。

2）多个并联回路块按顺序和前面的回路串联时，ANB 指令的使用次数不受限制。也可连续使用 ANB，但与 ORB 一样，使用次数不超过 8 次。

注意：

1）一定要注意 ANB 指令与 AND 指令之间的区别，能不用 AND 指令时，尽量不用，可以节省指令。例如图 3-20 所示电路中，M1 常开触点与右边的电路块串联，这时最好把电路块放在左边，单个触点放在电路块右边，如图 3-21 所示。

a)

```
0  LD   M1
1  LD   X0
2  AND  Y1
3  LD   X1
4  AND  Y0
5  ORB
6  ANB
7  OUT  Y2
```

b)

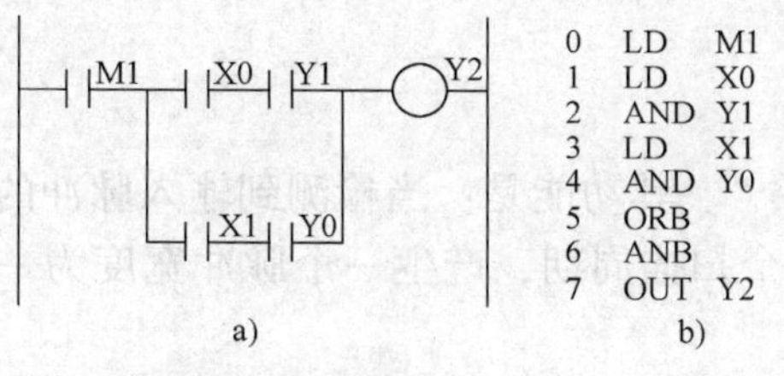

图 3-20　ANB 指令的使用

a）梯形图　b）基本指令语句表

a)

```
0  LD   X0
1  AND  Y1
2  LD   X1
3  AND  Y0
4  ORB
5  AND  M1
6  OUT  Y2
```

b)

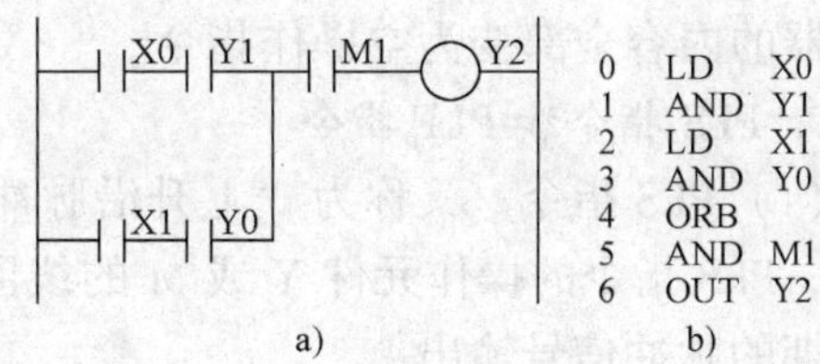

图 3-21　省略 ANB 指令

a）梯形图　b）基本指令语句表

2）同样要注意 ORB 指令与 OR 指令之间的区别，有时也可以省略 ORB 指令。图 3-22 所示梯形图中，串联触点较多的电路放在单个触点的下面，这时编程要用 ORB 指令。如果将串联触点较多的电路放在单个触点的上方，如图 3-23 所示，这时，X1 的常开触点就是与上面电路块并联，用 OR 指令即可。

a)

```
0  LD   X1
1  LDI  X0
2  AND  X3
3  ORB
4  OUT  Y0
```

b)

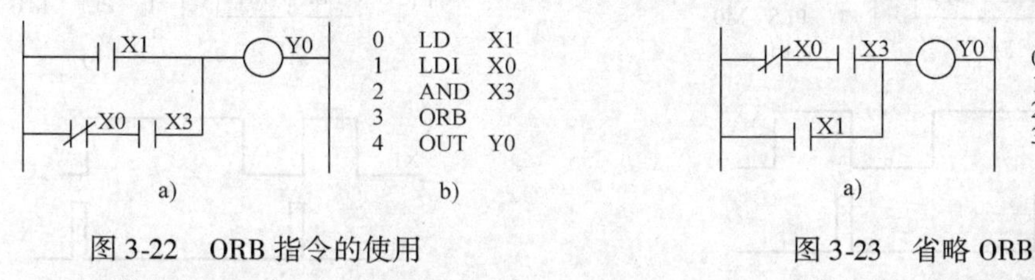

图 3-22　ORB 指令的使用

a）梯形图　b）基本指令语句表

a)

```
0  LDI  X0
1  AND  X3
2  OR   X1
3  OUT  Y0
```

b)

图 3-23　省略 ORB 指令

a）梯形图　b）基本指令语句表

6. SET 和 RST 指令

（1）SET 指令又称为"置位指令"。其功能是：驱动线圈，使其具有自锁功能，维持接通状态。置位指令的操作元件是输出继电器 Y、辅助继电器 M 和状态继电器 S。

（2）RST 指令又称为"复位指令"。其功能是使线圈复位。复位指令的操作元件除与 SET 相同外，还有积算定时器 T 和计数器 C。

SET 和 RST 指令的使用如图 3-24 和图 3-25 所示。

a)

```
0  LD   X0
1  SET  M0
```

b)

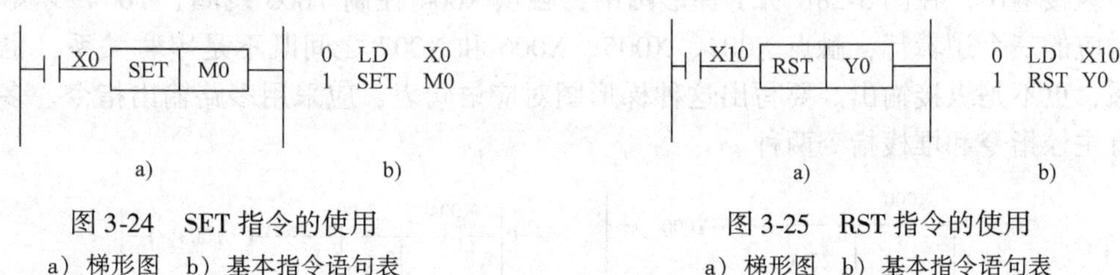

图 3-24　SET 指令的使用

a）梯形图　b）基本指令语句表

a)

```
0  LD   X10
1  RST  Y0
```

b)

图 3-25　RST 指令的使用

a）梯形图　b）基本指令语句表

7. END 指令

END 指令又称为"结束指令"。END 指令没有操作元件。END 指令的功能是：执行到 END 指令后，END 指令后面的程序不再执行。在调试程序时，插入 END 指令，可以逐段调试程序，以便提高程序调试速度。

注意：END 并不是 PLC 的停机指令，该指令仅说明了执行用户程序的一个周期结束。

8. NOP 指令（空操作指令）

不执行操作，但占一个程序步。执行 NOP 指令时并不做任何事，有时可用 NOP 指令短接某些触点或用 NOP 指令将不要的指令覆盖。当 PLC 执行了清除用户存储器操作后，用户存储器的内容全部变为空操作指令。

9. PLS 指令和 PLF 指令

（1）PLS 指令　又称为“上升沿脉冲微分指令”。其功能是：当检测到输入脉冲的上升沿时，PLS 指令的操作元件 Y 或 M 的线圈得电一个扫描周期，产生一个脉冲宽度为一个扫描周期的脉冲信号输出。

（2）PLF 指令　又称为“下降沿脉冲微分指令”。其功能是：当检测到输入脉冲的下降沿时，PLF 指令的操作元件 Y 或 M 的线圈得电一个扫描周期，产生一个脉冲宽度为一个扫描周期的脉冲信号输出。

PLS 和 PLF 指令的操作元件为输出继电器 Y 和辅助继电器 M，不含特殊继电器。

PLS 和 PLF 指令的使用如图 3-26 和图 3-27 所示。

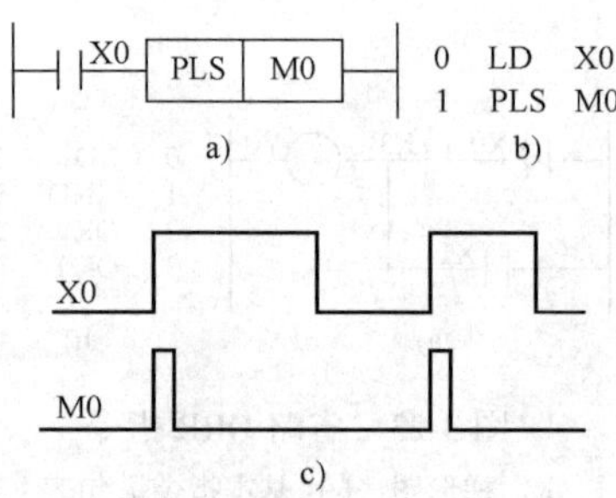

图 3-26　上升沿脉冲微分指令的使用

a）梯形图　b）基本指令语句表　c）波形

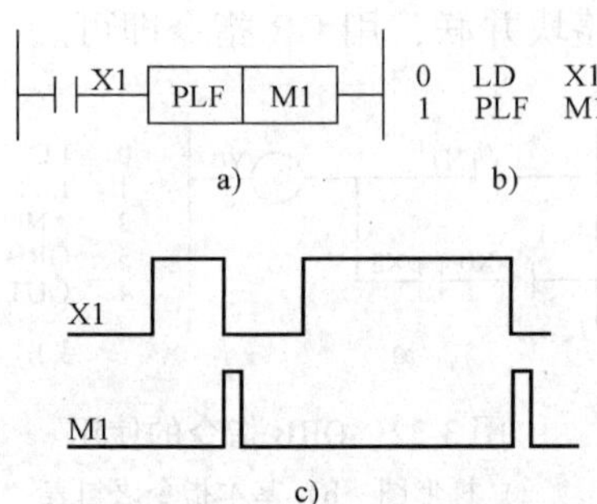

图 3-27　下降沿脉冲微分指令的使用

a）梯形图　b）基本指令语句表　c）波形

10. 多路输出指令

多路输出是指一个触点或触点组控制多个逻辑行的梯形图结构，例如图 3-28a 所示梯形图中，常开触点 X000 除驱动输出继电器 Y000 的线圈接通外，还控制 Y001 线圈和 Y002 线圈对应的两个逻辑行，触点 X000、X001 和 X002 之间既不是串联关系，也不是并联关系，也不是纵接输出。在图 3-28b 所示梯形图中，触点 X004 控制 Y003 线圈、Y004 线圈和 Y005 线圈对应的三个逻辑行，触点 X004、X005、X006 和 X007 之间既不是串联关系，也不是并联关系，更不是纵接输出。要写出这种梯形图对应语句表，应采用多路输出指令。多路输出指令有主控指令和堆栈指令两种。

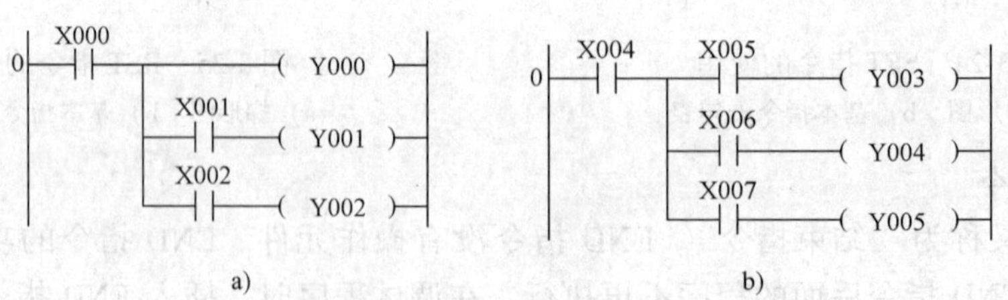

图 3-28　多路输出梯形图

a）梯形图 1　b）梯形图 2

（1）主控指令（MC/MCR）

1）MC（主控指令）：用于公共串联触点的连接。执行 MC 后，左母线移到 MC 触点的后面。

2）MCR（主控复位指令表）：它是 MC 指令的复位指令，即利用 MCR 指令恢复原左母线的位置。

在编程时常会出现这样的情况，多个线圈同时受一个或一组触点的控制，如果在每个线圈的控制电路中都串入同样的触点，将占用很多存储单元，使用主控指令就可以解决这一问题。MC、MCR 指令的使用如图 3-29 所示，利用 MC N0 M100 实现左母线右移，使 Y000、Y001 都在 X000 的控制之下，其中 N0 表示嵌套等级，在无嵌套结构中 N0 的使用次数无限制；利用 MCR N0 恢复到原左母线状态。如果 X000 断开则会跳过 MC、MCR 之间的指令向下执行。

MC、MCR 指令的使用说明如下：

1）MC、MCR 指令必须成对使用，缺一不可。

2）MC、MCR 指令的目标元件为 Y 和 M，但不能用特殊辅助继电器。MC 占 3 个程序步，MCR 占 2 个程序步。

3）主控触点在梯形图中与一般触点垂直，如图 3-29 所示，相连的触点必须用 LD 指令。

4）MC 指令的输入触点断开时，在 MC 和 MCR 之内的积算定时器、计数器、用复位/置位指令驱动的元件保持其之前的状态不变。非积算定时器和计数器、用 OUT 指令驱动的元件将复位，在图 3-29 中当 X000 断开，Y000 和 Y001 即变为 OFF。

5）在一个 MC 指令区内若再使用 MC 指令称为嵌套。嵌套级数最多为 8 级，编号按 N0→N1→N2→N3→N4→N5→N6→N7 顺序增大，每级的返回用对应的 MCR 指令，从编号大的嵌套级开始复位，如图 3-30 所示。

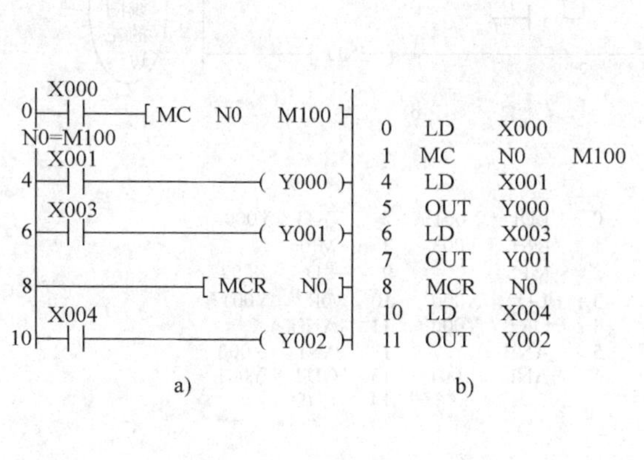

图 3-29　MC、MCR 指令的使用

a）梯形图　b）基本指令语句表

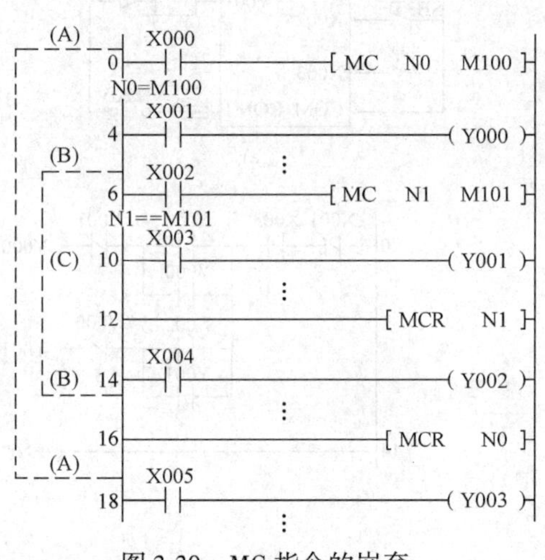

图 3-30　MC 指令的嵌套

（2）栈存储器指令　在 FX 系列 PLC 中有 11 个存储单元，如图 3-31 所示，它们采用先进后出的数据存取方式，专门用来存储程序运算的中间结果，称为栈存储器。

栈存储器类指令用在某一个电路块与其他不同的电路块串联以便实现驱动不同的线圈的场合，即用于多重输出电路。如图 3-31b 中的 X000，与 X001 串联驱动 Y000，与 X002 串联驱动 Y004，与 X003、X004 并联电路块的串联驱动 Y002，这里 X000 后出现了分支，要使用

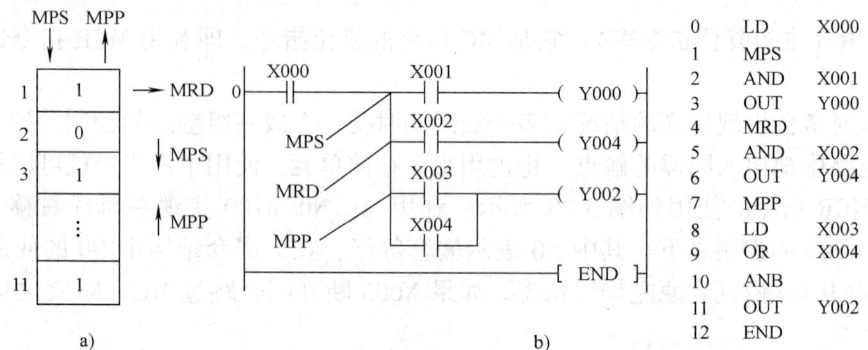

图 3-31 栈存储器指令

a）存储器 b）多重输出电路的梯形图与指令表

栈存储器指令。如图 3-32c 中的 X001 常闭与 X003 常闭电路块，与 X000 常开、Y000 常开并联电路块和 Y001 常闭电路块串联驱动 Y000，与 X002 常开、Y001 常开并联电路块和 Y000 常闭电路块串联驱动 Y001，这里 X001 常闭与 X003 常闭电路块后出现了分支，要使用栈存储器指令。

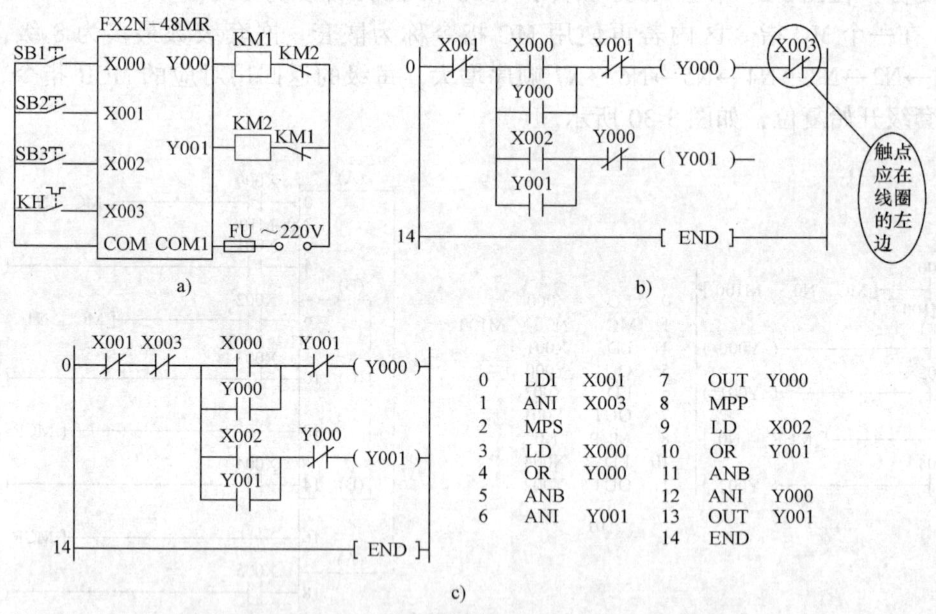

图 3-32 PLC 连续运行控制电路

a）PLC 接线图 b）错误的梯形图 c）正确的梯形图和指令表

1）MPS 进栈指令：将运算结果送入栈存储器的第一段，同时将先前送入的数据依次移到栈的下一段。MPS 指令用于分支的开始处。

2）MRD 读栈指令：将栈存储器的第一段数据（最后进栈的数据）读出且该数据继续保存在栈存储器的第一段，栈内的数据不发生转动。MRD 指令用于分支的中间段。

3）MPP 出栈指令：将栈存储器的第一段数据（最后进栈的数据）读出且该数据从栈中

消失，同时将栈中其他数据依次上移。MPP 指令用于分支的结束处。

堆栈指令的使用说明如下：

① 堆栈指令没有目标元件。

② MPS 指令和 MPP 指令必须成对使用。

③ 由于栈存储单元只有 11 个，所以栈最多为 11 层。图 3-33 所示为二层堆栈的例子。

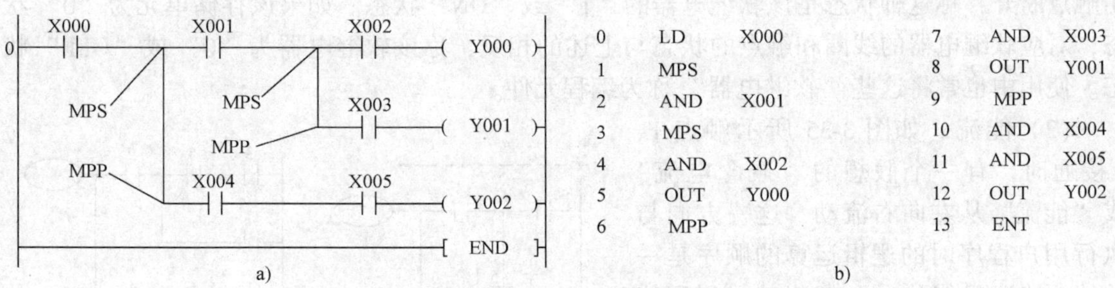

0	LD	X000	7	AND	X003
1	MPS		8	OUT	Y001
2	AND	X001	9	MPP	
3	MPS		10	AND	X004
4	AND	X002	11	AND	X005
5	OUT	Y000	12	OUT	Y002
6	MPP		13	ENT	

图 3-33　二层堆栈

a）梯形图　b）基本指令语句表

④ MPS 指令、MRD 指令或 MPP 指令之后若有单个常闭触点或常开触点串联，则应该用 ANI 指令 AND 指令，如图 3-34 所示语句表中的第 2 句和第 5 句。

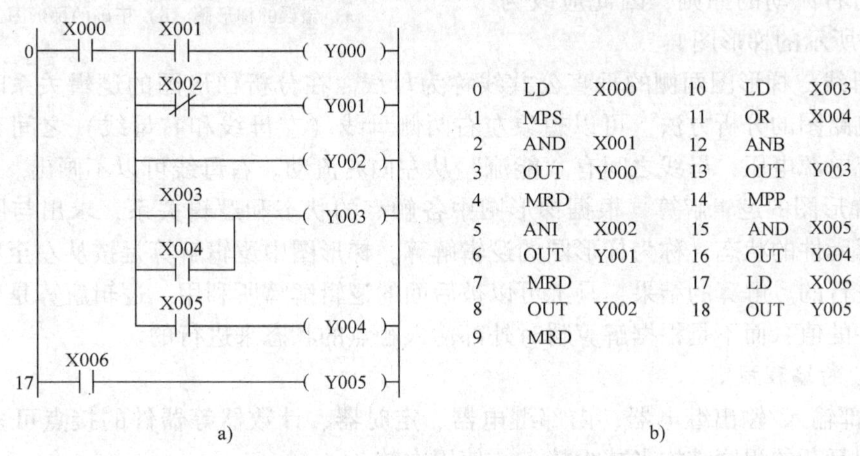

0	LD	X000	10	LD	X003
1	MPS		11	OR	X004
2	AND	X001	12	ANB	
3	OUT	Y000	13	OUT	Y003
4	MRD		14	MPP	
5	ANI	X002	15	AND	X005
6	OUT	Y001	16	OUT	Y004
7	MRD		17	LD	X006
8	OUT	Y002	18	OUT	Y005
9	MRD				

图 3-34　MPS 指令、MRD 指令或 MPP 指令的应用

a）梯形图　b）基本指令语句表

⑤ MPS 指令、MRD 指令或 MPP 指令之后若有触点组成的串联块串联，则应该用 ANB 指令，如图 3-34 所示语句表中的第 9 句和第 12 句。

⑥ MPS 指令、MRD 指令或 MPP 指令之后若无触点串联，直接驱动线圈，则可用 OUT 指令，如图 3-34 所示语句表中的第 7 句和第 8 句。

二、梯形图及编程规则

梯形图是使用得最多的图形编程语言，被称为 PLC 的第一编程语言。梯形图与继电器控制系统的电路图很相似，具有直观易懂的优点，很容易被工厂电气技术人员所掌握，特别适用于开关量逻辑控制。梯形图常被称为电路或程序，梯形图的设计称为编程。

1. 梯形图的概念

（1）软继电器　PLC 梯形图中的某些编程元件沿用了继电器这一名称，如输入继电器、输出继电器、内部辅助继电器等，但是它们不是真实的物理继电器，而是一些存储单元（软继电器），每一软继电器与 PLC 存储器中映像寄存器的一个存储单元相对应。该存储单元如果为“1”状态，则表示梯形图中对应软继电器的线圈“通电”，其常开触点接通，常闭触点断开，称这种状态是该软继电器的“1”或“ON”状态。如果该存储单元为“0”状态，对应软继电器的线圈和触点的状态与上述的相反，称该软继电器为“0”或“OFF”状态。使用中也常将这些“软继电器”称为编程元件。

（2）能流　如图 3-35 所示触点 1、2 接通时，有一个假想的“概念电流”或“能流”从左向右流动，这一方向与执行用户程序时的逻辑运算的顺序是一致的。能流只能从左向右流动。利用能流这一概念，可以帮助我们更好地理解和分析梯形图。图 5-35a 中可能有两个方向的能流流过触点 5（经过触点 1、5、4 或经过触点 3、5、2），这不符合能流只能从左向右流动的原则，因此应改为如图 3-35b 所示的梯形图。

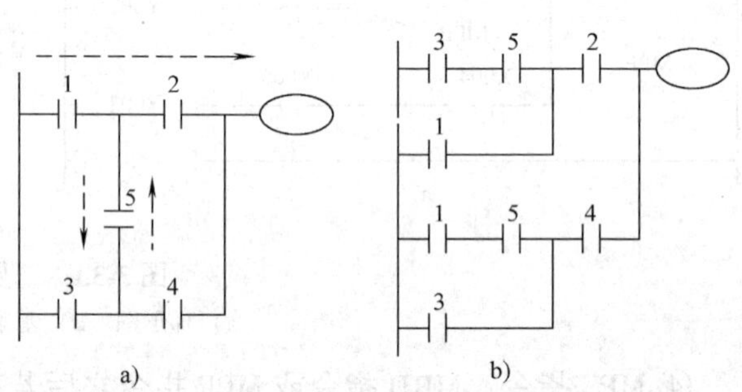

图 3-35　梯形图

a）错误的梯形图　b）正确的梯形图

（3）母线　梯形图两侧的垂直公共线称为母线。在分析梯形图的逻辑关系时，为了借用继电器电路图的分析方法，可以想象左右两侧母线（左母线和右母线）之间有一个左正右负的直流电源电压，母线之间有“能流”从左向右流动。右母线可以不画出。

（4）梯形图的逻辑解算　根据梯形图中各触点的状态和逻辑关系，求出与图中各线圈对应的编程元件的状态，称为梯形图的逻辑解算。梯形图中逻辑解算是按从左至右、从上到下的顺序进行的。解算的结果，马上可以被后面的逻辑解算所利用。逻辑解算是根据输入映像寄存器中的值，而不是根据解算瞬时外部输入触点的状态来进行的。

2. PLC 的编程规则

1）外部输入/输出继电器、内部继电器、定时器、计数器等器件的接点可多次重复使用，无需用复杂的程序结构来减少接点的使用次数。

2）梯形图每一行都要从左母线开始，线圈接在最右边，如图 3-36 所示。

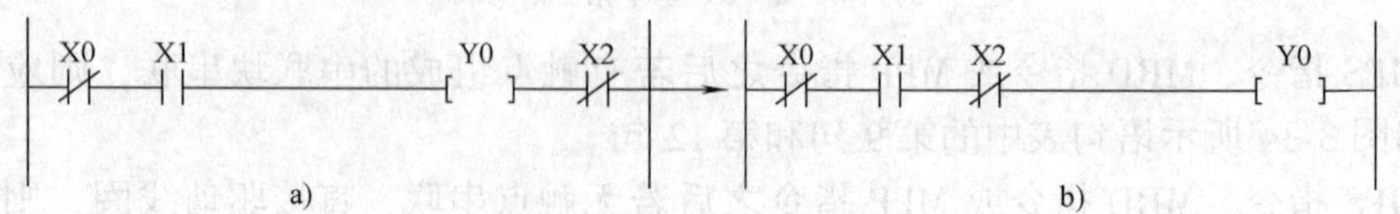

图 3-36　规则说明（一）

a）不正确电路　b）正确电路

3）线圈不能直接与左母线相连。

4）同一编号的线圈在一个程序使用中使用两次称为双线圈输出。双线圈输出容易引起误操作，应尽量避免线圈重复使用。

5）梯形图程序必须符合顺序执行的原则，即从左到右，从上到下地执行，如不符合顺序执行的电路不能直接编程，如图 3-37 所示。

图 3-37　规则说明（二）

6）在梯形图中串联接点使用次数没有限制，可无限制次地使用，如图 3-38 所示。

7）两个或两个以上的线圈可以并联输出，如图 3-39 所示。

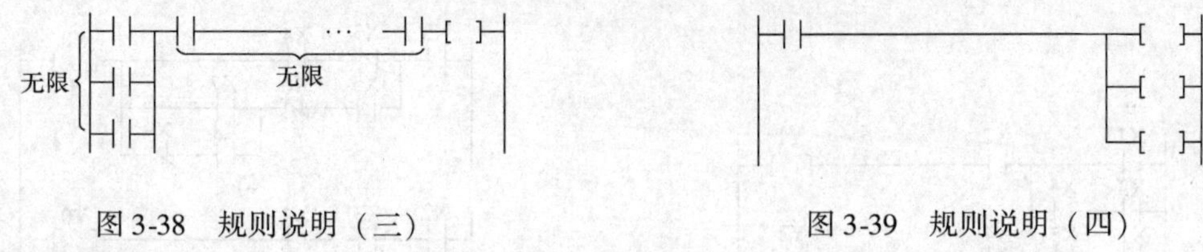

图 3-38　规则说明（三）　　图 3-39　规则说明（四）

三、编程技巧

1）把串联触点较多的电路编在梯形图上方，如图 3-40 所示。

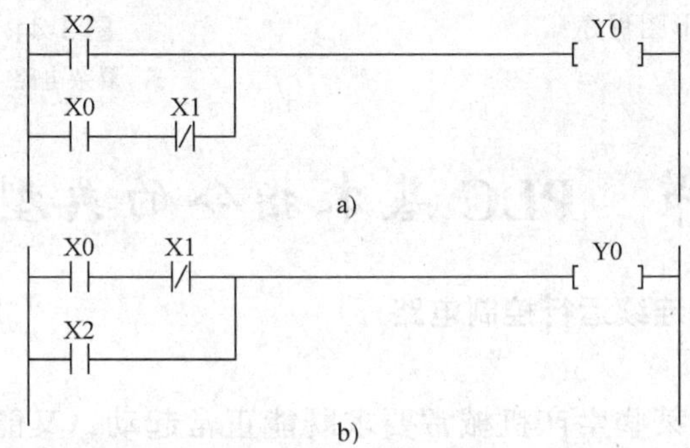

图 3-40　梯形图程序

a）电路安排不当　b）电路安排得当

2）并联触点较多的电路应放在左边，如图 3-41 所示。

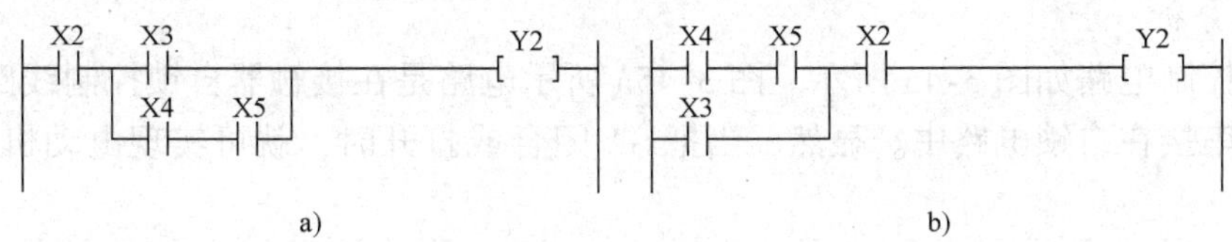

图 3-41　梯形图

a）电路安排不当　b）电路安排得当

3）桥式电路编程。如图 3-42 所示为一个桥式电路，不能对它直接进行编程，必须重画为如图 3-43 所示的电路才可以进行编程。

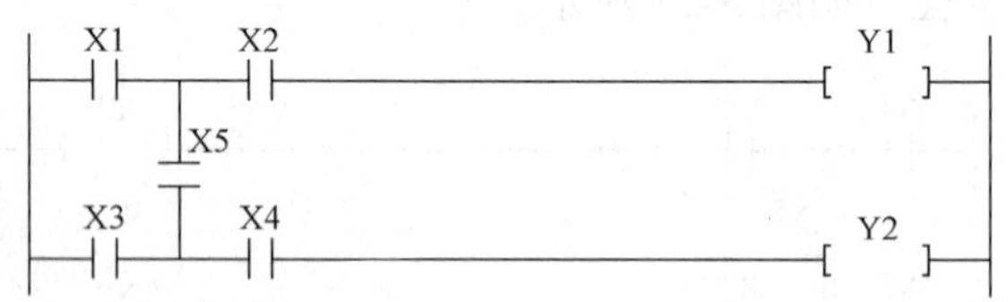

图 3-42　桥式电路

4）复杂电路的处理。如果梯形图构成的电路结构比较复杂，用 ANB、ORB 等指令难以解决，可重复使用一些触点画出它的等效电路，然后再进行编程就比较容易了，如图 3-44 所示。如果使用专用软件也可直接编程。

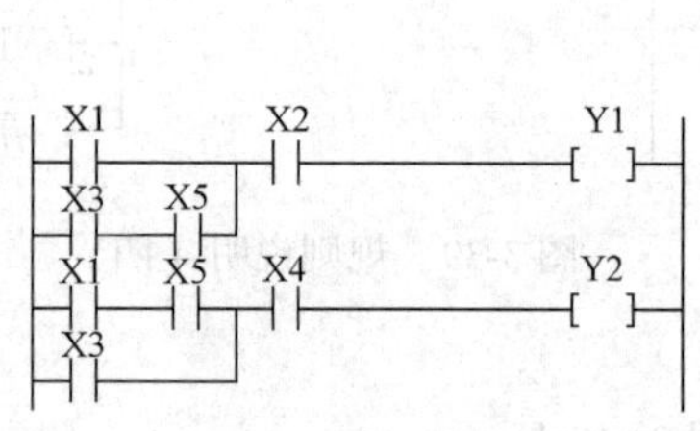

图 3-43　梯形图程序

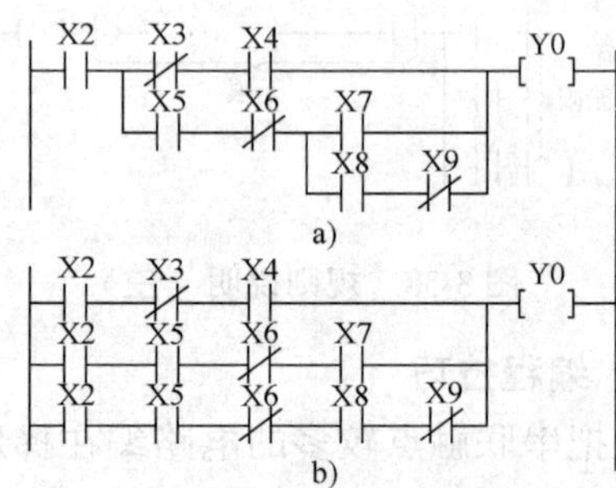

图 3-44　梯形图程序

a）复杂电路　b）重新排列电路

第二节　PLC 基本指令的典型应用

一、三相异步电动机连续运行控制电路

1. 控制要求

在生产实践过程中，某些生产机械常要求既能正常起动，又能实现调整位置的点动工作。几种常用的继电器—接触器系统实现的控制电路如图 3-45 所示。

机床设备在正常工作时，一般需要电动机处在连续运转状态。但在试车或调整刀具与工件的相对位置时，又需要电动机能点动控制，实现这种工艺的电路是连续与点动混合正转控制电路。

2. 电路分析

继电器控制电路如图 3-45 所示。图 3-45a 所示电路是在接触器自锁控制线路的基础上，把手动开关串接在自锁电路中。显然，当把 SA 闭合或打开时，就可实现电动机的连续和或点动控制。

如图 3-45b 所示，在接触器自锁控制电路的基础上增加了一个复合按钮，来实现连续与点动混合正转控制的。

按下 SB1 为连续正转控制；按下 SB3 为点动正转控制。

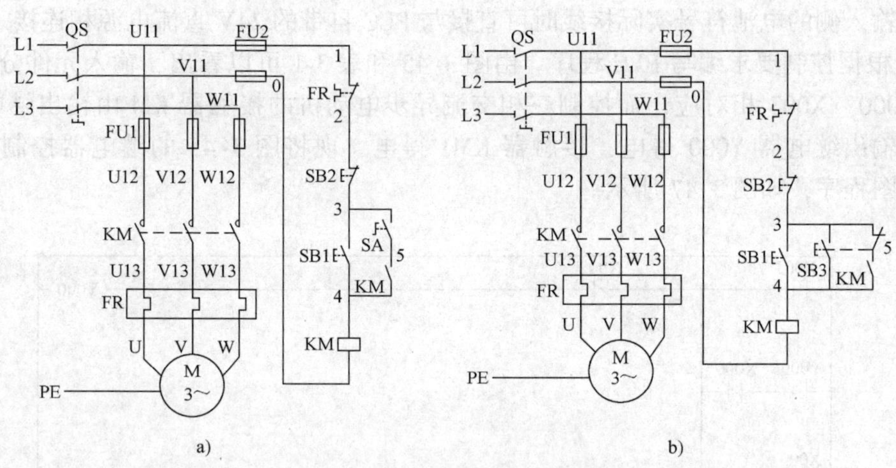

图 3-45　连续与点动混合正转控制电路

a）控制电路 1　b）控制电路 2

3. 程序设计

（1）分配输入/输出（I/O）点　编制程序前首先要进行输入/输出（I/O）点的分配，见表 3-1。

表 3-1　电动机点动与自锁混合控制 PLC 控制系统输入/输出（I/O）点的分配

输　入			输　出		
元件代号	元件功能	输入继电器	元件代号	元件功能	输出继电器
SB1	连续	X001	KM1	正转控制	Y000
SB2	停止按钮	X002			
SB3	点动	X000			
FR	过载保护	X003			

（2）画出输入/输出（I/O）接线图　用三菱 FX-2N 型可编程序控制器实现三相交流异步电动机点动与自锁混合控制的输入/输出（I/O）接线情况，如图 3-46 所示。

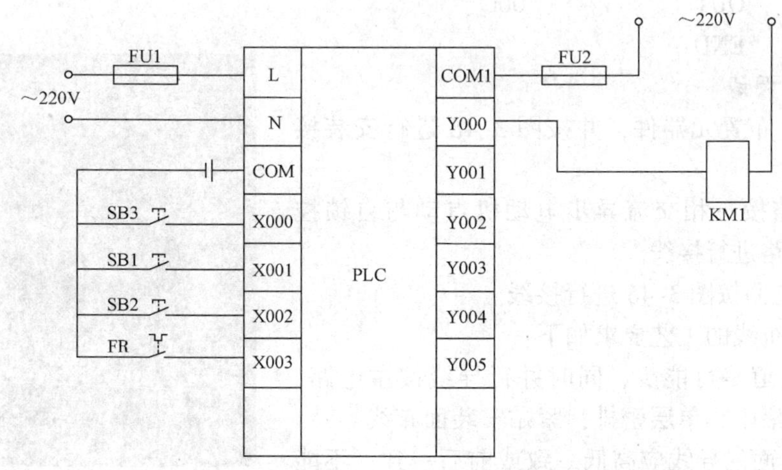

图 3-46　输入/输出（I/O）接线情况

图中输入侧的电池符号实际接线时可直接与 PLC 自带的 24V 直流电源相连接。

（3）根据控制要求编写 PLC 程序　由图 3-45 和表 3-1 可以看出，输入元件分别和输入继电器 X000 ~ X003 相对应，而控制三相交流异步电动机的接触器 KM 由输出继电器 Y000 控制。即输出继电器 Y000 得电，接触器 KM1 得电。现将图 3-45 的继电器控制电路改成 PLC 梯形图程序，如图 3-47 所示。

```
0   X001        X002
 |--| |----+----|/|--------------------(Y000)-|
 |         |
 |  Y000  X000
 |--| |---|/|--+
 |             |
 |  X000       |
 |--| |--------+
 |
10
 |-------------------------------------[END]-|
```

图 3-47　点动与自锁控制梯形图程序

根据图 3-47 的梯形图程序可写出指令语句如下：

```
0    LD     X001
1    LD     Y000
2    ANI    X000
3    ORB
4    OR     X000
5    ANI    X002
6    OUT    Y000
7    END
```

4. 安装和调试

按图 3-48 布置元器件，并按图 3-46 进行安装接线。

1）主电路按三相交流异步电动机点动与自锁控制电路的主电路进行接线。

2）控制电路按图 3-46 进行接线。

板前明线布线的工艺要求如下：

① 布线通道尽可能少，同时并行导线按主电路、控制电路分类集中，单层密排，紧贴安装面布线。

② 同一平面的导线应高低一致或前后一致，不能交叉。非交叉不可时，该根导线应在接线端子引出，

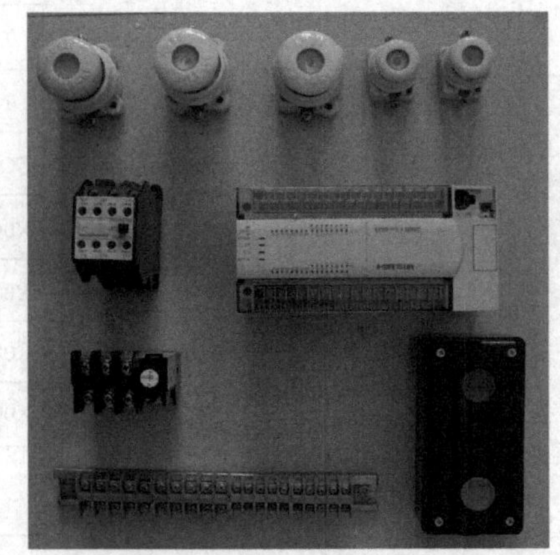

图 3-48　布置图

应水平架空跨越，且走线合理。

③ 布线应横平竖直，分布均匀。变换走向时应垂直。

④ 布线时严禁损伤线芯和导线绝缘。

⑤ 布线顺序一般以接触器为中心，由里向外，由低至高，先控制电路，后主电路，以不妨碍后续布线为原则。

⑥ 在每根剥去绝缘层的导线两端套上编码套管。所有从一个接线端子（或接线桩）到另一个接线端子（或接线桩）的导线必须连续，中间无接头。

⑦ 导线与接线端子或接线桩连接时，不得压绝缘层、不反圈及不露铜过长。

⑧ 同一元器件、同一回路的不同接点的导线间距离应保持一致。

⑨ 同一个电器接线端子上的连接导线不得多于两根，每节接线端子板上的连接导线一般只允许连接一根。

3）将程序写入 PLC，用编程器或编程软件输入和传输程序。

5. 系统调试

1）在监护人员的现场监护下进行通电调试，验证系统功能是否符合控制要求。

2）如果出现故障，应及时检修。电路检修及梯形图修改完成后应重新进行调试，直至系统能够正常工作。

二、三相异步电动机正反转控制电路

1. 控制要求

在实际生产中，许多情况下都要求三相交流异步电动机既能正转又能反转，其基本方法是对调任意两根电源相线以改变三相电源的相序，从而改变电动机的转向。

1）根据要求设计三相交流异步电动机正反转 PLC 控制电路梯形图程序并进行检查。

2）安装与调试三相交流异步电动机正反转 PLC 控制电路。

2. 电路分析

继电器控制的三相交流异步电动机正反转控制电路如图 3-49 所示。

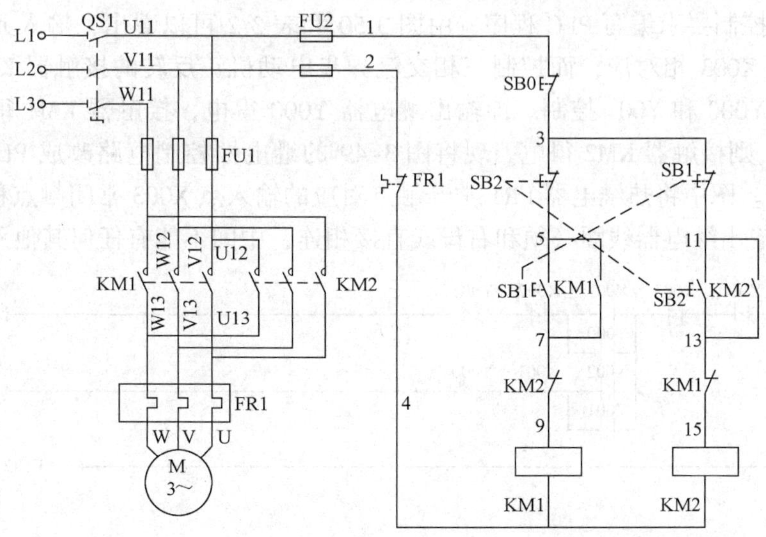

图 3-49　三相交流异步电动机正反转控制电路

3. 程序设计

（1）输入/输出（I/O）点分配　首先要进行输入/输出（I/O）点的分配，见表 3-2。

表 3-2　电动机正反转 PLC 控制系统输入/输出（I/O）点的分配

输　入			输　出		
元件代号	元件功能	输入继电器	元件代号	元件功能	输出继电器
SB1	正转起动	X001	KM1	正转控制	Y000
SB2	反转起动	X002	KM2	反转控制	Y001
SB0	停止按钮	X000			
FR	过载保护	X003			

（2）画出输入/输出（I/O）接线图　用三菱 FX-2N 型可编程序控制器实现三相交流异步电动机正反转控制的输入/输出（I/O）接线情况，如图 3-50 所示。

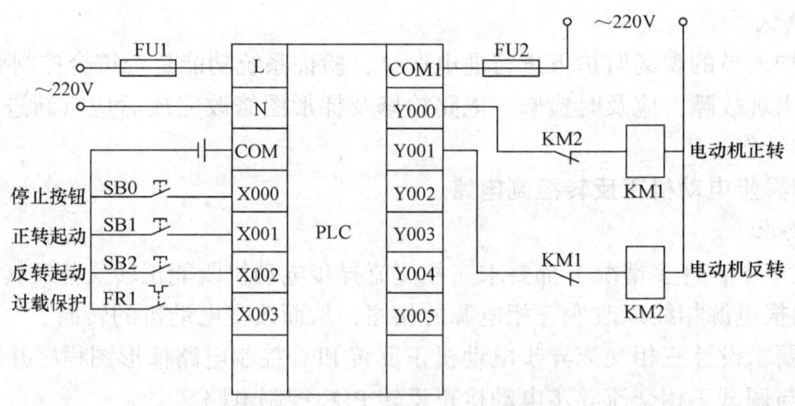

图 3-50　输入/输出（I/O）接线情况

图中输入侧的电池符号实际接线时可直接与 PLC 自带的 24V 直流电源相连接。

（3）根据控制要求编写 PLC 程序　由图 3-50 和表 3-2 可以看出，输入元件分别和输入继电器 X000 ~ X003 相对应，而控制三相交流异步电动机正反转的接触器 KM1、KM2 分别由输出继电器 Y000 和 Y001 控制。即输出继电器 Y000 得电，接触器 KM1 得电；输出继电器 Y001 得电，则接触器 KM2 得电。现将图 3-49 的继电器控制电路改成 PLC 梯形图程序，如图 3-51 所示。图中将热继电器 FR1 常开触点对应的输入点 X003 常闭触点移至前面，因为 PLC 程序规定输出继电器线圈必须和右母线直接相连，中间不能有任何其他元件。

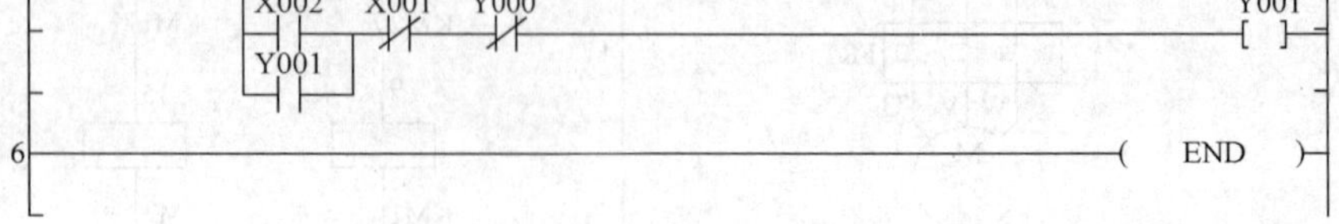

图 3-51　正反转控制梯形图程序（一）

根据图 3-51 所示的梯形图程序可写出指令语句如下：

```
0    LDI    X000
1    ANI    X003
2    MPS
3    LD     X001
4    OR     Y000
5    ANB
6    ANI    X002
7    ANI    Y001
8    OUT    Y000
9    MPP
10   LD     X002
11   OR     Y001
12   ANB
13   ANI    X001
14   ANI    Y000
15   OUT    Y001
16   END
```

在梯形图编写时，并联多的支路应尽量靠近母线，以减少程序步数。为此可将三相交流异步电动机正反转控制梯形图程序改成如图 3-52 所示的梯形图。

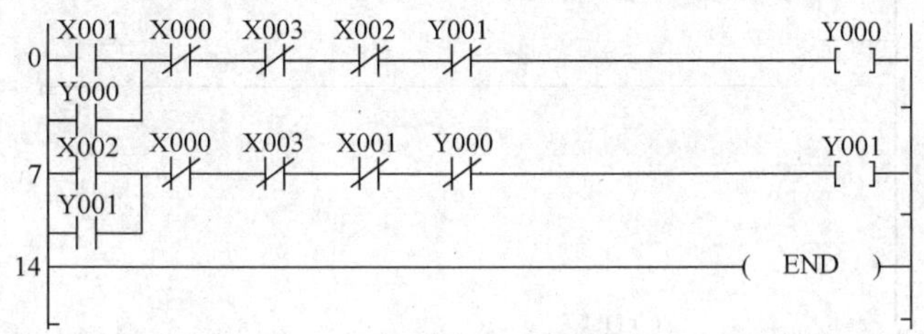

图 3-52　正反转控制梯形图程序（二）

图 3-52 梯形图的指令语句如下：

```
0    LD     X001
1    OR     Y000
2    ANI    X000
3    ANI    X003
4    ANI    X002
5    ANI    Y001
6    OUT    Y000
7    LD     X002
8    OR     Y001
9    ANI    X000
```

```
10    ANI    X003
11    ANI    X001
12    ANI    Y000
13    OUT    Y001
14    END
```

修改后的程序省去了堆栈指令 MPS、MRD、MPP，减少了程序步数。

4. 用编程软件输入和传输程序

1）打开编程软件，按实操所述步骤，选择机型并建立一个新文件。

2）输入如图 3-53 所示的梯形图程序。

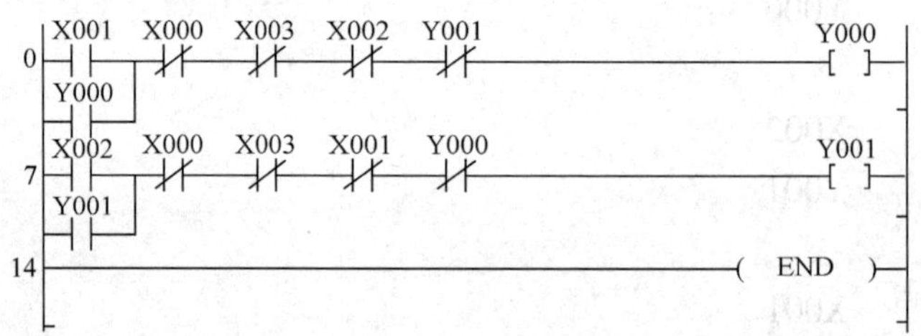

图 3-53 梯形图程序

3）存储程序，如图 3-54 所示。

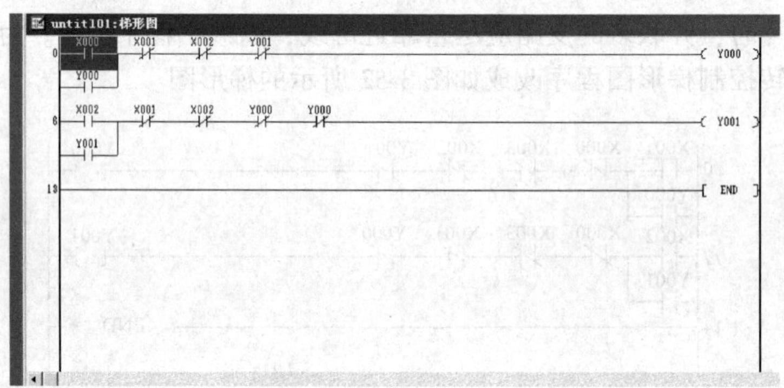

图 3-54 存储程序

4）转换成指令，如图 3-55 所示。

untit101:指令表

```
0    LD     X000
1    OR     Y000
2    ANI    X001
3    ANI    X002
4    ANI    Y001
5    OUT    Y000
6    LD     X002
7    OR     Y001
8    ANI    X001
9    ANI    X002
10   ANI    Y000
11   ANI    Y000
12   OUT    Y001
13   END
```

图 3-55 程序转换

5. 安装和调试

按图3-48布置元器件，并按图3-50进行安装接线。接线效果如图3-56所示。

1）按工艺要求进行三相交流异步电动机正反转电路的主电路接线。板前线槽配线的具体工艺要求如下：

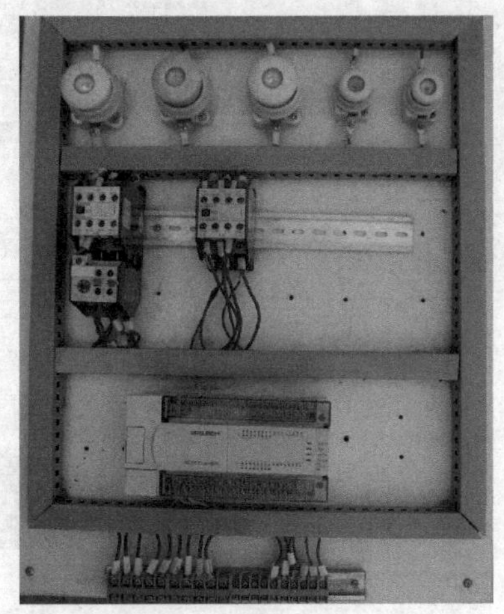

图3-56　接线效果

① 所有导线的截面积在大于或等于0.5mm²时，必须采用软线。考虑机械强度的原因，所用最小截面积规定为：在控制箱外为1mm²，在控制箱内为0.75mm²。但对控制箱内很小电流的电路连线，如电子逻辑线路，可用0.2mm²，并且可以采用硬线，但只能用于不移动又无振动的场合。

② 各电器接线端子引出导线的走向，应以元件的水平中心线为界线，在水平中心线以上接线端子引出的导线，必须进入上面的行线槽；在水平中心线以下接线端子引出的导线，必须进入下面的行线槽。任何导线都不允许从水平方向进入行线槽。

③ 各电器接线端子上引入或引出的导线，除间距很小和机械强度很差允许直接架空敷设外，其他导线必须经过行线槽进行连接。

④ 进入行线槽内的导线要完全置于行线槽内，并应尽可能避免交叉，装线不得超过其容量的70%，以便能盖上行线槽盖和以后的装配及维修。

⑤ 各电器与进行行线槽之间的外露导线布置时，应走线合理，并应尽可能做到横平竖直，变换走向要垂直。从位置一致的端子上引出或引入的导线，要敷设在同一平面上，并应做到高低一致或前后一致，不得交叉。

⑥ 所有接线端子、导线接头上都应套有与电路图上相应接点线号一致的编码套管，并按线号进行连接。

⑦ 在任何情况下，接线端子必须与导线截面积和材料性质相适应。当接线端子不适合连接软线或截面积较小的软线时，可以在导线端头穿上针形或叉形扎头并压紧。

⑧ 一般一个接线端子只能连接一根导线，如果采用专门的设计的端子，可以连接两根或多根导线，并应严格按照连接工艺的工序要求进行。

2）将程序写入PLC，并启动元件监控。

3）单击工具栏中“PLC”读出选项，下载到PLC，弹出如图3-57所示下载确定提示信息。

4）系统调试：

① 在监护人的现场监护下进行通电调试，验证系统功能是否符合控制要求。

② 如果出现故障，应独及时检修。电路检修及梯形图修改完毕后应重新进行调试，直至系统能够正常工作为止。

三、多台电动机的顺序控制

1. 两台电动机顺序起动控制

（1）控制要求　在实际工作中，常常需要两台或多台电动机顺序起动，两台交流异步电动机M1和M2，按下起动按钮SB1后，第一台电动机M1起动，5s后第二台电动机M2起

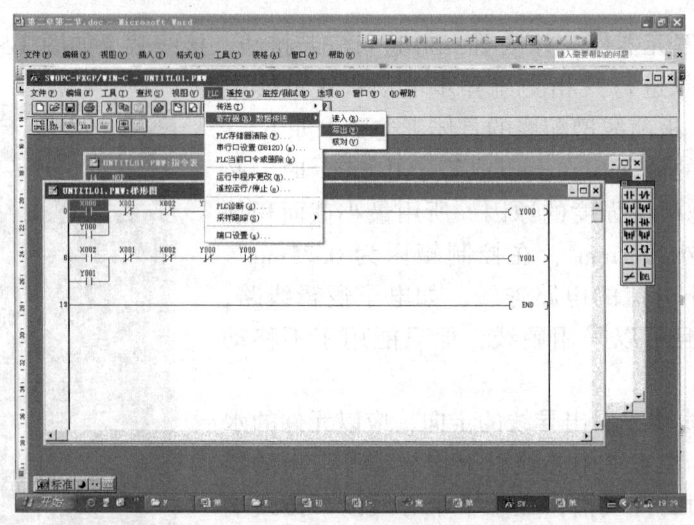

图 3-57　单击工具栏中“PLC”读出

动，完成相关工作后按下停止按钮 SB2，两台电动机同时停止。

（2）控制要求分析　继电器控制的三相交流异步电动机顺序控制电路与时序图如图3-58所示。

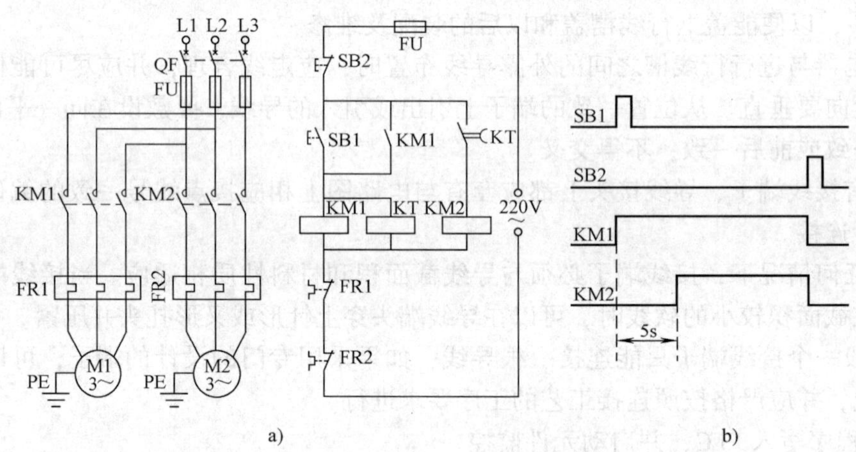

a)　　b)

图 3-58　三相交流异步电动机顺序控制电路与时序图

a）控制电路　b）时序图

由时序图可知 SB1 和 SB2 分别是电动机 M1 的起动和停止按钮，SB2 同时也是电动机 M2 的停止按钮，但 M2 的起动是由时间继电器 KT 控制的，KT 是通电延时继电器，在用 PLC 实现时，可用定器来完成相应功能。为了将这个控制关系用 PLC 来控制器实现，PLC 需要 4 个输入点、2 个输出点和 1 个定时器。

（3）设计程序

1）输入/输出（I/O）点的分配：首先要进行输入/输出点的分配。输入/输出点的分配见表 3-3。

表 3-3 输入/输出点的分配

输入			输出		
输入继电器	输入元件	作用	作用	输出元件	输出继电器
X000	SB1	M1 起动按钮	M1 用交流接触器	KM1	Y001
X001	SB2	停止按钮	M2 用交流接触器	KM2	Y002
X002	FR1	M1 过载保护	5s 延时	KT	T000
X003	FR2	M2 过载保护			

2）画出输入/输出（I/O）接线图。用三菱 FX-2N 型可编程序控制器实现三相交流异步电动机正反转控制的输入/输出（I/O）接线情况，如图 3-59 所示。

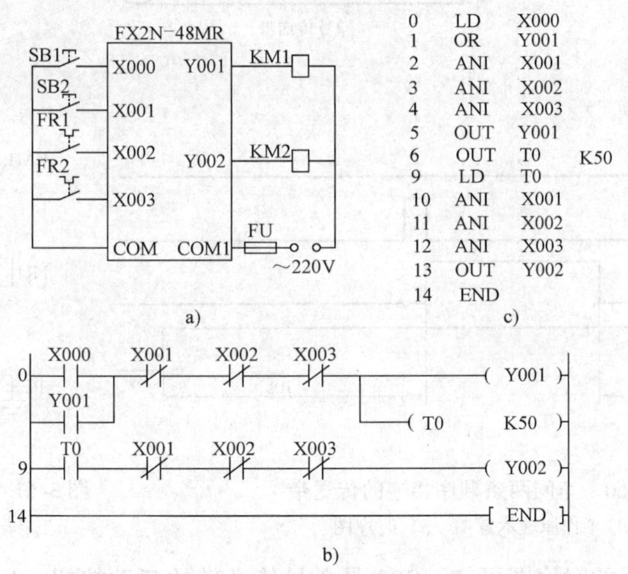

图 3-59 PLC 控制两台电动机顺序起动及运行

a）输入/输出（I/O）接线情况 b）梯形图 c）指令表

3）根据控制要求编写 PLC 程序。PLC 控制系统中的所有输入触点类型全部采用常开触点，由此设计的梯形图如图 3-59b 所示，按下 SB1、X000 接通，驱动 Y001 动作，使 Y001 外接的 KM1 线圈吸合，电动机 M1 运行，同时 X000 接通，驱动定时器 T0 线圈接通，T0 开始定时，5s 时间到，T0 常开触点接通，驱动 Y002 动作，使 Y002 外接的 KM2 线圈吸合，电动机 M2 运行，直到按下 SB2，此时 X001 接通，常闭触点断开，使 Y001、Y002 外接的 KM1、KM2 线圈释放，电动机 M1、M2 停止运行。

（4）安装调试　按图 3-58a 连接主电路，检查线路正确性，确保无误。

1）按图 3-59a 连接 PLC 控制电路，检查线路正确性，确保无误。

2）输入如图 3-59b 所示的梯形图或指令表，进行程序调试，检查是否实现了顺序起动的功能。

2. 传送带顺序起动逆序停止的控制

（1）控制要求　如图 3-60a 所示为某车间两条顺序相连的传送带，为了避免运送的物料在 2 号传送带上堆积，按下起动按钮后，2 号传送带开始运行，5s 后 1 号传送带自动起动。而停机时，则是 1 号传送带先停止，10s 后 2 号传送带才停止。试用 PLC 编程实现顺序相连传送带的控制系统。

（2）控制要求分析　继电器控制的三相交流异步电动机控制电路如图 3-61 所示。

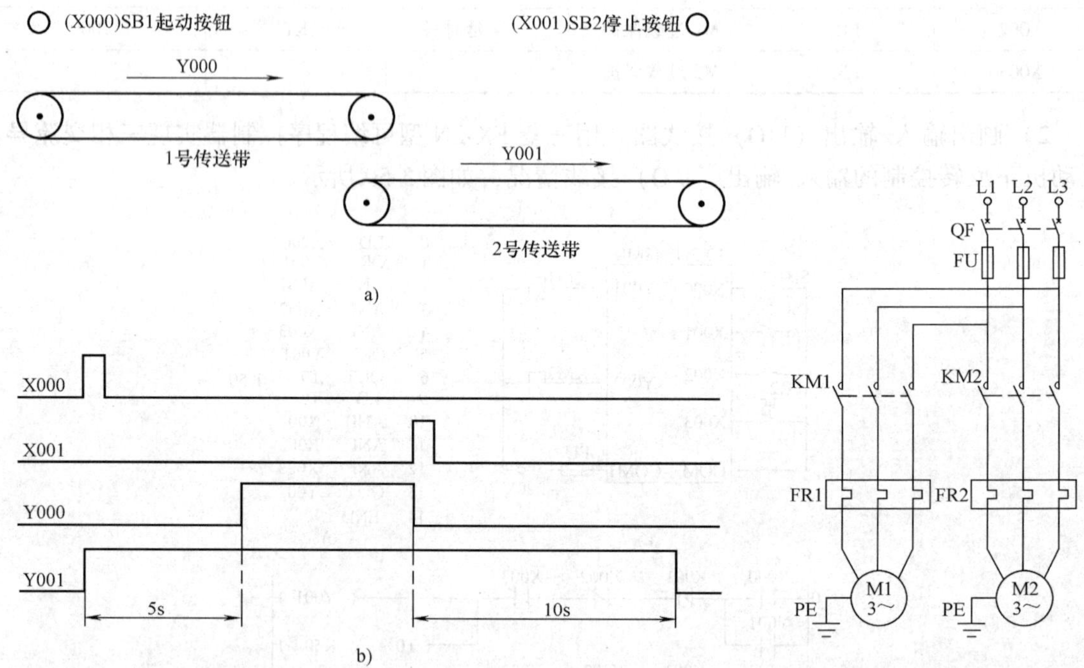

图 3-60　车间两条顺序相连的传送带
a）工作原理示意图　b）时序图

图 3-61　继电器控制的三相交流异步电动机控制电路

由图 3-60b 所示的时序图可知，SB1 是 2 号传送带的起动按钮，1 号传送带在 2 号传送带起动 5s 自行起动；SB2 是 1 号传送带的停止按钮，1 号传送带停止 10 后 2 号传送带自行停止。为了将这个控制关系用 PLC 控制器实现，PLC 需要 2 个输入点（采用过载保护不占用输入点的方式），2 个输出点和 2 个定时器。

（3）设计程序

1）输入/输出（I/O）点的分配。首先要进行输入/输出（I/O）点的分配，见表 3-4。

表 3-4　输入/输出（I/O）点的分配

输入			输出		
输入继电器	输入元件	作用	输出继电器	输出元件	作用
X000	SB1	起动按钮	Y000	KM1	1 号传送带接触器
X001	SB2	停止按钮	Y001	KM2	2 号传送带接触器
			T0	KT1	5s 通电延时
			T1	KT2	10s 断电延时

2）画出 PLC 的接线图。根据输入/输出（I/O）点分配，画出 PLC 的接线图如图 3-62a

所示，PLC 控制系统中的所有输入触点类型全部采用常开触点，有人由此设计出如图 3-62b 所示的梯形图，调试程序时通不过，其原因是该程序是双线圈输出，在一个扫描周期内，Y001 输出了两次。

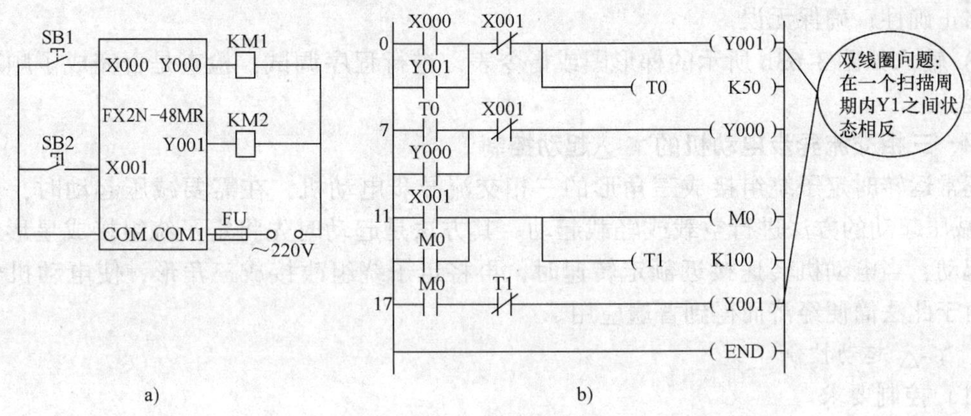

图 3-62　PLC 控制两条顺序相连的传送带

a）接线图　b）错误梯形图

借助辅助继电器 M0 或 M1 间接驱动 Y001，可以解决双线圈问题，如图 3-63 所示。

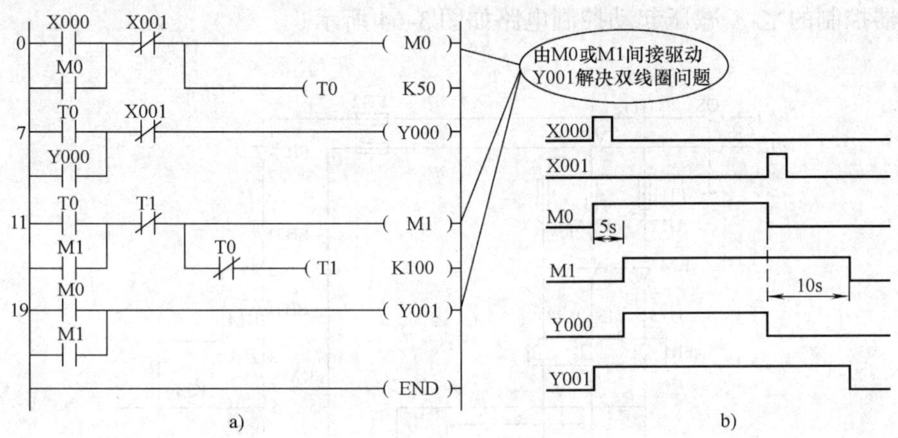

图 3-63　PLC 控制两条顺序相连的梯形图和时序图

它的工作原理分析如下：

① 起动。按下起动按钮 SB1，X000 接通，驱动 M0 和定时器 T0 线圈接通（0 行）；M0 接通后，其常开触点闭合（19 行），驱动 Y001 动作，与其外接的接触器 KM2 通电，2 号传送带开始运行；另一方面，T0 接通延时 5s 后，其常开触点闭合（7 行），驱动 Y000 动作，与其外接的接触器 KM1 通电，1 号传送带运行，执行了两条传送带的顺序起动程序。

② 停止。按下停止按钮 SB2，X001 接通，其常闭触点断开（0、7 行），使 M0 和 Y000 断开，与 Y000 外接的 KM1 线圈断开，1 号传送带停止运行；另一方面，由于 T0 断电，其

常开触点断开，常闭触点闭全（11 行），定时器 T1 通电，10s，断开 M1（11 行），使 Y001 断电（19 行），与其外接的 KM2 断开，2 号传送带停止运行，执行了两条传送带顺序停止的程序。

3）按图 3-61 连接主电路，按照输入/输出（I/O）点的分配，安装 PLC 控制电路，检查电路正确性，确保无误。

4）输入如图 3-63b 所示的梯形图或指令表，进行程序调试，检查是否完成了顺序运行的功能。

四、三相交流异步电动机的Y-△起动控制

正常运转时定子绕组接成三角形的三相交流异步电动机，在需要减压起动时，可采用Y-△ 减压起动的方法进行空载或轻载起动。其方法是起动时先将定子绕组接成星形，进行减压起动，当电动机转速接近额定转速时，再将定子绕组改接成三角形，使电动机全压运行。由于此法简便经济而得到普遍应用。

1. Y-△ 起动控制

（1）控制要求

1）能够用按钮控制电动机的起动和停止。

2）电动机起动时定子绕组接成星形，延时一段时间（在此设定为4s）后，自动将电动机的定子绕组换接成三角形。

3）具有短路保护和过载保护等必要的保护措施。

（2）设计电路分析

继电器控制的Y-△ 减压起动控制电路如图 3-64 所示。

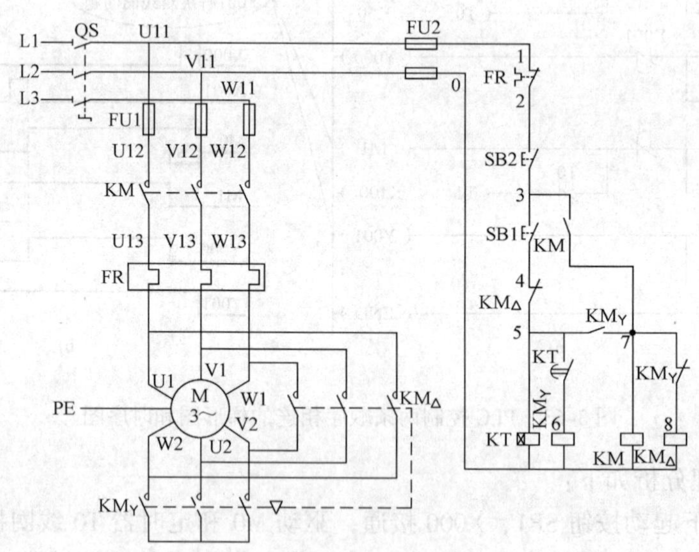

图 3-64　继电器控制的Y-△ 减压起动控制电路

该电路由三个接触器、一个热继电器、一个时间继电器和两个按钮组成。时间继电器 KT 用作控制Y联结减压起动时间和完成Y-△自动切换，工作原理如下：

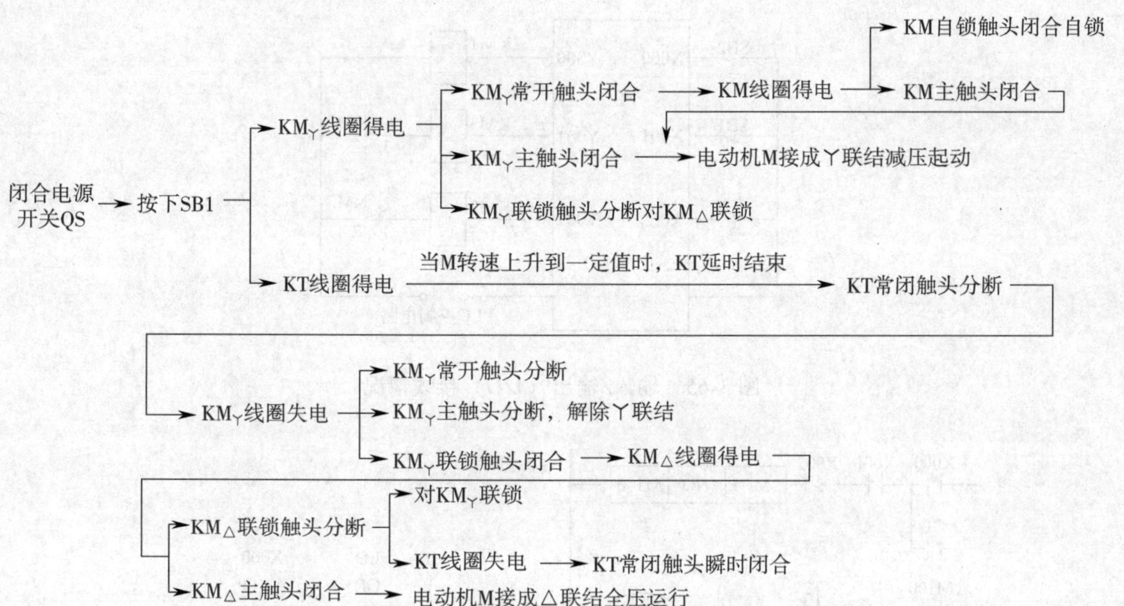

停止时按下 SB2 即可。

该电路中，接触器 KM$_Y$ 得电以后，通过 KM$_Y$ 的常开辅助触头使接触器 KM 得电动作，这样 KM$_Y$ 主触头是在无负载的条件下进行闭合的，故可延长接触器 KM$_Y$ 主触头的使用寿命。

由图 3-64 可见，丫-△切换时间由时间继电器 KT 控制，而在 PLC 中对时间的控制是由定时器来完成的。PLC 编程控制要求是：按下起动按钮 X002 时，电源控制接触器 Y000 和星形控制接触器 Y001 得电吸合，电动机星形联结起动，延时 4s 后，星形控制接触器断开，三角形控制接触器（Y002）得电吸合，电动机转入正常△联结运行。当按下停止按钮 X001 或热继电器触点 X003 动作时，电动机停止运转。要再次起动电动机直接按下起动按钮即可（当过载保护时需等保护触点复位后方可）。

（3）设计程序

1）分配输入/输出（I/O）点。输入/输出（I/O）点分配见表 3-5。

表 3-5　丫-△ 减压起动 PLC 控制输入/输出（I/O）点分配

输　入			输　出		
元件代号	元件功能	输入继电器	元件代号	元件功能	输出继电器
SB1	停止按钮	X001	KM1	电源控制	Y000
SB2	起动按钮	X000	KM2	星形联结	Y001
FR	过载保护	X002	KM3	三角形联结	Y002

2）画出输入/输出（I/O）接线图。用 FX2N—48 型可编程序控制器实现三相交流异步电动机丫-△减压起动的输入/输出（I/O）接线情况，如图 3-65 所示。

图中输入侧的电池符号实际接线时可直接与 PLC 自带的 24V 直流电源相连接。

3）编写梯形图程序。按照上述要求编制梯形图如图 3-66a 所示。

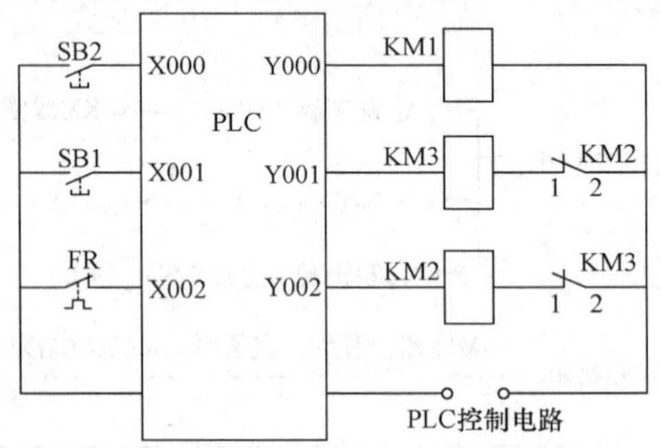

图 3-65　输入/输出（I/O）接线情况

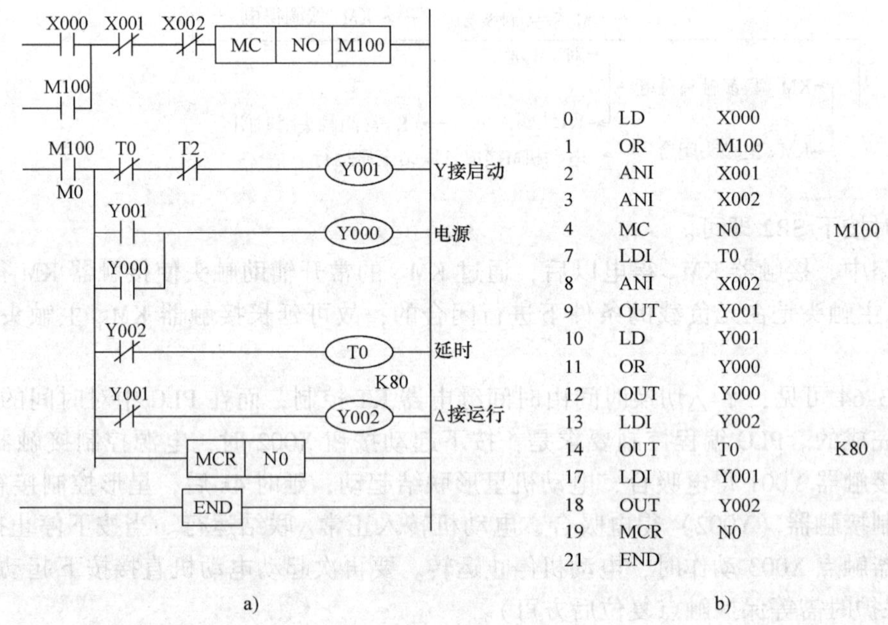

图 3-66　丫-△减压起动 PLC 梯形图

工作原理分析如下：按下起动按钮 SB2 时，输入继电器 X000 的常开触点闭合，并通过主控触点（M100 常开触点）自锁，输出继电器 Y001 接通，接触器 KM3 得电吸合，接着 Y000 接通，接触器 KM1 得电吸合，电动机在丫联结接线方式下起动；同时定时器 T0 开始计时，延时 8s 后 T0 动作，使 Y001 断开，Y001 断开后，KM3 失电，互锁解除，使输出继电器 Y002 接通，接触器 KM2 得电，电动机在△联结接线方式下运行。

2. 丫-△可逆起动控制

（1）控制要求

1）设计如图 3-67a 所示三相交流异步电动机丫-△减压起动可逆运行的 PLC 控制电路梯形图程序并进行检查。

2）安装与调试三相交流异步电动机丫-△减压起动可逆运行 PLC 控制电路。

（2）设计电路分析　三相定子绕组作三角形联结的三相笼型异步电动机，正常运行时

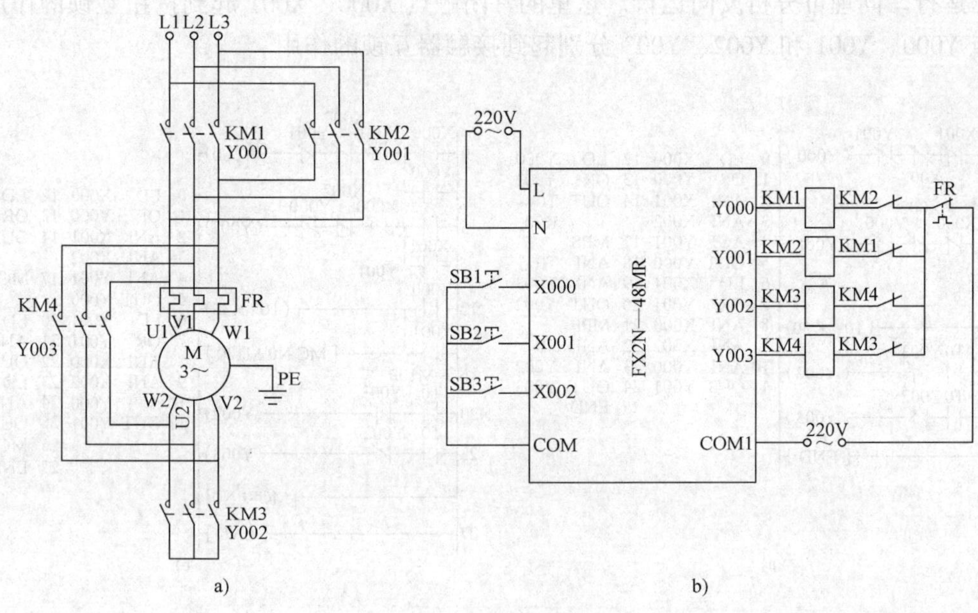

图 3-67　Y-△减压起动可逆运行控制电路
a）主电路　b）控制电路

均可采用Y-△减压起动的方法，以达到限制起动电流的目的。起动时定子绕组先星形联结减压起动，过一段时间转速上升到接近额定转速时，定子绕组改为三角形联结，电动机进入全压运行状态，如图 3-67a 所示，三相电动机控制要求如下：

按下正转按钮 SB1，电动机以Y-△方式正向起动，Y联结运行 30s 后转换为△联结运行。按下停止按钮 SB3，电动机停止运行。

按下反转按钮 SB2，电动机以Y-△方式反向起动，Y联结运行 30s 后转换为△联结运行。按下停止按钮 SB3，电动机停止运行。

为了将上述控制关系用 PLC 控制实现，PLC 需要 3 个输入点，4 个输出点。

（3）设计 PLC 程序

1）分配输入/输出（I/O）点。输入/输出（I/O）点分配见表 3-6。

表 3-6　输入/输出（I/O）点分配

输　入			输　出		
输入继电器	输入元件	作用	输出继电器	输出元件	作用
X000	SB1	正向起动按钮	Y000	KM1	正向运行用交流接触器
X001	SB2	反向起动按钮	Y001	KM2	反向运行用交流接触器
X002	SB3	停止按钮	Y002	KM3	Y联结减压起动
			Y003	KM4	△联结全压运行

2）根据输入输出点数分配，画出 PLC 的接线图 3-67b 所示。

3）设计的梯形图如图 3-68a 所示，当按下 SB1 时，X000 接通，驱动 Y000、Y002 动作，电动机 M 作正向Y联结减压起动，30s 后，Y002 断开，Y003 接通，电动机 M 转入△联结全压运行。同理可分析反向运行。这里的常闭触点 X000、X001 起到按钮互锁的作用，常闭触点 Y000、Y001 和 Y002、Y003 分别起到接触器互锁的作用。

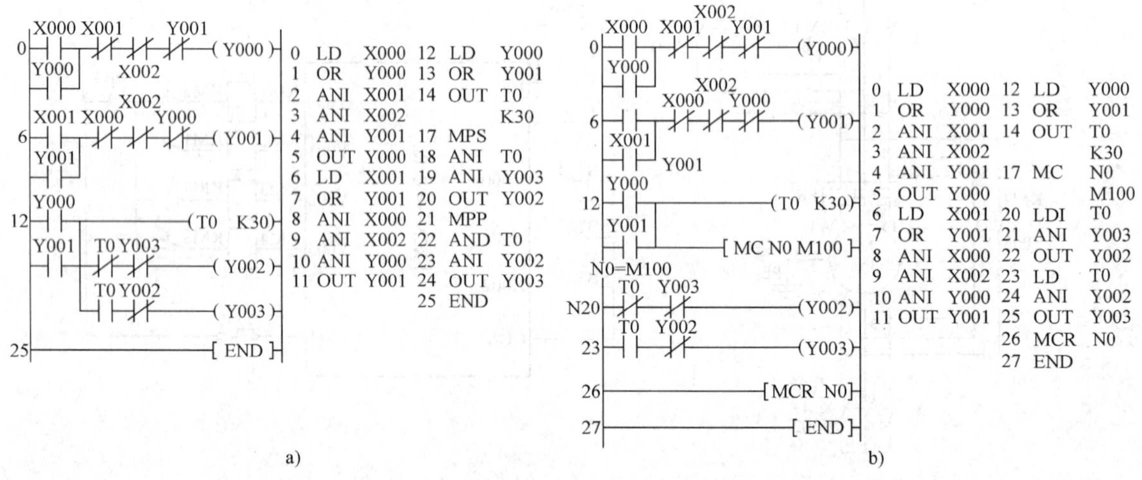

图 3-68 Y-△起动的可逆运行电动机程序

a）用堆栈指令实现的梯形图和指令表 b）用主控指令实现的梯形图和指令表

如图 3-68a 所示的梯形图的设计采用了堆栈指令，也可以用主控指令实现，如图 3-68b 所示。

4）按如图 3-67a 所示的接线图连接主电路，检查线路正确性，确保无误。

按照上面的工具材料清单把元器件准备好并合理布置各个元件，如图 3-69 所示。

图 3-69 元件布置图

把配电盘安装好后，就可以接线了。按图 3-67b 连接 PLC 控制电路，检查线路正确性，确保无误。

5）检查无误后，把程序传入 PLC，通电调试并挂接电动机试车。

① 输入如图 3-68a 所示的梯形图或指令表，进行程序调试，检查是否实现了Y-△起动的可逆运行电动机起动及运行的功能。

② 输入如图 3-68b 所示的梯形图或指令表，进行程序调试，检查是否实现了Y-△起动的可逆运行电动机起动及运行的功能。

注意事项如下：

1）程序输入编辑完成后，一定要先对程序进行模拟调试。

2）接线完成后，要在不接电动机的前提下试车，确认无误后方可连接电动机。

3）通电调试的整个过程中，要有专人在现场监护。

4）如果出现故障，应独立检查并排除故障，直至系统能够正常工作。

五、报警及灯光闪烁电路的应用

1. 控制要求

设计一个报警器，要求当条件 X1 = ON 满足时蜂鸣器鸣叫，同时报警灯连续闪烁 16 次，每次亮 2s，熄灭 3s，此后，停止声光报警。

2. 设计电路分析

报警灯开始工作的条件可以是按钮，也可以是行程开关或接近开关等来自现场的信号，现假定是行程开关。蜂鸣器和报警灯分别占有一个输出点。报警灯亮、暗闪烁，可以采用两个定时器分别控制亮和暗的时间，而闪烁的次数则由计数器控制。

3. 设计 PLC 程序

（1）分配输入/输出（I/O）点　输入/输出（I/O）点分配见表 3-7。

表 3-7　输入/输出（I/O）点分配

输入信号			输出信号		
名称	代号	输入点编号	名称	代号	输出点编号
行程开关	SQ	X1	蜂鸣器		Y1
			报警灯	HL	Y2

（2）画出接线图　接线图如图 3-70 所示。

（3）设计的梯形图

1）起动和停止控制程序的设计。起动信号为 X1，当碰到 SQ 时，X1 常开触点闭合，利用脉冲微分指令 PLS 产生一个脉冲信号，使输出继电器 Y1 线圈得电并自锁，Y1 产生的输出信号使蜂鸣器鸣叫。停止信号是计数器的常闭触点。当报警灯闪烁 16 次后，计数器的常闭触点断开，使 Y1 线圈失电，Y1 的触点复位，报警电路停止报警。起动和停止控制程序的梯形图如图 3-71 所示。

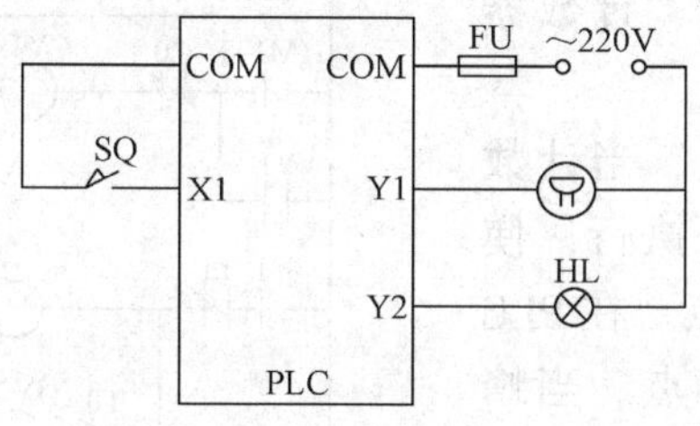

图 3-70　接线图

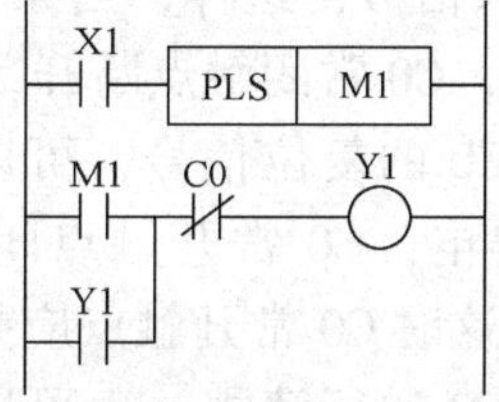

图 3-71　起动和停止控制程序的梯形图

2）报警灯闪烁控制程序设计。如图 3-72 所示，报警灯在蜂鸣器鸣叫的同时闪烁，所以，采用 Y1 的常开触点控制报警灯闪烁。采用定时器 T0 控制报警灯亮的时间，定时器 T1 控制报警灯熄灭时间。当 Y1 常开触点闭合时，Y2 线圈与 T0 线圈同时得电。Y2 线圈得电后产生的输出信号使报警灯亮。T0 线圈得电后，经 2s 延时后，T0 常闭触点断开，使 Y2 线圈失电，Y2 的触点复位，报警灯熄灭。同时，T0 常开触点闭合，使 T1 线圈得电。经 3s 延时，T1 常闭触点断开，使 T0 线圈失电，T0 常开触点瞬间断开，T1 线圈也随之失电，T1 常闭触点闭合，定时器 T1 的触点只动作了一个扫描周期。当 T1 常闭触点闭合后，Y2 和 Y0 线圈又得电，重复上述动作。

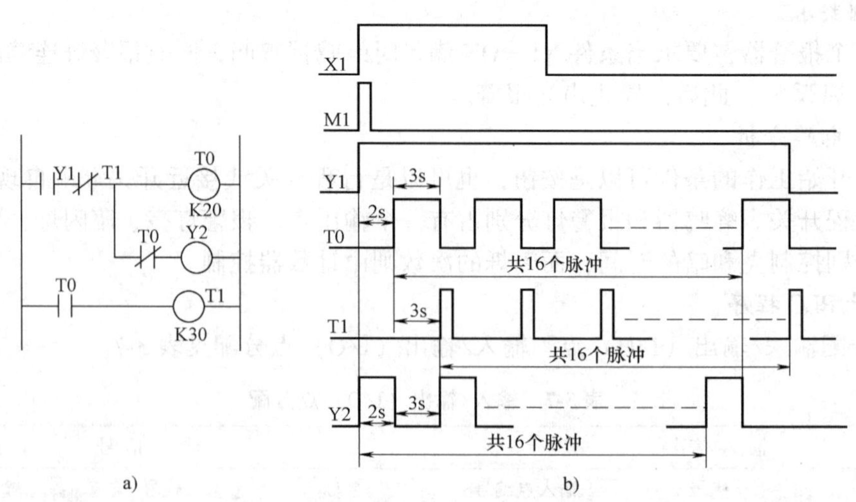

图 3-72　报警灯闪烁控制程序设计

a）梯形图　b）时序图

由时序图可以看出，Y2 常开触点接通时间为 2s，断开时间为 3s，是一个连续脉冲信号，而且 Y2 常开触点接通和断开的时间可分别由 T0 和 T1 的常数设定值改变。这一段程序也可以作为基本控制程序，在今后编程中使用。

3）报警灯闪烁次数控制程序设计。采用计数器 C0 进行闪烁次数的控制，要考虑计数输入信号和复位信号两个方面。由图 3-72b 所示的时序图可以看出，Y2 产生的脉冲信号下降沿正好是 T0 脉冲的上升沿。当 Y2 第 16 个脉冲结束，即报警闪烁 16 次后，T0 正好产生第 16 个脉冲，将 T0 触点的动作作为计数输入信号，这样，当累计到第 16 个脉冲时，计数器 C0 线圈得电，C0 常闭触点断开，报警器停止工作。

计数器 C0 的复位信号，可以采用 C0 常开触点，当计数器 C0 线圈得电，C0 常开触点闭合时，RSTC0 指令执行，使 C0 复位。但这时 C0 常开触点应并联 M8012 常开触点。在 PLC 开机时，对 C0 进行清零。也可以采用 Y1 的常闭触点。当蜂鸣器鸣叫时，Y1 常开触点是断开的，RSTC0 指令不执行，说明计数器 C0 正在计数，当累计到 16 个脉冲时，则 C0 常闭触点断开，Y1 线圈失电，Y1 常闭触点恢复闭合，RSTC0 指令执行，计数器 C0 被复位，为报警器下次工作作准备。

将各段程序合并成完整的梯形图程序，如图 3-73 所示。

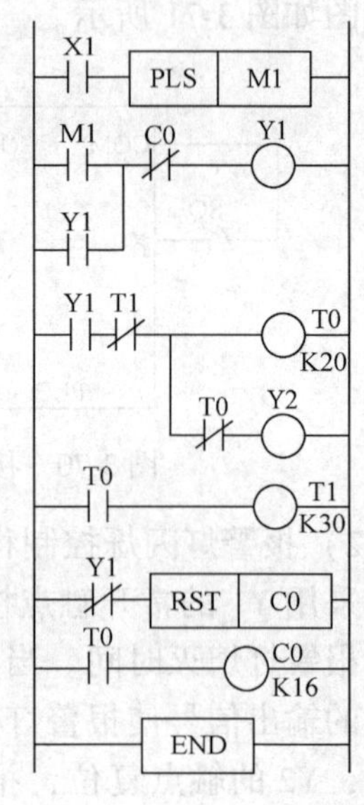

图 3-73　完整的梯形图程序

4. 安装接线与调试

按照图 3-70 接线，检查无误后，输入图 3-73 所示的梯形图程序，进行调试。

第三节　PLC 基本指令的综合应用

一、PLC 程序的设计的方法

程序的设计的方法一般分为直接设计法、逻辑设计法和状态表设计法。

1. 直接设计法

根据控制要求，利用各种继电器—接触器控制的典型控制环节和基本控制电路，依靠经验直接设计满足电气控制要求的 PLC 控制程序，称为直接设计法（或称为经验设计法）。

（1）根据电气控制电路设计控制程序　根据电气控制电路设计控制程序的步骤如下：

1）根据电气控制电路，分配 PLC 的输入和输出点。

2）直接将电气控制电路转译为梯形图草图。

3）根据梯形图编程原则修梯形图改草图。输出线圈右边的触点左移；垂直母线的触点移入其下各分支或使用主控失灵；与线圈并联的触点变换转移到线圈前。

4）优化、完善梯形图。

（2）根据控制要求直接设计控制程序　根据控制要求直接设计控制程序的步骤如下：

1）按照所给出的控制要求，将生产机械的运动分解成各自独立的简单运动，分别设计这些简单运动的基本控制程序。

2）根据制约关系，选择自锁、联锁触点，设计自锁、联锁程序。

3）根据运动状态选择控制原则，设计主令元件、检测元件和继电器等。

4）设置必要的保护、修改、完善程序。

2. 逻辑设计法

逻辑设计法就是应用逻辑代数以逻辑组合的方法和形式设计电气控制系统。逻辑设计法的理论基础是逻辑函数，而继电器—接触器控制的本质是逻辑线路。对于任何一个电气控制电路，电路的接通或断开都是通过继电器的触点来实现的，故电气控制电路的各种功能必定取决于这些触点的断开、闭合两种状态。因此，从本质上来说，电气控制电路是一种逻辑电路，可用逻辑函数来表示。

PLC 的梯形图程序的基本形式也是逻辑运算与、或、非的逻辑组合，逻辑函数表达式与梯形图有对应关系，可以相互转化。

电路中常开触点用原变量表示，常闭触点用反变量表示。触点串联用逻辑与表示，触点并联用逻辑或表示，其他更复杂的电路，可用组合逻辑表示。

对于如图 3-74 所示的梯形图，可以写出对应的逻辑函数表达式为

$Y1 = (X0 + Y1)\overline{X1}$。

对于逻辑函数表达式 $Y2 = (X1 \cdot M0 + X2 \cdot M1) \cdot M3 \cdot \overline{M4}$，对应的梯形图如图 3-75 所示。

用逻辑设计法设计 PLC 程序的步骤如下：

1）通过分析控制课题，明确控制任务和要求。

2）将控制任务、要求转换为逻辑控制课题。

3）列真值表分析输入与输出的关系或直接写出逻辑函数。

4）根据逻辑函数画出梯形图。

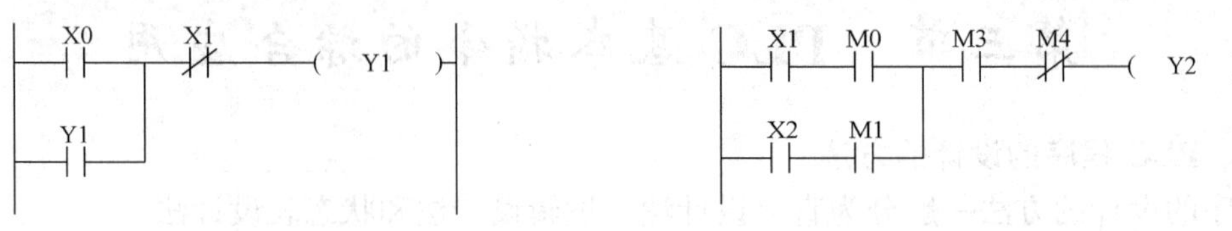

图 3-74　Y1 的梯形图　　　　图 3-75　Y2 的梯形图

3. 状态表设计法

可编程序控制器所控制的过程是由若干个稳定的状态组成的，每个状态的建立，都是由于受到某个主令信号的作用。该主令信号是由现场输入元件提供的，每个过程至少有一个主令信号，最多可与状态数相同。

状态表是表示被控制对象工作过程的一种矩形表格，表格由序号、主令信号、动作执行元件、输入信号、辅助继电器、约束等栏组成。序号栏依顺序填入状态序号；主令信号栏填入对应该状态的各输出元件状态（1 或 0）；输入信号栏填入输入各个现场输入元件的常开触点的状态（1 或 0）；辅助继电器栏填入将要设计的辅助继电器状态；约束栏对主令信号进行约束，以确保状态按所需的顺序进行。设计辅助继电器是控制程序设计的核心。设计完辅助继电器，就可以依序写出辅助继电器逻辑函数和执行元件逻辑函数。根据逻辑函数可以画出控制梯形图或直接写出助记符指令程序。

二、综合应用

1. 工作台自动往返循环工作控制系统

工作台自动往返循环工作示意图如图 3-76 所示。工作台的前进、后退由电动机通过丝杠驱动。

（1）控制要求

1）自动循环工作。

2）点动工作（供调试用）。

3）单循环运行，即工作台前进、后退一次循环后停在原位。

4）8 次循环计数控制。即前进、后退为一个循环，循环 8 次后自动停在原位。

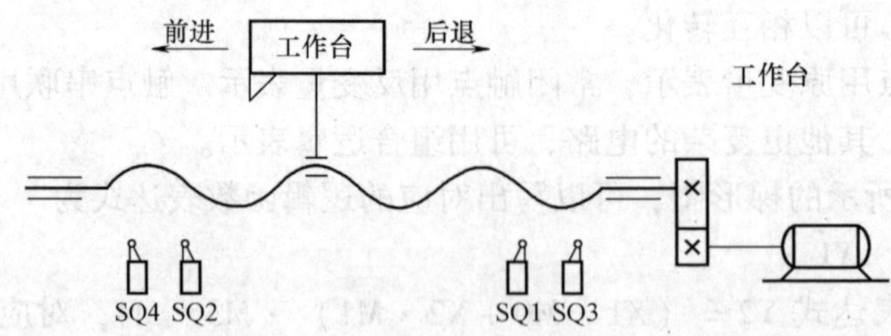

图 3-76　工作台自动往返循环工作示意图

（2）设计电路分析

工作台前进与后退是通过电动机正、反转来控制的，所以完成这一动作只要用电动机正、反转控制基本程序即可。

工作台控制方式有点动和自动连续控制方式，可以采用程序（软件的方法）实现两种运行方式的转换，也可以采用控制开关 SA1（即硬件的方法）来选择。假设控制开关 SA1 闭合时，工作台工作在点动控制状态；SA1 断开时，工作台工作在自动连续控制状态。

工作台有单循环与多次循环两种状态，也可以采用控制开关来选择。假设 SA2 闭合时，工作台实现单循环工作；SA2 断开时，工作台实现多次循环工作。

多次循环工作要限定循环次数，所以选择计数器进行控制。

（3）程序设计

1）分配 PLC 的输入/输出（I/O）点：PLC 的输入/输出（I/O）点的分配见表 3-8。

表 3-8　PLC 的输入/输出（I/O）点的分配

输入			输出		
名称	代号	输入点编号	名称	代号	输出点编号
点动/自动选择开关	SA1	X000	接触器（控制正转）	KM1	Y000
停止按钮	SB1	X001	接触器（控制反转）	KM2	Y001
正转起动按钮	SB2	X002			
反转起动按钮	SB3	X003			
单循环/连续循环选择开关	SA2	X004			
行程开关	SQ1	X005			
行程开关	SQ2	X006			
行程开关	SQ3	X007			
行程开关	SQ4	X010			

2）画出 PLC 接线图：PLC 接线图如图 3-77 所示。

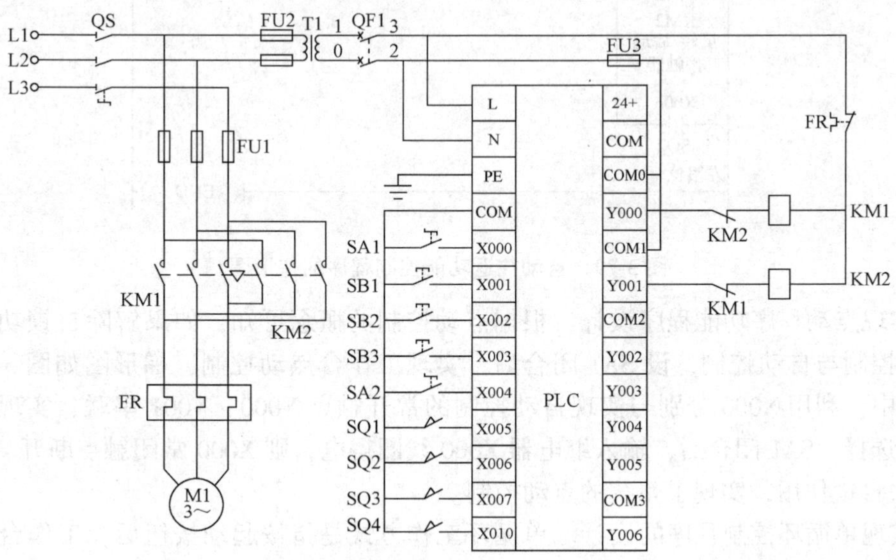

图 3-77　PLC 接线图

3）设计梯形图程序：

① 根据控制对象，设计基本控制环节的程序　控制对象是工作台，其工作方式有前进、后退两种。电动机正转时，通过丝杠使工作台前进；电动机反转时，通过丝杠使工作台后退。因此，基本控制程序应是正反转控制程序，梯形图如图 3-78 所示。

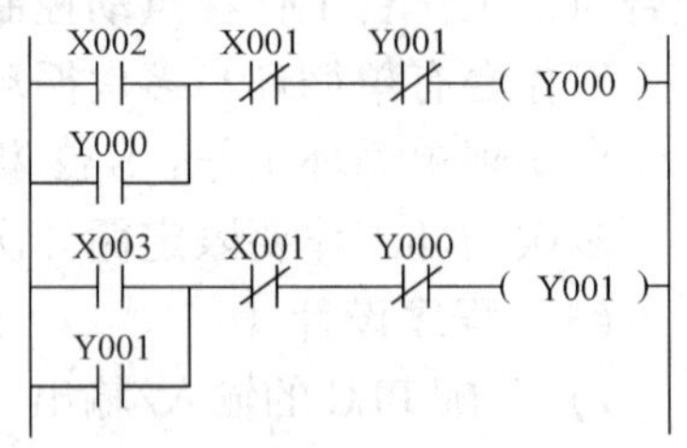

图 3-78　梯形图

② 实现自动往返功能的程序设计。分析工作台自动往返的工作过程可知，工作台前进中撞块压合 SQ2 后，SQ2 动作，X006 常闭触点应先断开 Y000 线圈，使工作台停止前进，然后 X006 常开触点再接通 Y001 线圈，使工作台后退，完成工作台由前进转为后退的动作，同样道理，撞块压合 SQ1 后，工作台完成由后退转为前进的动作，梯形图如图3-79所示。

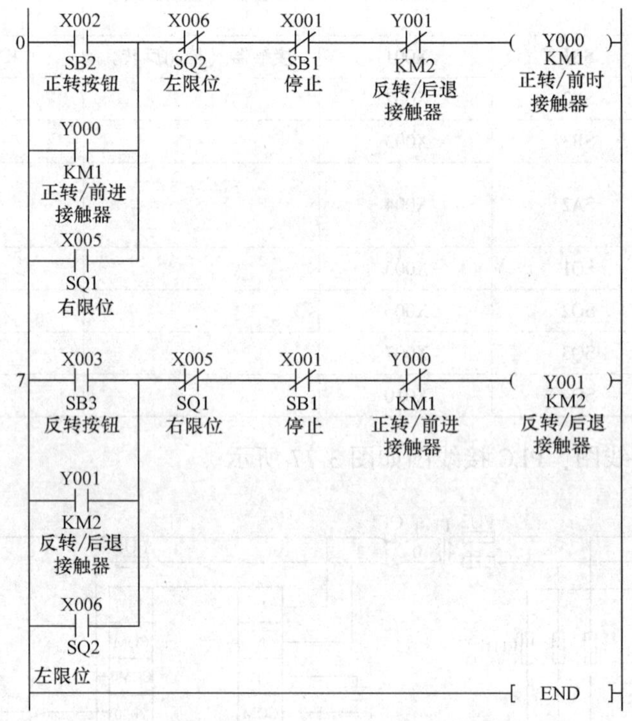

图 3-79　自动往返功能控制程序的梯形图

③ 实现点动程序功能程序设计。根据点动控制的概念可知，如果解除自锁功能，就能实现点动控制与自动控制，设 SA1 闭合后，实现工作台点动控制，梯形图如图 3-80 所示。在梯形图中，利用 X000 分别与实现自动控制的常开触点 Y000、Y001 串联，实现点动与自动控制的选择。SA1 闭合后，输入继电器 X000 线圈得电，则 X000 常闭触点断开，使 Y000、Y001 失去自锁作用，实现了系统的点动控制。

④ 实现单循环控制程序的设计。单循环工作方式是指按起动按钮后，工作台由原位前进，当撞块压合 SQ2 后由工作台前进转为后退，后退到原位后撞块压合 SQ1 后，使工作台停在原位。由分析可知，如果撞块压合 SQ1，则 X005 常闭触点断开，使 Y001 线圈失电，

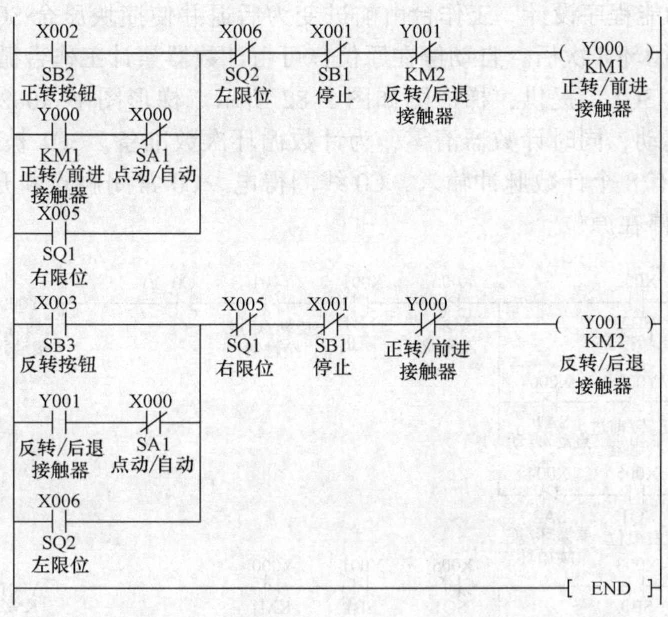

图 3-80　工作台点动控制程序梯形图

工作台停止后退。在 X005 常开触点闭合后，只要不使 Y000 线圈得电，工作台就不会前进，这样便实现了单循环控制。

采用开关 SA2 选择单循环控制，当 SA2 闭合后，输入继电器 X010 线圈得电，X004 常闭触点断开，与 X004 常闭触点串联的 X005 常闭触点失去作用，即在 X005 常开触点常闭后，Y000 线圈也不能得电，工作台不能前进。梯形图如图 3-81 所示。

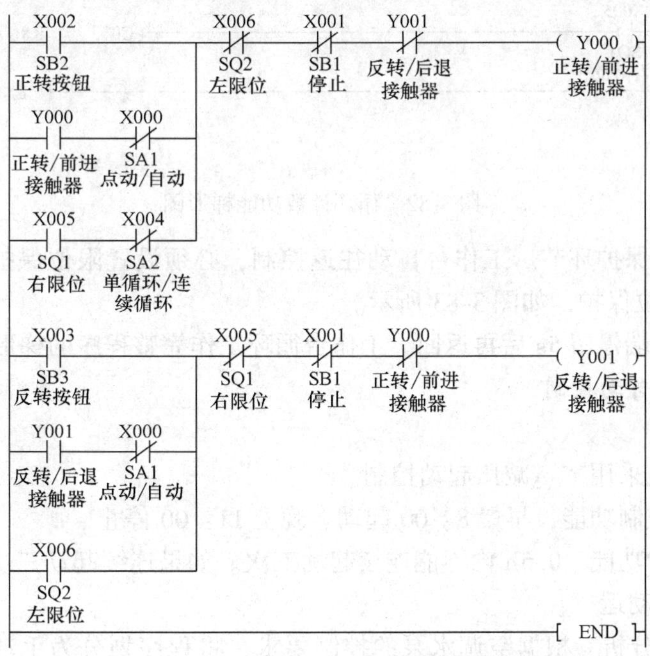

图 3-81　单循环控制程序梯形图

⑤ 循环计数功能程序设计。工作台由前进变为后退并使撞块压合 SQ1 后，为依次工作循环。要求工作台循环 8 次后，自动停在原位，可由计数器累计工作台循环次数。计数器的计数信号由 X005（SQ1）提供，梯形图如图 3-82 所示。梯形图中 X002 信号为起动信号，X002 闭合时系统起动，同时计数器清零，为计数循环次数准备。SQ1 被压合 8 次后，X005 便通断 8 次，则就有 8 个计数脉冲输入，C0 线圈得电。C0 常闭触点断开，使 Y000 线圈不可能得电，工作台停在原位。

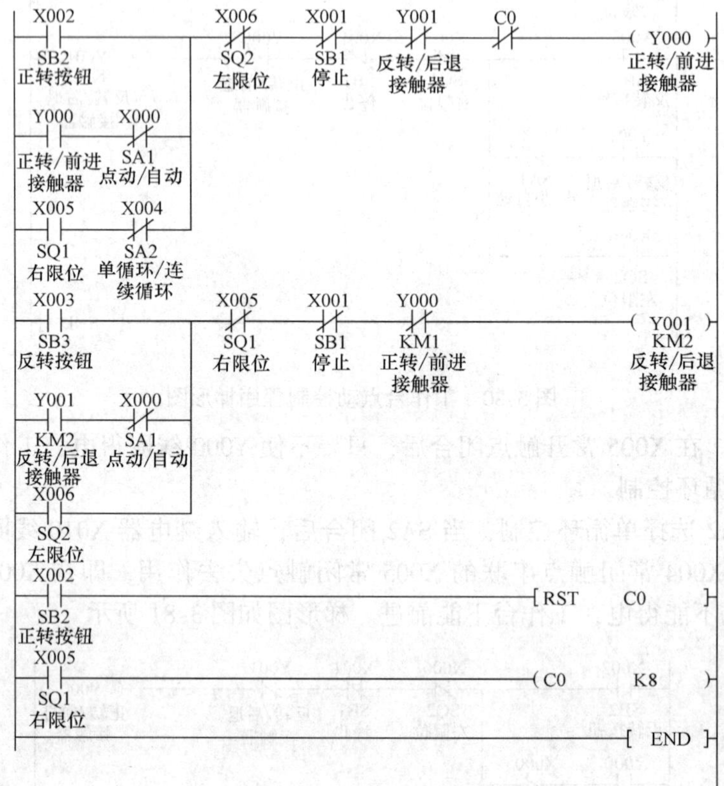

图 3-82 循环计数功能梯形图

⑥ 设置必要的保护环节。工作台自动往返控制，必须设置限位保护，SQ3 与 SQ4 分别为后退和前进的限位保护，如图 3-83 所示。

⑦ 工作台在两端停留 5s 后再返回。工作台循环工作完整程序的梯形图如图 3-84 所示。

2. 空调水泵的自动控制

（1）控制要求

1）水泵电动机采用丫-△减压起动控制。

2）具有自动控制功能，早晨 8：00 起动、晚上 11：00 停止。

3）具有自保护功能，0.5h 内不能连续起动三次。如果连续起动三次则系统停止，等待 0.5h 后才能重新起动运行。

（2）电路设计分析　根据空调水泵的控制要求，将程序划分为手动控制程序和自动保护程序。分步骤编写长时间定时程序和自保护程序。

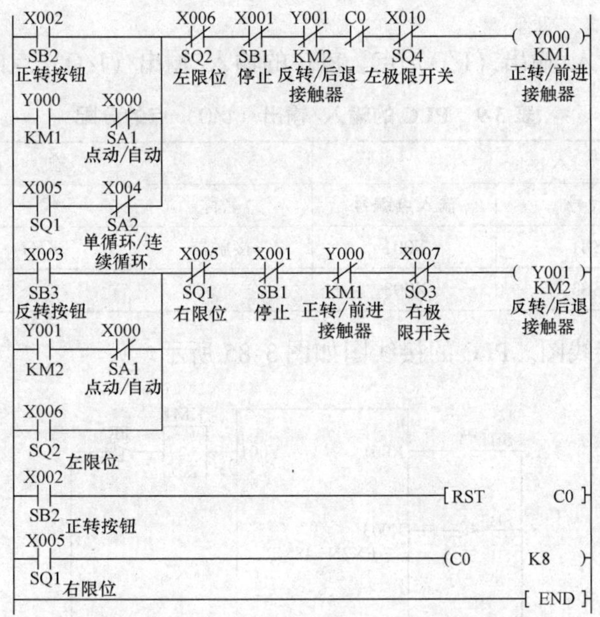

图 3-83　带有限位保护的控制程序梯形图

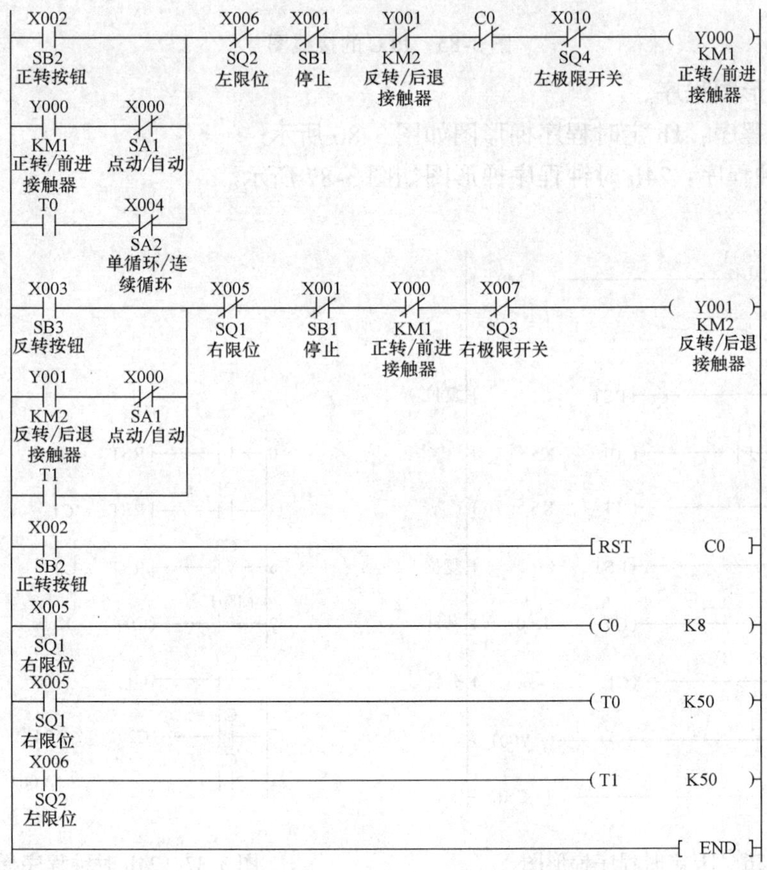

图 3-84　工作台循环工作完整程序的梯形图

(3) 程序设计

1) 分配 PLC 的输入/输出 (I/O) 点。PLC 的输入/输出 (I/O) 点的分配见表 3-9。

表 3-9 PLC 的输入/输出 (I/O) 点的分配

输入			输出		
名称	代号	输入点编号	名称	代号	输出点编号
起动按钮	SB1	X001	接触器	KM1	Y001
停止按钮	SB3	X003			

2) 画出 PLC 的接线图。PLC 的接线图如图 3-85 所示。

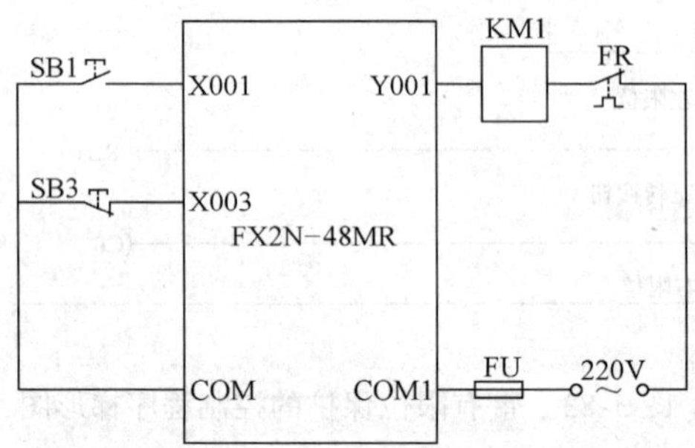

图 3-85 PLC 的接线图

3) 编制梯形图程序。

① 1h 定时程序：1h 定时程序梯形图如图 3-86 所示。

② 24h 时钟程序：24h 时钟程序梯形图如图 3-87 所示。

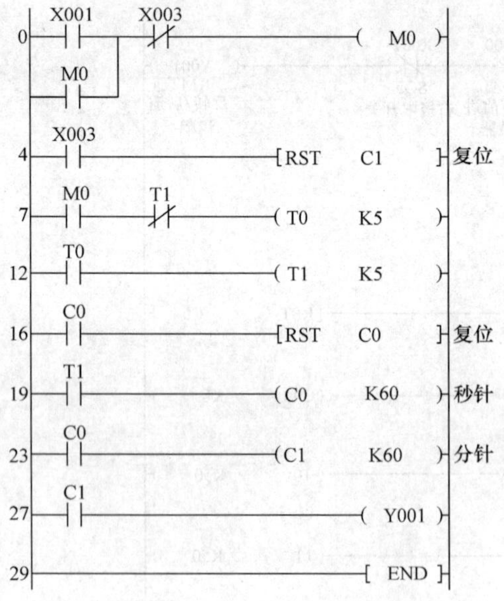

图 3-86 1h 定时程序梯形图

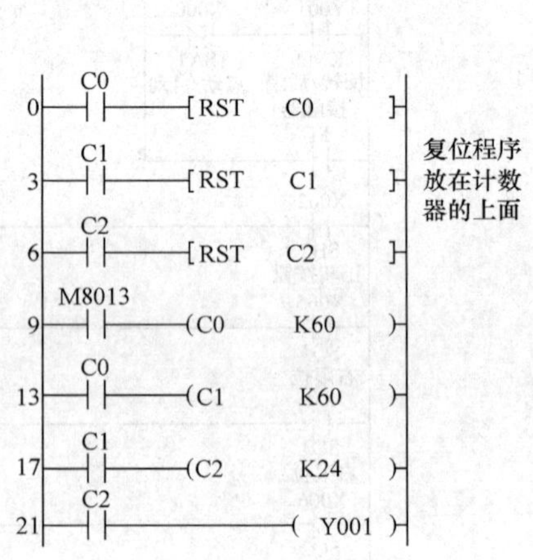

图 3-87 24h 时钟程序梯形图

③ 自动控制程序：早晨8：00起动、晚上11：00停止。自动控制程序梯形图如图3-88所示。

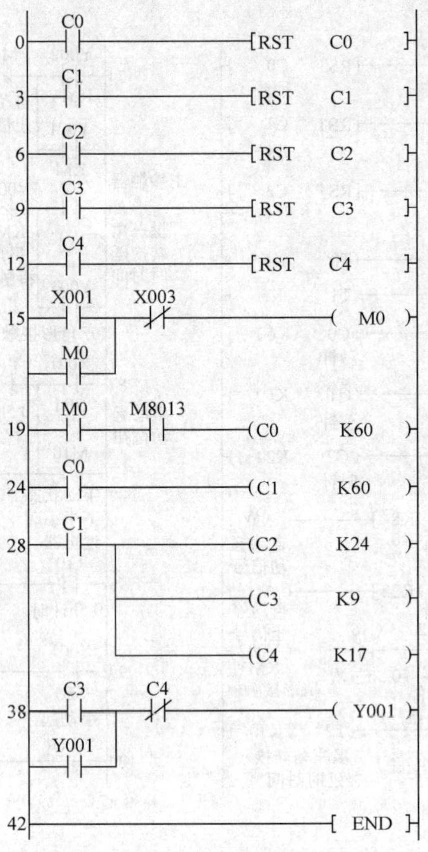

图3-88　自动控制程序梯形图

④ 具有自保护功能程序：即保证在0.5h内不能连续起动三次的程序。具有自保护功能程序梯形图如图3-89所示。

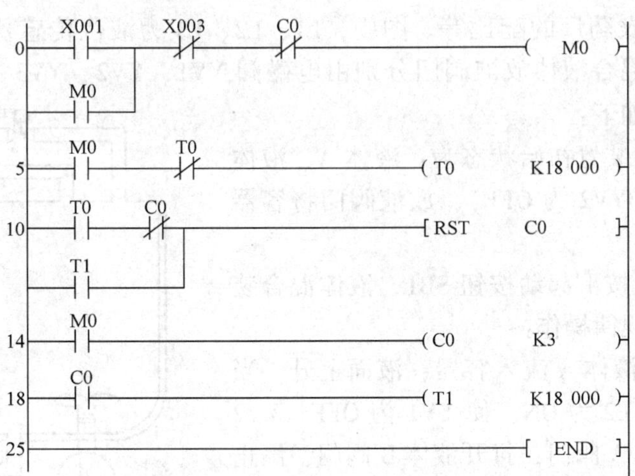

图3-89　具有自保护功能程序梯形图

⑤ 完善程序：空调水泵的完整控制程序梯形图如图 3-90 所示。

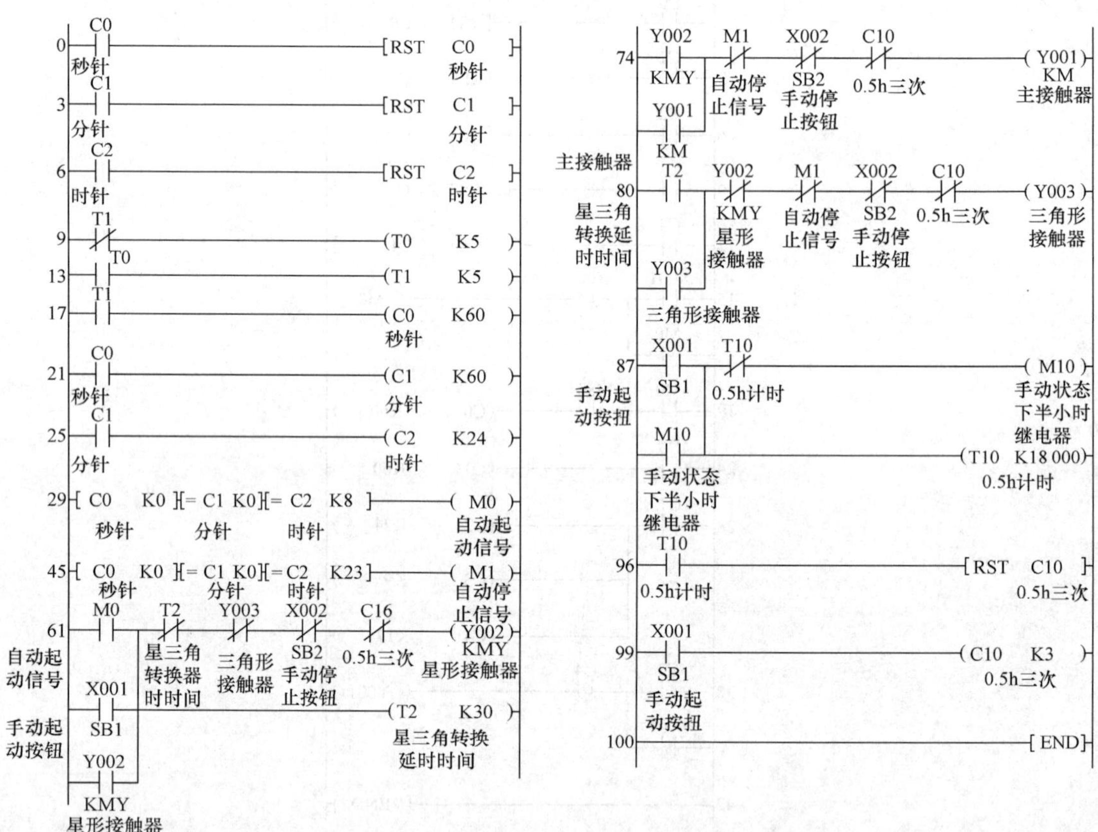

图 3-90　空调水泵的完整控制程序梯形图

3. 多种液体的自动混合控制

（1）控制要求　由 PLC 控制的多种液体自动混合装置如图 3-91 所示，适合如饮料的生产、酒厂的配液、农药厂的配比等。图中，L1、L2、L3 为液位传感器，液面淹没时接通，两种液体的流入和混合液体放液阀门分别由电磁阀 YV1、YV2、YV3 控制，M 为搅拌电动机，具体控制要求如下：

1）初始状态。装置初始状态为：液体 A、液体 B 阀门关闭（YVl、YV2 为 OFF），放液阀门将容器放空后关闭。

2）起动操作。按下起动按钮 SB1，液体混合装置开始按下列给定规律操作：

① YV1 =0N，液体 A 流入容器，液面上升；当液面达到 L2 处时，L2 为 ON，使 YV1 为 OFF，YV2 为 ON，即关闭液体 A 阀门，打开液体 B 阀门，停止液体 A 流入，液体 B 开始流入，液面继续上升。

② 当液面上升达到 L1 处时，L1 为 ON，使 YV2

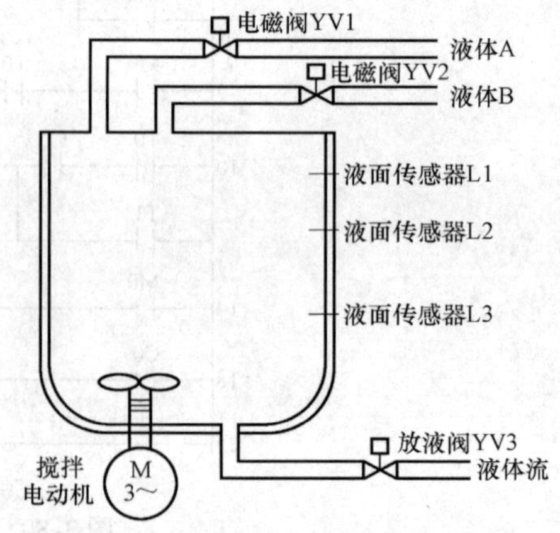

图 3-91　多种液体自动混合装置

为 0FF，电动机 M 为 ON，即关闭液体 B 阀门，液体停止流入，开始搅拌。

③ 搅拌电动机工作 1min 后，停止搅拌（M 为 0FF），放液阀门打开（YV3 为 ON），开始放液，液面开始下降。

④ 当液面下降到 L3 处时，L3 由 ON 变到 OFF，再过 20s，容器放空，使放液阀门 YV3 关闭，开始下一个循环周期。

3）停止操作。在工作过程中，按下停车按钮 SB2，搅拌器并不立即停止工作，而要将当前容器内的混合工作处理完毕并将容器放空后（当前周期循环到底），才能停止操作，即停在初始位置上，否则会造成浪费。

（2）电路设计分析　根据控制要求，可画出多种液体自动混合装置的 PLC 控制工作流程，如图 3-92 所示。

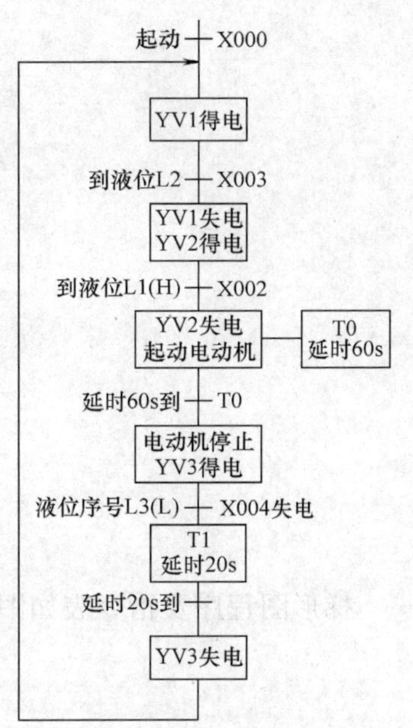

图 3-92　多种液体自动混合装置的 PLC 控制工作流程

（3）程序设计

1）分配输入/输出（I/O）点。根据以上分析可知：输入信号有 SB1、SB2 和 3 个液位传感器信号 L1、L2、L3；输出信号有 KM0 和 3 个电磁阀线圈 YV1、YV2、YV3。确定它们与 PLC 中的输入继电器和输出继电器的对应关系，可得 PLC 控制系统的 I/O 端口地址分配表，输入/输出（I/O）点的分配见表 3-10。

表 3-10　输入/输出（I/O）点的分配

输入			输出		
设备名称	代号	输入点编号	设备名称	代号	输出点编号
起动按钮	SB1	X000	接触器	KM0	Y000
停止按钮	SB2	X001	电磁阀线圈	YV1	Y001
高液位	L1	X002	电磁阀线圈	YV2	Y002
中液位	L2	X003	电磁阀线圈	YV3	Y003
低液位	L3	X004			

2）画出 PLC 接线图，如图 3-93 所示。

3）设计梯形图程序。

① 根据控制要求，当一个工作循环完成后，应不必按下起动按钮就能自动开始下一个循环。下一个循环开始，就是打开电磁阀 YV1，即输出继电器 Y001 应得电，因此，输出继电器 Y001 除受起动按钮 SB1（X000）控制外，还应受上一个循环结束信号控制。上一个循环结束信号，可取自放出混合液时间计时器 T1。当搅拌时间结束，液面下降到 L3 处，延时 20s 到时，T1 输出信号，控制 Y001 得电。

② 根据混合装置的停机控制要求，应将停机信号记忆下来，待一个工作循环结束时再停止工作，因此应选择一个自锁环节将停机信号记忆下来。

停机信号与下一个自动循环控制信号串联再与起动按钮并联，就能实现待一个工作循环结束时再停止工作。

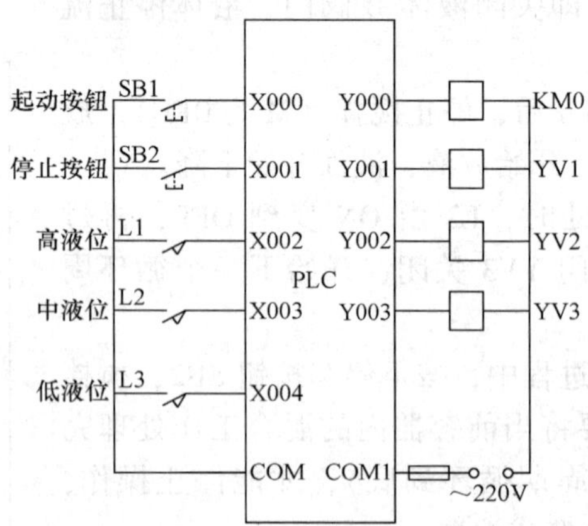

图 3-93　PLC 接线图

梯形图程序及指令表如图 3-94 所示。

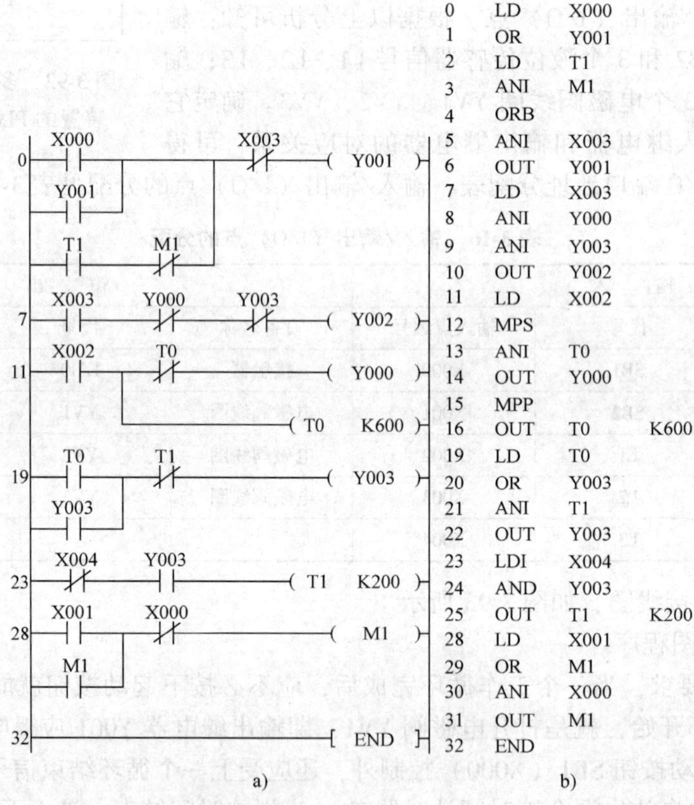

图 3-94　梯形图程序及指令表

a）梯形图　b）指令表

第四章 步进顺序控制指令的应用

第一节 顺序控制及状态流程图

一、顺序控制概述

所谓顺序控制，就是按照生产工艺所要求的动作规律，在各个输入信号的作用下，根据内部的状态和时间顺序，使生产过程中的各个执行机构自动地、有秩序地进行操作。在实现顺序控制的设备中，输入信号一般由按钮、行程开关、接近开关、继电器或接触器的触点发出，输出执行机构一般是接触器、电磁阀等。在顺序控制中，生产过程是按顺序、有步骤地连续工作，因此可以将一个较复杂的生产过程分解成若干个步骤，每一步对应生产过程中一个控制任务，也称为一个工步（或一个状态）。在顺序控制的每个工步中，都应含有完成相应控制任务的输出机构和转移到下一工步的转移条件。

在顺序控制中，生产工艺要求每一个工步必须严格按规定的顺序执行，否则将造成严重后果。为此，顺序控制中每个状态都要设置一个控制元件，保证在任何时刻，系统只能处于一种工作状态。FX 系列 PLC 中规定状态继电器为控制元件，状态继电器有 S0 ~ S899 共 900 个点，其中 S0 ~ S9 作为初始状态的专用继电器；S10 ~ S19 作为回零状态的专用继电器；S20 ~ S899 为一般通用的状态继电器，可以按顺序连续使用。

当顺序控制执行到某一工步时，该工步对应的控制元件被驱动，控制元件使该工步所有输出机构动作，完成相应的控制任务。当向下一个工步转移的条件满足时，下一个工步对应的控制元件被驱动。同时，该工步对应的控制元件自动复位，完成一个工步的控制任务。例如三相异步电动机Y-△减压起动控制，就可以看做是简单的顺序控制过程，其控制过程的状态转移图如图4-1所示。

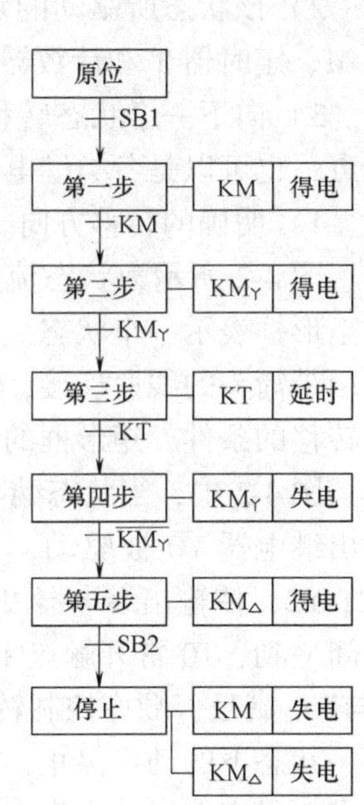

图 4-1 状态转移图

在Y-△减压起动控制过程中，输入信号由起动按钮 SB1 和停止按钮 SB2 发出，输出执行机构是 KM、KM_{Y} 和 $KM_{\triangle}$ 三个接触器。获得起动信号后，进入第一工步，接触器 KM 线圈得电并自锁，将电动机电源接通。这一工步完成后，第一工步停止，转移到第二工步，但因 KM 自锁，接触器 KM 线圈继续得电并自锁，将电动机定子绕组接成Y联结。这一工步完成后，第二工步停止，转移到第三工步，依此类推，直至到最后一个工步。在最后一个工步中，接触器 KM 和 $KM_{\triangle}$都断开，电动机停止运转。

从图 4-1 可以看出，每个矩形框表示一步，矩形框之间用带箭头的直线相连，箭头方向表示工步转换方向。按生产工艺过程，将工步转换条件写在直线旁边，工步的转换条件是上一步的执行结果，也是下一步的前提。在每个矩形框的右边，给出该工步所控制的输出执行机构。

由以上分析可知顺序控制具有以下特点：

1）每个工步（或状态）都应分配一个控制元件，确保顺序控制正常进行。

2）每个工步（或状态）都具有驱动能力，能使该工步的输出执行机构动作。

3）每个工步（或状态）条件满足时，都会转移到下一个工步，而旧工步自动复位。

二、状态流程图

顺序控制程序是按一定的顺序动作，动作的重复较多，步进指令编写能方便程序的设计，增强程序的阅读性。对较复杂的顺序控制进行编程，首先要根据控制过程画出状态流程图，然后用步进指令实现。

任何一个顺序控制过程都可以分解成若干个工步，每一工步就是控制过程中的一个状态，所以顺序控制的动作流程图也称为状态流程图。状态流程图就是利用状态来描述控制过程的流程图。

在状态流程图中，一个完整的状态必须包括以下几点：

1）该状态的控制元件。

2）该状态所驱动的负载，它可以是输出继电器 Y、辅助继电器 M、定时器 T 和计数器 C 等。

3）向下一个状态转移的条件，它可以是单个常开触点或常闭触点，也可以是各类继电器触点的逻辑组合。

4）明确的转移方向。

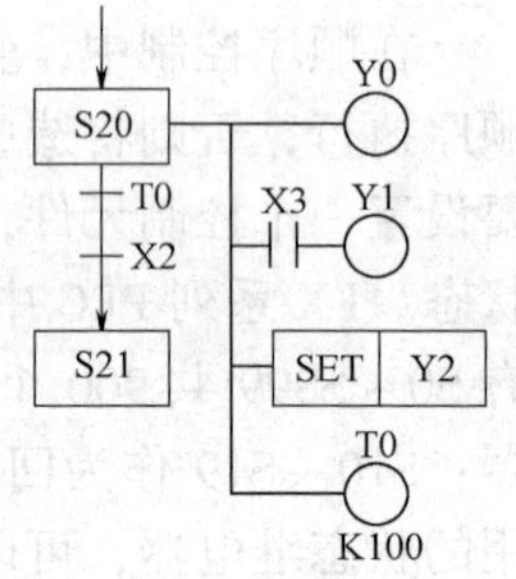

图 4-2　状态流程图

图 4-2 所示为状态流程图中一个完整的状态。从图中可看到，用矩形框表示一个状态，框内标明该状态的控制元件编号，状态之间用带箭头的线段连接，线段上垂直的短线及其旁边的标注表示状态转移的条件，矩形框的右边为该状态的输出信号。

图 4-2 中，当状态继电器 S20 接通时，顺序控制进入工作状态。输出继电器 Y0 被驱动，如果 X3 常开触点闭合，则输出继电器 Y1 也被驱动；通过指令 SET-Y2，使输出继电器 Y2 置位并自锁，定时器 T0 线圈被驱动，开始定时。当 10s 的延时时间一到，T0 常开触点闭合。假如 X2 的常开触点也闭合，转移到下一步的条件（T0 · X2 “与”）满足，顺序控制转移到下一状态。转移到 S21 新状态后，原状态 S20 自动复位断开，这一状态下的动作停止，Y0、Y1 和 T0 也都随之复位，Y2 因 SET 指令的作用，仍保持接通状态，只有在后续动作中，用 RST 指令才能使 Y2 复位。

三相异步电动机Y-△减压起动控制过程的状态流程图如图 4-3 所示。

初始状态是状态转移的起始位置，也就是准备阶段。一个完整的状态流程图必须要设置初始状态。图 4-3 中，S0 为初始状态，用双线框表示。从图中可看出，进入初始状态 S0 有两种情况；一种情况是 PLC 开机后，特殊继电器 M8002 常开触点闭合一个扫描周期，使转移条件满足进入 S0 状态；另一种情况是 S25 状态中，RST 复位指令执行后，Y0 与 Y2 的常开触点闭合，使转移条件满足，由 S25 状态转移到 S0 初始状态，为下一次电动机丫-△减压起动做准备。两种情况是“或”逻辑关系，所以用并列的两个带箭头的线段表示。

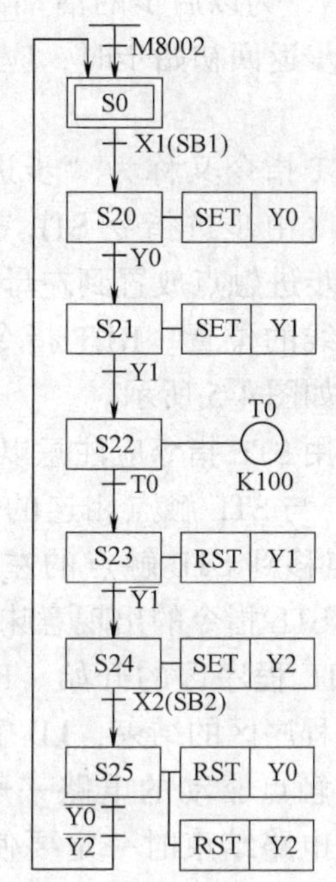

图 4-3　三相异步电动机丫-△减压起动控制过程的状态流程图

在状态流程图中，输入信号或输出信号都是 PLC 中输入继电器或输出继电器动作，因此，画状态流程图之前，仍应根据控制系统的输入信号和输出信号，分配 PLC 的输入/输出（I/O）点。

在状态流程图中，一段延时也应看成一个状态。例如图 4-3 中 S22 状态，是延时 10s 的动作，在这个状态开始执行时，T0 线圈得电开始计时，当 10s 时间一到，T0 常开触点闭合，转移条件满足，S23 状态置位，S22 状态复位。

三、步进顺控指令

步进顺控指令也称为步进梯形指令，简称为 STL 指令，FX 系列 PLC 还有一条使 STL 指令复位的 RET 指令。利用这两条指令，可以很方便地编制顺序控制梯形图程序。

STL 指令可以生成流程与顺序功能图非常接近的程序。顺序功能图中的每一工步对应一小段程序，每一工步与其他工步是完全隔离开的。使用者根据自己的要求将这些程序段按一定的顺序组合在一起，就可以完成控制任务。这种编程方法可以节约编程所需要的时间，并能减少编程错误。

用 FX 系列 PLC 的状态继电器编制顺序控制程序时，一般应与 STL 指令一起使用。S0 ~ S9 用于初始步，S10 ~ S19 用于自动返回原点。使用 STL 指令的状态继电器的常开触点称为 STL 触点，它是一种“胖”触点，从图 4-4 可以看出顺序功能图与梯形图之间的对应关系，STL 触点驱动的电路块具有 3 个功能，即对负载的驱动处理、指定转换条件和指定转换目标。

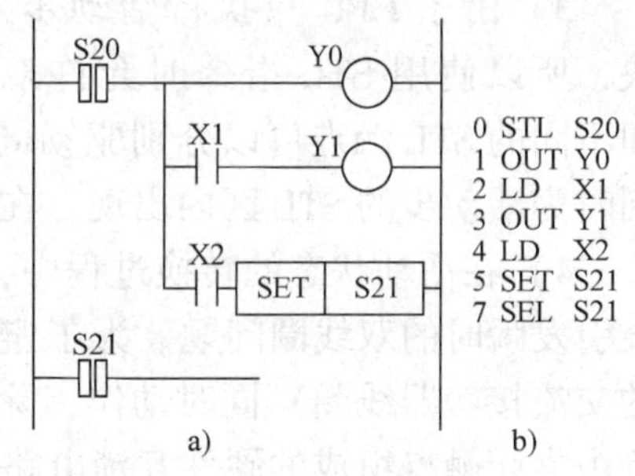

图 4-4　STL 指令的使用
a）梯形图　b）指令语句表

STL 触点一般是与左侧母线相连的常开触点，当某一步为活动步时，对应的 STL 触点接通，它右边的电路被处理，直到下一步被激活。STL 程序区内可以使用标准梯形图的绝大多数指令和结构，包括应用指令。某一 STL 触点闭合后，该步的负载线圈被驱动。当该步后面的转换条件满足时，转换实现，即后续步对应的状态继电器被 STL 指令或 OUT 指令置位，后续步变为活动步，同时与原活动步对应的状态继电器被系统程序自动复位，原活动步对应的 STL 触点断开。

系统的初始步应使用初始状态 S0 ~ S9，它们应放在顺序功能图的最上面，在由 STOP 状态切换到 RUN 状态时，可用只打开一个扫描周期的初始化脉冲 M8002 来将初始状态继电器置为 ON，为以后步的活动状态的转换做好准备。需要从某一步返回初始步时，应对初始状态继电器使用 OUT 命令。

RET 指令又称为“步进”返回指令。其功能是使副母线（由步进指令 STL 置位使状态继电器吸合，将接通的步进触点放置到左母线，形成副母线）返回到原来左母线的位置。RET 指令没有操作元件，RET 指令的应用如图 4-5 所示。

```
STL  S20
 ⋮
STL  S27
OUT  Y15
RET
LD   X16
OUT  Y16
```

a)　　b)

图 4-5　RET 指令的使用

a）梯形图　b）指令语句表

使用 STL 指令应注意以下问题：

1）与 STL 触点相连的触点应使用 LD 类指令，即 LD 触点移到 STL 触点的左侧，该触点成为临时母线。下一条 STL 指令的出现意味着当前 STL 程序区的结束和新的 STL 程序区的开始。RET 指令意味着整个 STL 程序区的结束，LD 触点返回左侧母线。各 STL 触点驱动的电路一般放在一起，最后在 STL 电路结束时一定要使用 RET 指令，否则将出现“程序错误”信息，PCL 不能执行用户程序。如图 4-6b 所示，在梯形图的结束处使用了 RET 指令，使 LD 触点回到左母线上。

2）STL 触点可以直接驱动或通过别的触点驱动 Y，M，S，T 等元件的线圈和应用指令。STL 触点右边不能使用 MC/MCR 命令。

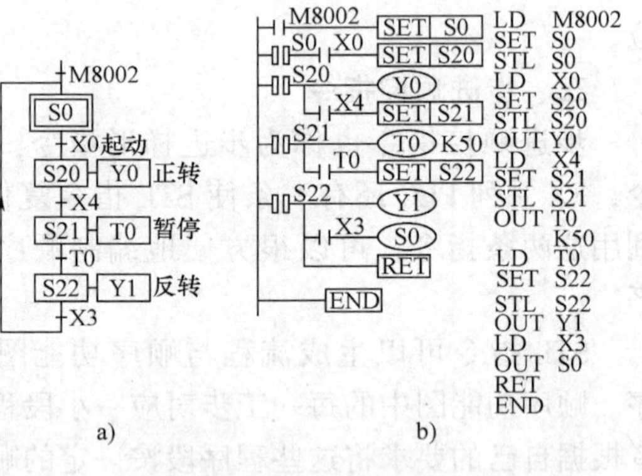

图 4-6　程序图

a）状态流程图　b）梯形图和指令表

3）由于 CPU 只执行活动步对应的电路块，所以使用 STL 指令时允许双线圈输出，即不同的 STL 触点可以分别驱动同一编程元件的一个线圈。但是，同一元件的线圈不能在同时为活动步的 STL 区内出现，在有并行序列的顺序功能图中，应特别注意这一问题。

4）在活动状态的转换过程中，相邻两步的状态继电器会同时打开一个扫描周期，可能会引发瞬时的双线圈问题。为了避免不能同时接通的两个输出（如控制异步电动机正反转的交流接触器线圈）同时动作，除了在梯形图中设置软件互锁电路外，还应在 PLC 外部设置由常闭触点组成的硬件互锁电路。

定时器在下一次运行之前，首先应将它复位。同一定时器的线圈可以在不同的步使用，但是，如果用于相邻的两步，在步的活动状态转换时，该定时器的线圈不能断开，当前值不能复位，将导致定时器的非正常运行。

5）OUT 指令与 SET 指令均可用于步的活动状态的转换，将原来的活动步对应的状态寄存器复位，此外还有自保持功能。STE 指令用于将 STL 状态继电器置位为 ON 并保持，以激活对应的步。如果 STE 指令在 STL 区内，一旦当前的 STL 步被激活，原来的活动步对应的 STL 线圈将被系统程序自动复位。SET 指令一般用于驱动状态继电器的元件号比当前步的状态继电器元件号大的 STL 步。在 STL 区内的 OUT 指令用于顺序功能图中的闭环和跳步，如果想跳回已经处理过的步，或向前跳过若干步，可对状态继电器使用 OUT 指令，如图 4-7 所示。OUT 指令还可以用于远程跳步，即从顺序功能图中的一个序列跳到另一个序列。以上情况虽然可以使用 SET 指令，但最好使用 OUT 指令。

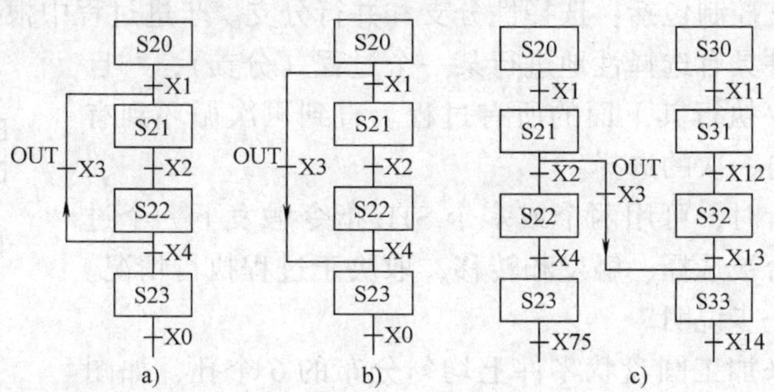

图 4-7　STL 内部的闭环和跳步使用 OUT 指令

a）往前跳步　b）往后跳步　c）远程跳步

6）STL 指令不能与 MC-MCR 指令一起使用。在 FOR-NEST 结构、子程序和中断程序中，不能有 STL 程序块，STL 程序块不能出现在 FEND 指令之后。

7）并行序列或选择序列中分支处的支路数不能超过 8 条，总的支路不能超过 16 条。

8）在转换条件对应的电路中，不能使用 ANB，ORB，MPS，MRD 和 MPP 指令。可用转换条件对应的复杂电路来驱动辅助继电器，再用后者的常开触点来作转换条件。

9）与条件跳步指令（CJ）类似，CPU 不执行处于断开状态的 STL 触点驱动的电路块中的指令，在没有并行序列时，同时只有一个 STL 触点接通，因此，使用 STL 指令可以显著地缩短用户程序的执行时间，提高 PLC 的输入、输出响应速度。

10）M2800 ~ M3071 是单操作标志，当图 4-8a 中 M2800 的线圈通电时，只有它后面第一个 M2800 的边沿检测触点（2 号触点）能工作，而 M2800 的 1 号和 3 号脉冲触点不会动作。M2800 的 4 号触点是使用 LD 指令的普通触点，M2800 的线圈通电时，该触点闭合。

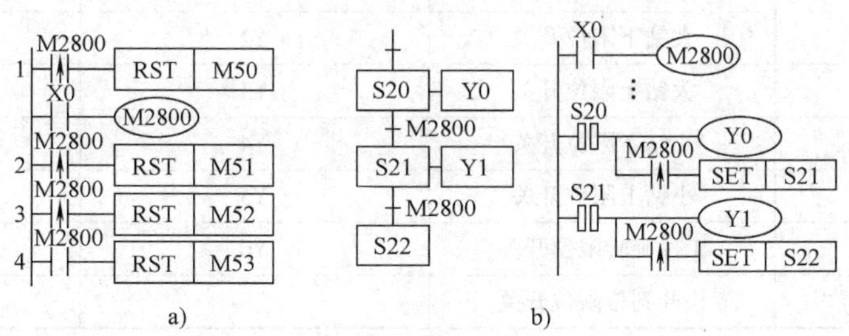

图 4-8　单操作标志及应用

a）单操作标志　b）单操作标志的使用

借助单操作标志可以用一个转换条件实现多次转换。在图 4-8b 中，当 S20 为活动步，X0 的常开触点闭合时，M2800 的线圈通电，M2800 的第一个上升沿检测触点闭合一个扫描周期，实现了步 S20 到步 S21 的转换。X0 的常开触点下一次由断开变为接通时，因为 S20 是不活动步，所以没有执行图中的第一条 LDP M2800 指令，而 S21 的 STL 触点之后的触点是 M2800 的线圈之后遇到的它的第一个上升沿检测触点，所以该触点闭合一个扫描周期，系统由步 S21 转换到步 S22。

四、用步进顺控指令实现的选择序列的编程方法

步进过程的分支控制包括：选择性分支和并行分支。步进过程中根据特定的要求，希望在运行过程中有条件具有选择性地进行某一个过程（分支），一旦选定该分支将会顺序执行其下面的所有过程。直到再次循环到有选择的过程，并做再一次的选择。

在一个过程进行时，可用两个或多个 STL 指令触发下一个过程，下一个过程是否被选择、触发和转移，取决于过程执行情况。下面通过实例来进一步说明。

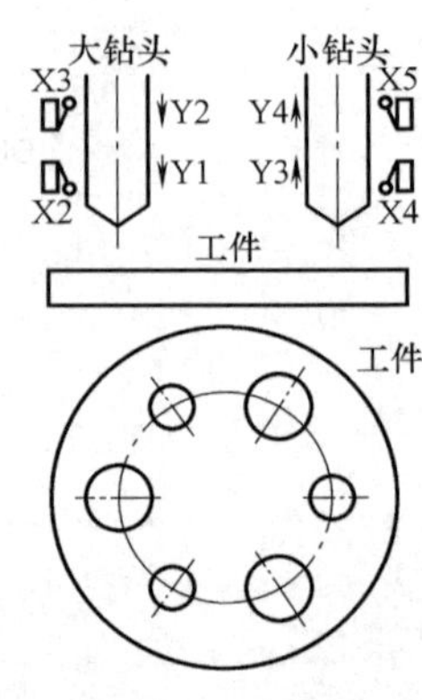

图 4-9　组合钻床示意图

某组合钻床用来加工圆盘状零件上均匀分布的 6 个孔，如图 4-9 所示。操作人员放好工件后，按下起动按钮工件被夹紧，夹紧后压力继电器 X1 为 ON，Y1 和 Y3 使两只钻头同时开始向下进给。大钻头到达由限位开关 X2 设定的深度时，Y2 使它上升，上升到由限位开关 X3 设定的起始位置时停止上行。小钻头钻削到由限位开关 X4 设定的深度时，Y4 使它上升，上升到由限位开关 X5 设定的起始位置时停止上行，同时设定值为 3 的计数器的当前值加 1。两个都到位后，Y5 使工件旋转 120°，旋转结束后又开始钻第二对孔。3 对孔都钻完后，计数器的当前值等于设定值 3，转换条件满足。Y6 使工件松开，松开到位后，系统返回初如状态。

为了用 PLC 控制器来实现任务，PLC 需要 8 个输入点，输入/输出（I/O）点的分配见表 4-1。

表 4-1　输入/输出（I/O）点的分配

输入继电器	作　用	输出继电器	作　用
X0	起动按钮	Y0	工件夹紧
X1	夹紧压力继电器	Y1	大钻下进给
X2	大钻下限位开关	Y2	大钻退回
X3	大钻上限位开关	Y3	小钻下进给
X4	小钻下限位开关	Y4	小钻退回
X5	小钻上限位开关	Y5	工件旋转
X6	工件旋转限位开关	Y6	工件松开
X7	松开到位限位开关		

组合钻床的工作流程如图 4-10 所示，用状态继电器 S 来代表各步，顺序功能图中包含了选择序列和并行序列。在步 S21 之后，有一个选择序列的合并，还有一个并行序列的分支。在步 S29 之前，有一个并行序列的合并，还有一个选择序列的分支。在并行序列中，两个子序列中的第一步 S22 和 S25 是同时变为活动步的，两个子序列中的最后一步 S24 和 S27 是同时变为不活动步的。因为两个钻头上升到位有先有后，故设置了步 S24 和步 S27 作为等待步，它们用来同时结束两个并行序列。当两个钻头均上升到位，限位开关 X3 和 X5 分别为 ON，大、小钻头两个子系统分别进入两个等待步，并行序列将会立即结束。每钻一对孔

计数器 C0 加 1，没钻完 3 对孔时 C0 的当前值小于设定值，其常闭触点闭合，转换条件 C0 不满足，将从步 S24 和 S27 转换到步 S28。如果已钻完 6 个孔，C0 的当前值等于设定值，其常开触点闭合，转换条件$\overline{\mathrm{C0}}$不满足，将从步 X24 和 S27 转换到步 S29。

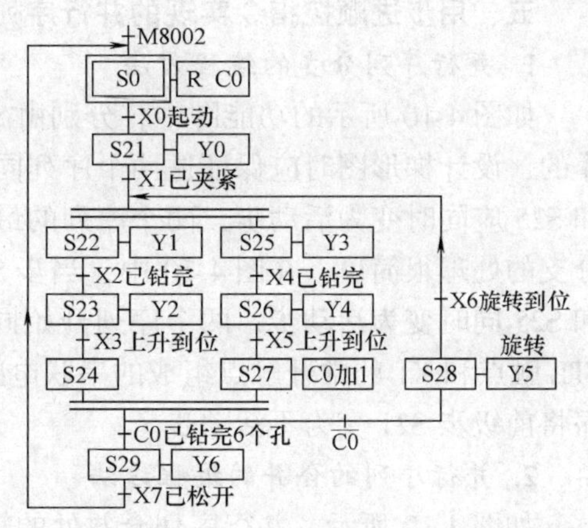

图 4-10　组合钻床的工作流程

1. 选择序列分支的编程方法

如图 4-10 所示的 S24 和 S27 有一个选择序列的分支。当步 S24 和 S27 是活动步（S24 和 S27 均为 ON）时，如果转换条件 C0 不满足（没达到 3 对孔），将转换到步 S28；如果转换条件 C0 满足，将进入步 S29。如果在某一步的后面有 N 条选择序列的分支，则该步的 STL 触点开始的电路块中应有 N 条分别表示各转换条件和转换目标的并联电路。例如，步 S24（S27）之后有两支路，两个转换条件分别为 C0 和$\overline{\mathrm{C0}}$，可能分别进入步 S29 和步 S28。梯形图如图 4-11 所示，S24（S27）的 STL 触点开始的电路块中，有两条分别由 C0 和$\overline{\mathrm{C0}}$作为置位条件的并联支路。STL 触点具有与主控指令（MC）相同的特点，即 LD 点移到了 STL 触点的右端，对于选择序列分支对应的电路的设计，是很方便的。用 STL 指令设计复杂系统的梯形图时更能体现其优越性。

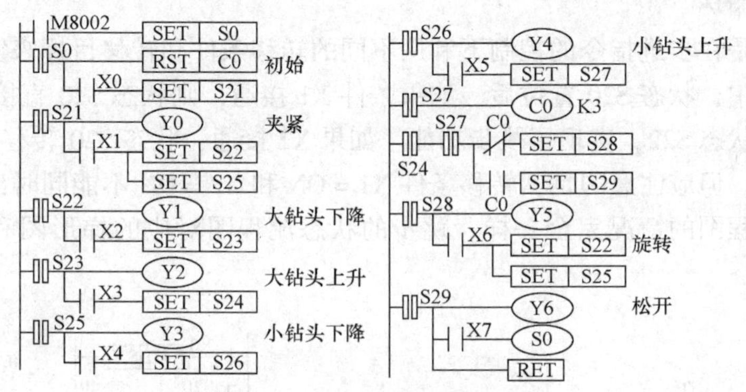

图 4-11　组合钻床梯形图

2. 选择序列合并的编程方法

如图 4-10 所示的步 S22（S25）之前有一个由两条支路组成的选择序列的合并，当 S21 为活动步，转换条件 X1 得到满足，或者当步 S28 为活动步，转换条件 X6 得到满足时，都将使步 S22（S25）变为活动步，同时系统程序将步 S21 或步 S28 复位为不活动步。在如图 4-10 所示的梯形图中，由 S21 和 S28 的 STL 触点驱动的电路块中均有转换目标 S22（S25），对它们的后续步 S22（S25）的置位（将它们变为活动步）是用 SET 指令实现的，对相应前级步的复位（将它变为不活动步）是由系统程序自动完成的。其实在设计梯形图时，没有必要特别留意选择序列的合并如何处理，只要正确地确定每一步的转换条件和转换目标，就能“自然地”实现选择序列的合并。

五、用步进顺控指令实现的并行序列的编程方法

1. 并行序列分支的编程方法

如图4-10所示的功能图中，分别由S22～S24和S25～S27组成的两个单序列是并行工作的，设计梯形图时应保证这两个序列同时开始工作和同时结束，即两个序列的第一步S22和S25应同时变为活动步，两个序列的最后一步S24和S27应同时变为不活动步。并行序列分支的处理很简单，在图4-10中，当步S21是活动步，并且转换条件X1为ON时，步S22和S25同时变为活动步，两个序列开始同时工作。在如图4-11所示的梯形图中，用S21的STL触点和X1的常开触点组成的串联电路来控制SET指令对S22和S25同时置位，系统程序将前级步S21变为不活动步。

2. 并行序列的合并的编程方法

如图4-10所示，并行序列合并处的转换有两个前级步S24和S27，根据转换实现的基本规则，当它们均为活动步并且转换条件满足，将实现并行序列的合并。未钻完3对孔时，C0的常闭触点闭合，转换条件满足，将转换到步S28，即该转换的后续步S28变为活动步（S28被置位），系统程序自动地将该转换的前级步S24和S27同时变为不活动步。在如图4-11所示的梯形图中，用S24，S27的STL触点（均对应STL指令）和C0的常闭触点组成的串联电路使S28置位。在图4-11中，S27的STL触点出现了两次，如果不涉及并行序列的合并，同一状态继电器的STL触点只能在梯形图中使用一次。串联的STL触点的个数不能超过8个，换句话说，一个并行序列中的序列数不能超过8个。钻完3对孔时，C0的常开触点闭合，转换条件C0满足，将转换到步S29。

六、跳步与循环

跳步与循环是在步进指令的控制下利用不同的转移条件和转移目标来实现的，在图4-12所示状态流程图中，状态S20置位后，如果条件X1接通，则状态S20直接转移到状态S23，跳过状态S21和状态S22，实现了跳步功能。如果X2接通，状态S20转移到状态S21，执行正常的顺序控制。但应注意的是，转移条件X1＝ON和X2＝ON不能同时出现，这一点与选择性分支状态流程图的情况完全一样。跳步的状态流程图对应的梯形图和指令表如图4-13所示。

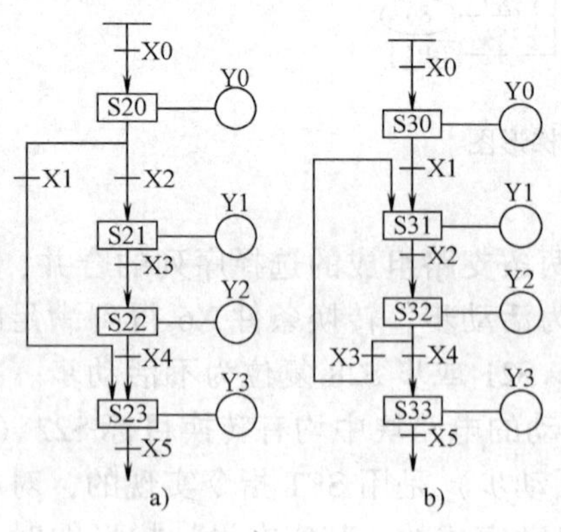

图4-12　状态流程图
a）跳步的状态流程图　b）循环的状态流程图

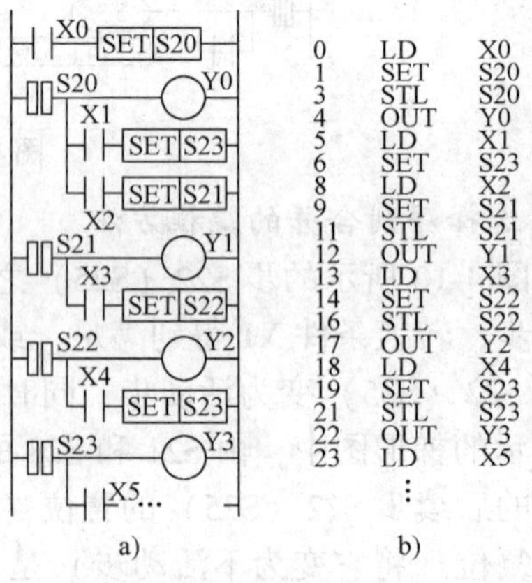

图4-13　梯形图与指令表
a）梯形图　b）指令表

在图 4-12b 所示循环状态流程图中，状态 S32 置位后，如果转移条件 X3 接通，则由状态 S32 转移到状态 S31，重新依次执行 S31 和 S32 两个状态动作，实现循环控制。如果转移条件接通 X4 接通，则状态 S32 转移到状态 S33，实现正常的顺序控制。同样，转移条件 X3 = ON 和 X4 = ON 不允许同时出现。循环的状态流程图对应的梯形图和指令表如图 4-14 所示。

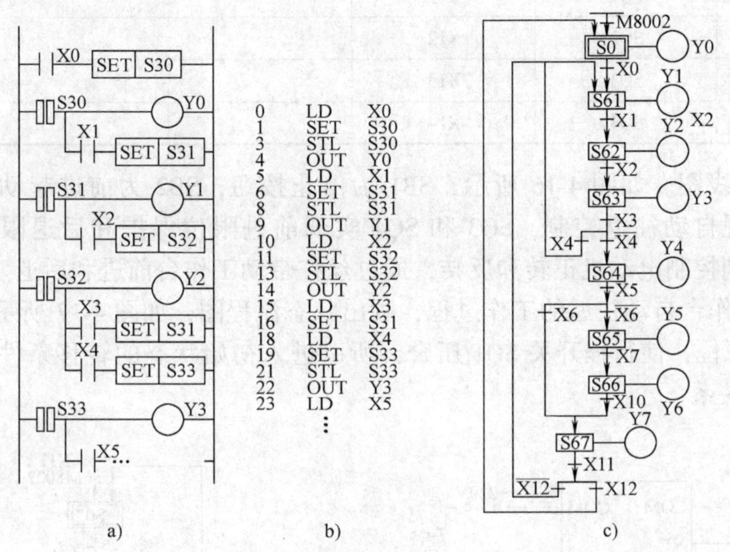

图 4-14　梯形图与指令表

a）梯形图　b）指令表

应用举例：

某工作台自动往返的运行示意图如图 4-15 所示，要求实现 8 次循环后工作台自动停在原位，试画出状态流程图和对应的梯形图，并写出语句指令表。

1）根据自动往返的运行示意图，分析其控制特点及控制要求，采用步进指令进行编程，并用计数器进行循环次数控制，可使程序层次清晰，简洁易懂。

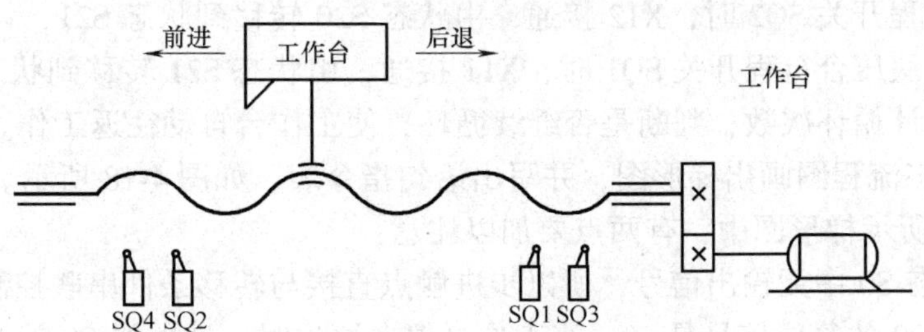

图 4-15　工作台自动往返的运行示意图

2）分配输入/输出（I/O）点，见表 4-2。

表 4-2 输入/输出（I/O）点的分配

输入			输出		
名称	元件代号	输入点编号	名称	元件代号	输出点编号
停止按钮	SB1	X0	接触器（前进）	KM1	Y1
前进起动按钮	SB2	X10	接触器（后退）	KM2	Y2
位行程开关	SQ1	X11			
行程开关	SQ2	X12			
行程开关	SQ3	X13			
行程开关	SQ4	X14			

3）画出接线图。如图 4-16 所示，SB1 为停止按钮，SB2 为前进起动按钮，行程开关 SQ1 和 SQ2 实现自动往返控制，SQ3 和 SQ4 实现前进限位保护和后退限位保护。接触器 KM1、KM2 分别控制电动机正转和反转，通过丝杠带动工作台前进和后退。

4）分析工作台自动往返的工作过程，画出状态流程图，如图 4-17 所示。工作台起动之前一定要停在原位，使行程开关 SQ1 压合，所以进入初始状态的转移条件为 M8002 和 X11 的"与"逻辑关系。

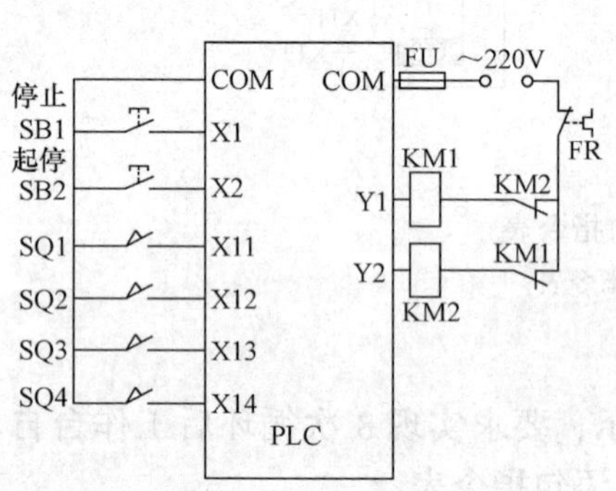

图 4-16　PLC 的接线图

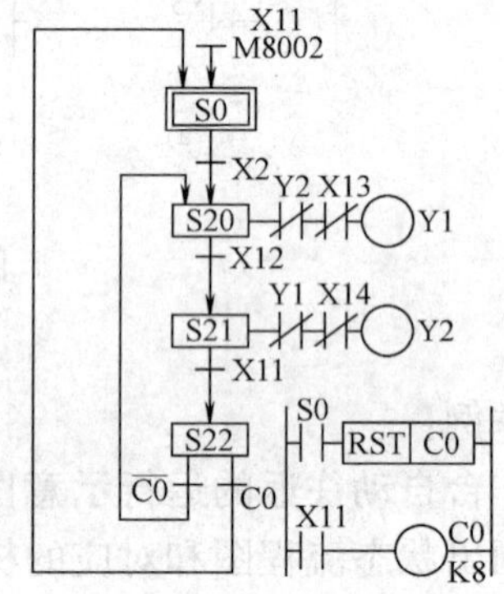

图 4-17　状态流程图

按下起动按钮 SB2，X2 接通，由初始状态转移到状态 S20，该状态为工作台前进。当工作台撞块压合行程开关 SQ2 时，X12 接通，由状态 S20 转移到状态 S21，该状态为工作台后退。当工作台撞块压合行程开关 SQ1 时，X11 接通，由状态 S21 转移到状态 S22，以该状态的功能为依据累计循环次数，判断是否继续循环，使工作台自动往返工作。

5）根据状态流程图画出梯形图，并写出语句指令表，如图 4-18 所示。

在图 4-18a 所示梯形图中，有两点要加以注意：

1）初始状态 S0 中无输出信号，所以步进触点直接与转移条件串联控制转移方向。

2）计数器 C0 的复位信号是 S0，当工作台停在原位时，计数器 C0 就被复位，为累计工作台循环次数做准备。计数器的计数脉冲信号取之于 S22。每次当转移到状态 S22 时，C0 即累计一个计数脉冲，当第 8 次转移到 S22 时，C0 线圈得电，C0 常开触点闭合，由状态 S22 转移到初使状态 S0，工作台停在原位。如果计数器的累计值小于 8，则 C0 线圈不得电，C0 常闭触点闭合，由状态 S22 转移到状态 S20，工作台继续循环运行。

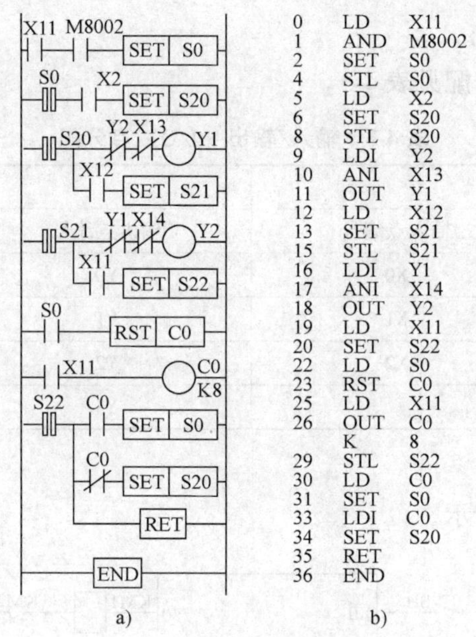

图 4-18 梯形图和指令表

a）梯形图 b）指令表

第二节 运料小车控制电路

在自动化生产线上经常使用运料小车，如图 4-19 所示，货物通过运料小车 M 从 A 地运到 B 地，在 B 地卸货后小车 M 再从 B 地返回 A 地。这里主要利用步进指令来解决运料小车的自动控制，以满足动作要求。

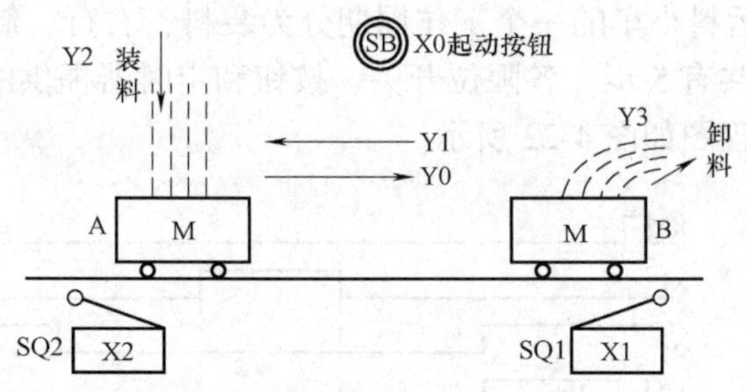

图 4-19 运料小车示意图

一、控制要求

假设小车开始停在左侧限位开关 SQ2 处，按下起动按钮 X0，Y2 变为 ON，打开储料斗的闸门，开始装料，同时用定时器 TD 定时，10s 后关闭储料斗的闸门，Y0 变为 ON，开始右行，碰到限位开关 SQ1 后停下来卸料，Y3 为 ON，同时用定时器 T1 定时，8s 后 Y1 变为 ON，开始左行，碰到限位开关，停止运行。

二、设计程序

1. 分配输入/输出（I/O）点

输入/输出（I/O）点分配见表 4-3。

表 4-3　输入/输出（I/O）点分配

输　入		输　出	
名称	输入点编号	输出点编号	名称
起动按钮	X0	Y0	小车右行
右限位开关	X1	Y1	小车左行
左限位开关	X2	Y2	装料
		Y3	卸料

2. 画出接线图

PLC 接线图如图 4-20 所示。

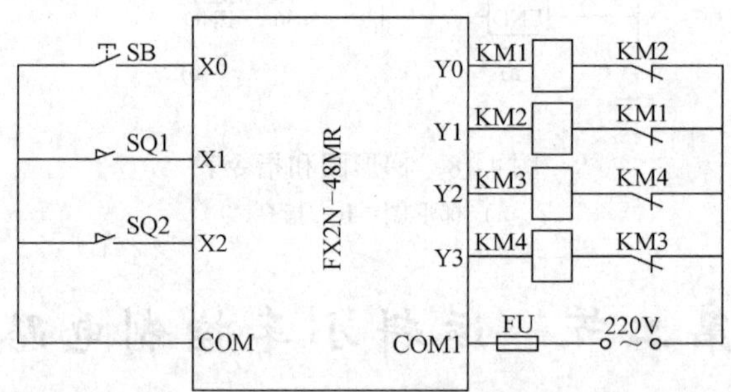

图 4-20　PLC 接线图

3. 画出状态流程图

在画出状态流程图之前，要分析电路，画出时序图如图 4-21 所示，根据图中 Y0 ~ Y3 的 ON/OFF 状态的变化，运料小车的一个工作周期分为装料、右行、卸料和左行 4 步，再加上等待装料的初始步，一共有 5 步。各限位开关、按钮和定时器提供的信号时各部之间的转换条件，由此画出状态流程图如图 4-22 所示。

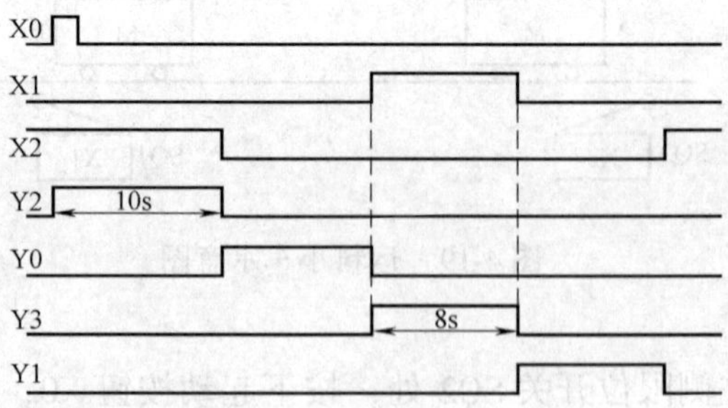

图 4-21　时序图

4. 设计梯形图

由状态图转换成的梯形图如图 4-23 所示。

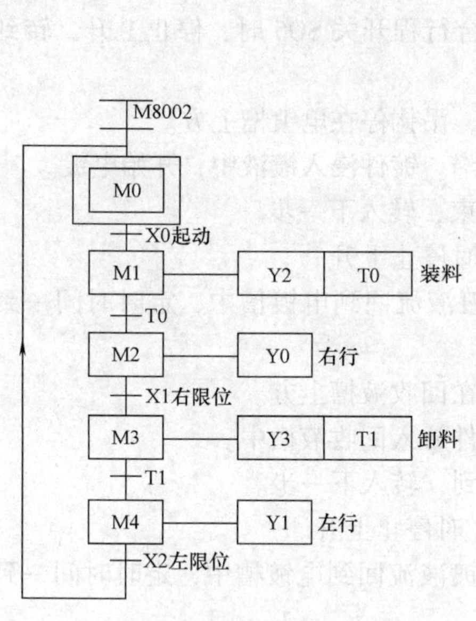

图 4-22　状态流程图

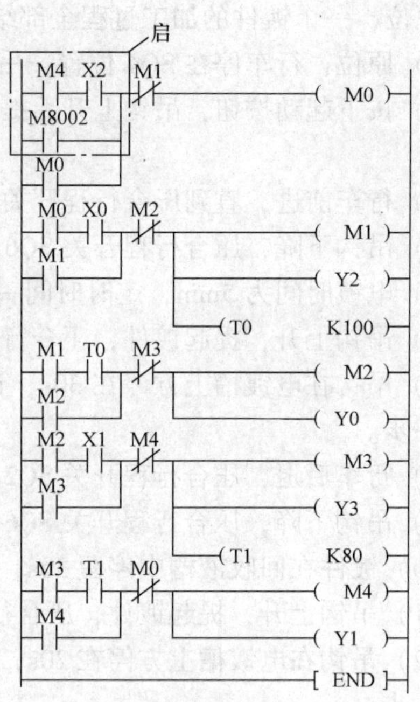

图 4-23　梯形图

第三节　电镀自动生产线

一、控制要求

1）根据要求设计电镀自动生产线 PLC 控制电路梯形图程序并进行检查。其工艺流程如图 4-24 所示。

2）安装与调试电镀自动生产线 PLC 控制电路。

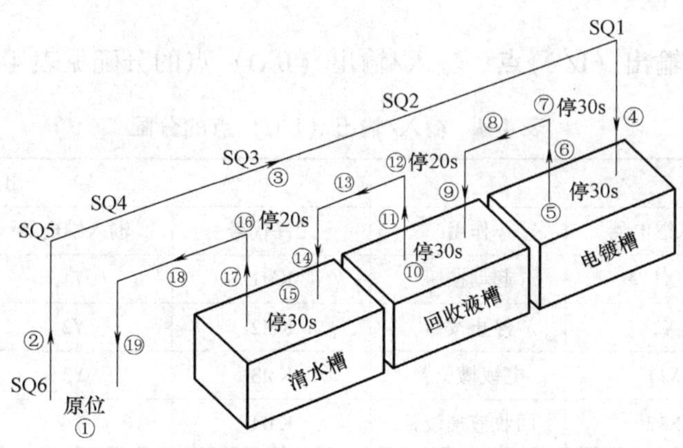

图 4-24　电镀自动生产线工艺流程

二、控制电路分析

根据图 4-24 所示的工艺流程可知，工件放入电镀槽中，电镀 5min 后提起停 30s，再放入回收液槽中停放 30s，提起后停 20s，再放入清水槽中，清洗 30s，最后提起 20s，行车返回到原位，一个镀件的加工过程全部结束。这个过程可以分析成下面几步：

1）原位，行车停在 SQ4 位置，吊钩停在 SQ6 位置，操作人员将工件挂到吊钩上。

2）按下起动按钮，吊钩上升，提起镀件，压合行程开关 SQ5 时，停止上升，转到下一步。

3）行车前进，直到压合行程开关 SQ1 时停止，吊钩停在电镀槽上方。

4）吊钩下降，压合行程开关 SQ6 时，停止下降。镀件浸入镀液中，开始电镀。

5）电镀时间为 5min，定时时间一到，电镀结束，转入下一步。

6）吊钩上升，提起镀件，压合行程开关 SQ5 时停止上升。

7）吊钩在电镀槽上方停在 30s，让镀件表面镀液流回到电镀槽中，定时时间一到，转入下一步。

8）行车后退，压合行程开关 SQ2 后，吊钩停在回收液槽上方。

9）吊钩下降，压合行程开关 SQ6 后停止，镀件放入回收液槽中。

10）镀件在回收液槽中停留 30s，定时时间一到，转入下一步。

11）吊钩上升，提起镀件，压合行程开关 SQ5 时停止上升。

12）吊钩在电镀槽上方停在 20s，让镀件表面镀液流回到电镀槽中，定时时间一到，转入下一步。

13）行车后退，压合行程开关 SQ3 后，吊钩停在清水槽上方。

14）吊钩下降，压合行程开关 SQ6 后停止，将镀件放入清水槽中，进行清洗。

15）清洗镀件的时间 30s，定时时间一到，转入下一步。

16）吊钩上升，提起镀件，压合行程开关 SQ5 时停止上升。

17）镀件表面的清水流回到清水槽，定时时间 20s，时间一到，转入下一步。

18）行车后退，压合行程开关 SQ4 后，吊钩停在原位上方。

19）吊钩下降，碰到行程开关 SQ6 后停止，回到原位，操作人员将镀件取下，一个工作循环结束。

三、设计电路

（1）分配输入/输出（I/O）点　输入/输出（I/O）点的分配见表 4-4。

表 4-4　输入/输出（I/O）点的分配

输入			输出		
元件代号	输入继电器	作用	元件代号	输入继电器	作用
SB1	X1	起动按钮	KM1	Y1	接触器（吊钩升）
SB2	X2	停止按钮	KM2	Y2	接触器（吊钩降）
SQ1	X11	电镀槽位置	KM3	Y3	接触器（行车进）
SQ2	X12	回收液槽位置	KM4	Y4	接触器（行车退）
SQ3	X13	清水槽位置			
SQ4	X14	行车原位			
SQ5	X15	上限位			
SQ6	X16	下限位			

（2）画出 PLC 接线图　PLC 接线图如图 4-25 所示。

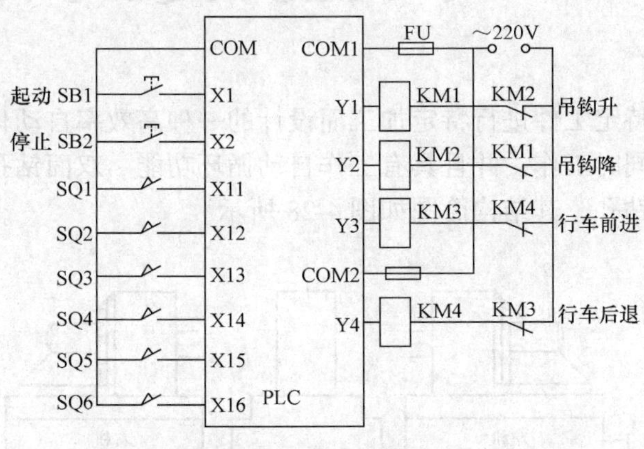

图 4-25　PLC 接线图

（3）画出状态流程图　状态流程图如图 4-26 所示。

（4）编程梯形图　按照上述要求编制梯形图如图 4-27 所示。

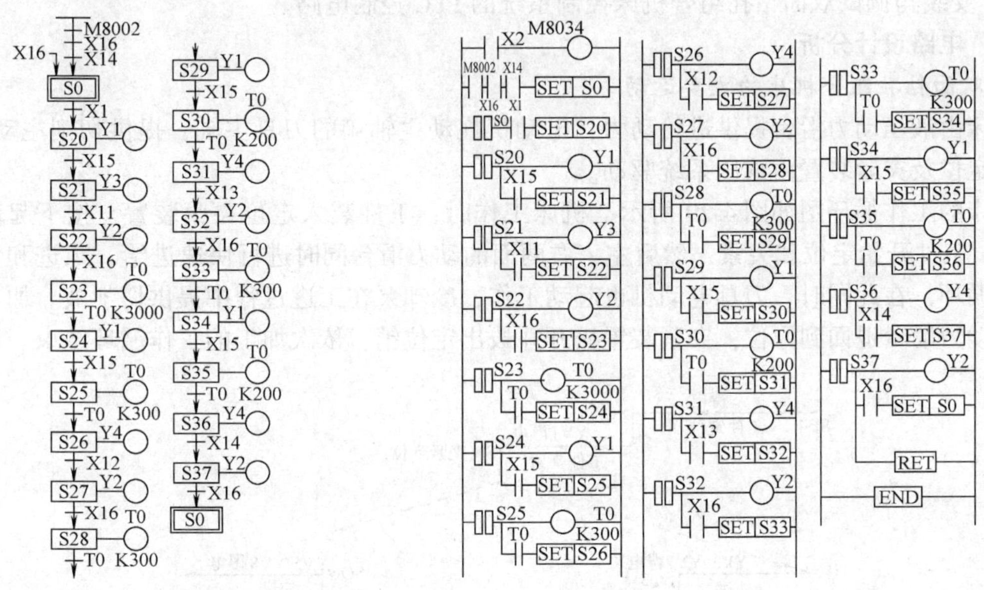

图 4-26　状态流程图　　　　图 4-27　梯形图

四、用编程软件输入、传输程序和调试

1）按照上面的工具材料清单把元器件准备好并合理布置各个元器件。

2）正确进行安装和接线。

3）完整输入程序，并转换程序。在完成梯形图的输入编辑之后，按照前面项目介绍的方法传输程序并模拟调试进行程序调试，确认程序的正确性。

第四节　利用 PLC 改造组合机床

一、控制要求

组合机床是针对特定工件进行特定加工而设计的一种高效率自动化专用设备。这类设备大多能实现多机多刀同时工作，并且具有工作自动循环功能。双面钻孔组合机床主要用于在工件的两相对表面上钻孔，其结构简图如图 4-28 所示。

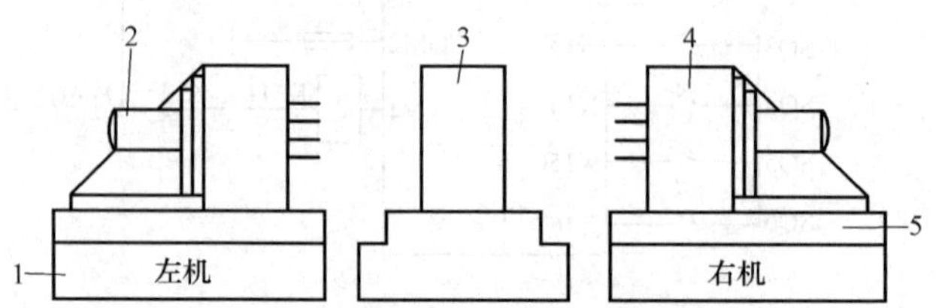

图 4-28　双面钻孔组合机床的结构简图

1—侧底座　2—刀具电动机　3—工件定位夹紧装置　4—主轴箱及钻头　5—动力滑台

1）根据要求设计双面钻孔组合机床控制系统的 PLC 控制电路梯形图程序并进行检查。

2）安装与调试双面钻孔组合机床控制系统的 PLC 控制电路。

二、电路设计分析

1. 双面钻孔组合机床的主要运动

机床由液压动力滑台提供进给动力，电动机拖动主轴箱的刀具主轴，提供切削主动力，工件的定位及夹紧装置由液压系统驱动。

机床的工作循环图如图 4-29 所示。机床工作时，工件装入定位夹紧装置，按下起动按钮 SB4，工件开始定位和夹紧，然后左、右两面的动力滑台同时进行快速进给、工进和快退的加工循环，在此同时，刀具电动机也起动工作，冷却泵在工进过程中提供切削液。加工结束后，动力滑台退回到原位，夹紧装置松开并拔出定位销，依次加工的工作循环结束。

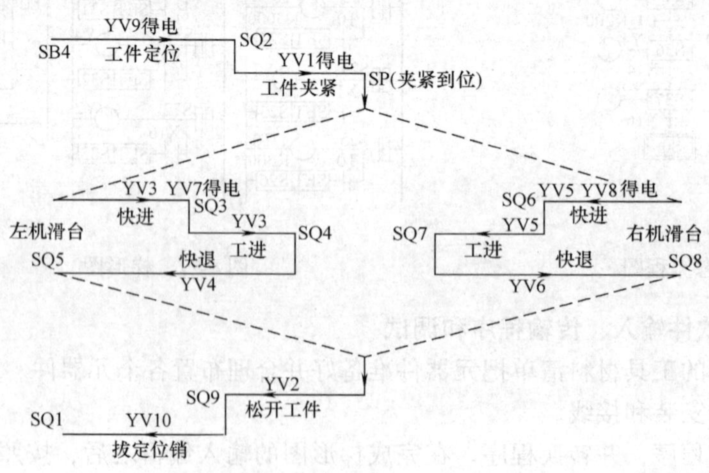

图 4-29　机床的工作循环图

2. 机床的拖动及控制要求

1）机床动力滑台和工件定位、夹紧装置由液压系统驱动。电磁阀线圈 YV9 和 YV10 控制定位销液压缸活塞运动方向；YV1 和 YV2 控制夹紧液压缸活塞运动方向；YV3、YV4 和 YV7 为左机滑台油路中电磁阀换向线圈；YV5、YV6 和 YV8 为右机滑台油路中电磁阀换向线圈。电磁阀换向线圈动作状态见表 4-5。

表 4-5　电磁阀换向线圈动作状态

	YV1	YV2	YV3	YV4	YV7	YV5	YV6	YV8	YV9	YV10	转换指令
工件定位									+		SB4
工件夹紧	+		+		+	+		+			SQ2
滑台快进	+		+			+					KP
滑台工进	+										SQ3、SQ6
滑台快退	+			+			+				SQ4、SQ7
松开工件		+									SQ5、SQ8
拔定位销										+	SQ9
停止											SQ1
	夹紧		左机滑台			右机滑台			定位		

注：+代表动作！

2）该组合机床共有 4 台电动机，其主电路如图 4-30 所示。

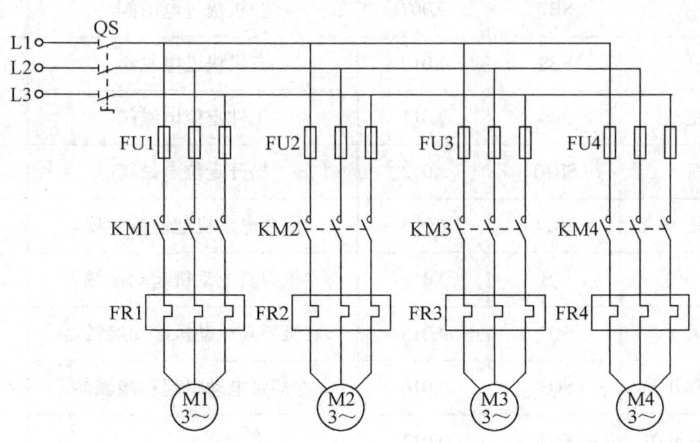

图 4-30　双面钻孔组合机床主电路

① M1 为液压泵电动机，液压泵电动机 M1 应先起动，使系统正常供油后，其他电动机的控制电路及液压系统的控制电路才能通电工作。

② M2 为左机的刀具电动机，M3 为右机的刀具电动机。刀具电动机应在滑台进给开始时起动运转，滑台退回到原位后停止运转。

③ M4 为冷却泵电动机，冷却泵电动机可以手动控制起动和停止，也可以在滑台工进时起动，在工进结束后自动停止。

3）要求组合机床能分别在自动和手动两种方式下运行。

三、程序设计

1. 分配输入/输出（I/O）点

由 PLC 组成的双面钻孔组合机床控制系统共有输入信号 22 个，都是开关量，其中选择开关 1 个，按钮 11 个，检测元件 10 个；共有输出信号 15 个，其中电磁阀 10 个，控制四台电动机的接触器 4 个，指示灯 1 个。选择 FX2N-48MR 型主机，主机共有 24 个输入点和 24 个输出点，除能满足要求外，还有一定的余量。输入/输出（I/O）点的分配见表 4-6。

表 4-6　输入/输出（I/O）点的分配

输　入			输　出		
名　称	元件代号	输入点编号	名　称	元件代号	输出点编号
手动和自动选择开关	SA	X000	工件夹紧指示灯	HL	Y000
总停止按钮	SB1	X001	工件夹紧电磁阀	YV1	Y001
油泵电动机起动按钮	SB2	X002	工件松开电磁阀	YV2	Y002
液压系统停止按钮	SB3	X003	左机前进电磁阀	YV3	Y003
液压系统起动按钮	SB4	X004	左机后退电磁阀	YV4	Y004
左刀具电动机点动按钮	SB5	X005	右机前进电磁阀	YV5	Y005
右刀具电动机点动按钮	SB6	X006	右机后退电磁阀	YV6	Y006
夹具松开按钮	SB7	X007	左机快进电磁阀	YV7	Y007
左机快进点动按钮	SB8	X010	右机快进电磁阀	YV8	Y010
左机快退点动按钮	SB9	X011	工件定位电磁阀	YV9	Y011
右机快进点动按钮	SB10	X012	松开定位电磁阀	YV10	Y012
右机快退点动按钮	SB11	X013	油泵电动机起动接触器	KM1	Y013
松开工件定位行程开关	SQ1	X014	左机刀具电动机起动接触器	KM2	Y014
工件定位行程开关	SQ2	X015	右机刀具电动机起动接触器	KM3	Y015
左机滑台快速结束行程开关	SQ3	X016	冷却泵电动机起动接触器	KM4	Y016
左机滑台工进结束行程开关	SQ4	X017			
左机滑台快退结束行程开关	SQ5	X020			
右机滑台快速结束行程开关	SQ6	X021			

（续）

输　入			输　出		
名　称	元件代号	输入点编号	名　称	元件代号	输出点编号
右机滑台工进结束行程开关	SQ7	X022			
右机滑台快退结束行程开关	SQ8	X023			
工件压紧原位行程开关	SQ9	X024			
工件夹紧压力继电器	SP	X025			

2. 画出 PLC 接线图

PLC 接线图如图 4-31 所示。

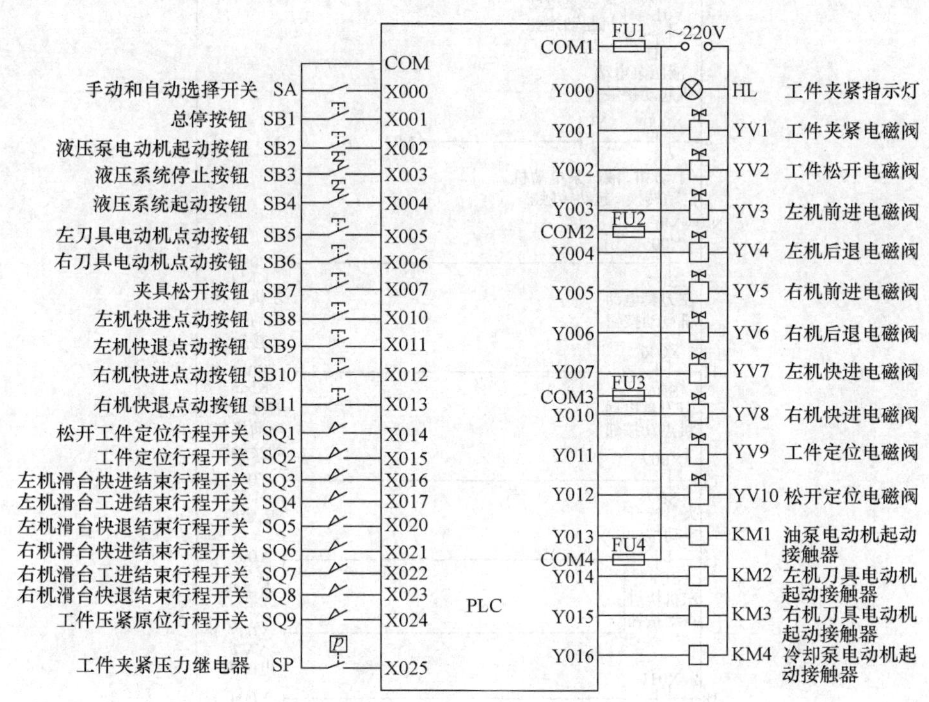

图 4-31　PLC 接线图

3. 设计梯形图程序

双面钻孔组合机床控制要求中提出：液压泵电动机 M1 应先起动，在系统正常供油后，其他电动机和冷却系统控制电动机才能起动，控制程序应满足这一要求。

组合机床有手动工作方式和自动工作方式。我们可以通过开关 SA 选择不同的工作方式。假设 SA 断开时，机床的工作方式在自动工作方式；SA 闭合时，手动工作方式。程序控制总框图如图 4-32 所示。

（1）手动控制程序　利用主控指令编写手动控制程序，如图 4-33 所示。

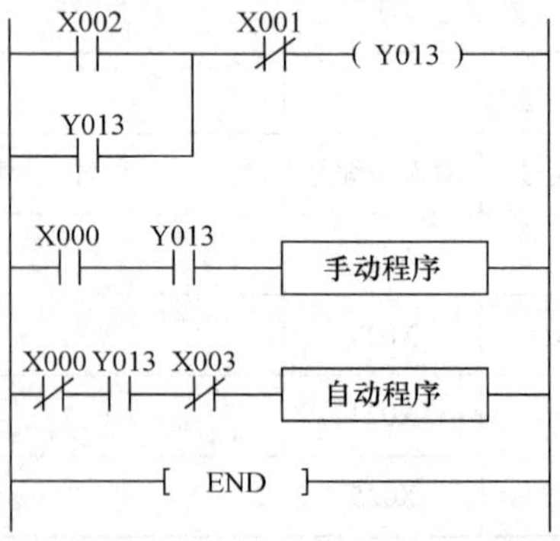

X002 X001 Y013 Y013 X000 Y013 手动程序 X000 Y013 X003 自动程序 END

图 4-32　程序控制总框图

0 X002 SB2 X001 SB1 总停按钮 液压泵电动机起动按钮 Y013 KM1 液压泵电动机起动接触器 Y003 YV3 电磁阀
4 X000 SA 手动和自动转换 Y013 KM1 液压泵电动机起动接触器 MC N0 M0
N0==M0
9 X005 SB5 左刀具电动机点动按钮 Y014 KM2 左机刀具电动机起动接触器
11 X006 SB6 右刀具电动机点动按钮 Y015 KM3 右机刀具电动机起动接触器
13 X007 SB7 夹具松开手动按钮 Y002 YV2 电磁阀
15 X010 SB8 左机快进点动按钮 Y003 YV3 电磁阀 Y007 YV7 电磁阀
18 X011 SB9 左机快退点动按钮 Y004 YV4 电磁阀
20 X012 SB10 右机快进点动按钮 Y005 YV5 电磁阀 Y010 YV8 电磁阀
23 X013 SB11 右机快退点动按钮 Y006 YV6 电磁阀
25 MCR N0

图 4-33　手动控制程序

（2）自动控制程序　根据如图 4-29 所示的机床的工作循环图，可以画出机床自动工作状态流程图，如图 4-34 所示。

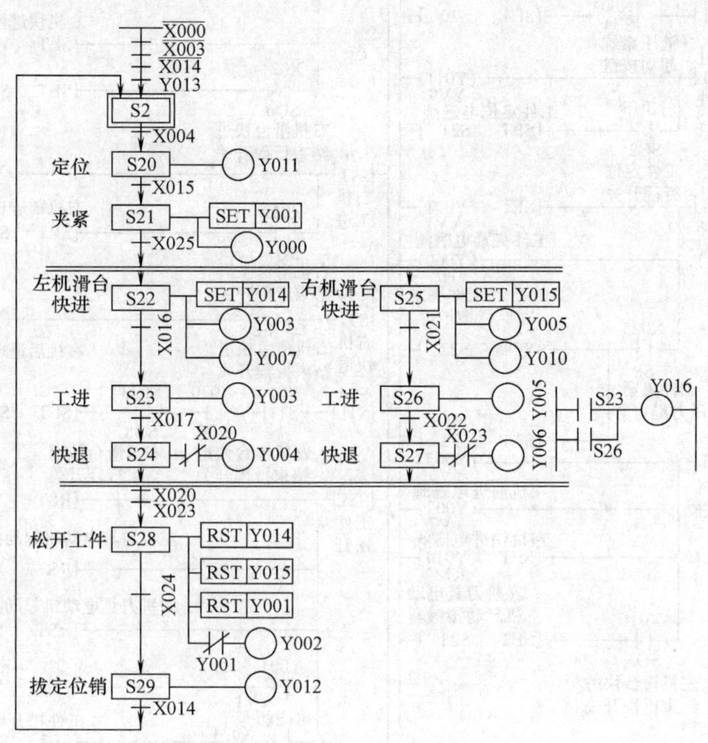

图 4-34　自动控制程序

因为该机床没有装料机械手，是手工将工件放到夹具上，加工完毕后，人工取下工件，所以工作方式为半自动。在 PLC 开机后，进入半自动工作方式的初始状态 S2，按下起动按钮 SB4，系统进入半自动工作状态。当一个工作循环结束后，又进入 S2 初始状态，为下一个加工做准备。双面钻孔组合机床自动控制梯形图如图 4-35 所示。

四、用编程软件输入和传输程序

完整输入程序，并转换程序。在完成所有指令的输入与编辑之后，按照前面介绍的方法传输程序并模拟调试，确认程序的正确性。

五、安装和调试

1）原位返回功能的实现。

2）通电调试。

3）输出抗干扰措施的设置抗干扰措施是在交流负载两端并接 *RC* 放电回路，直流负载并接放电二极管。

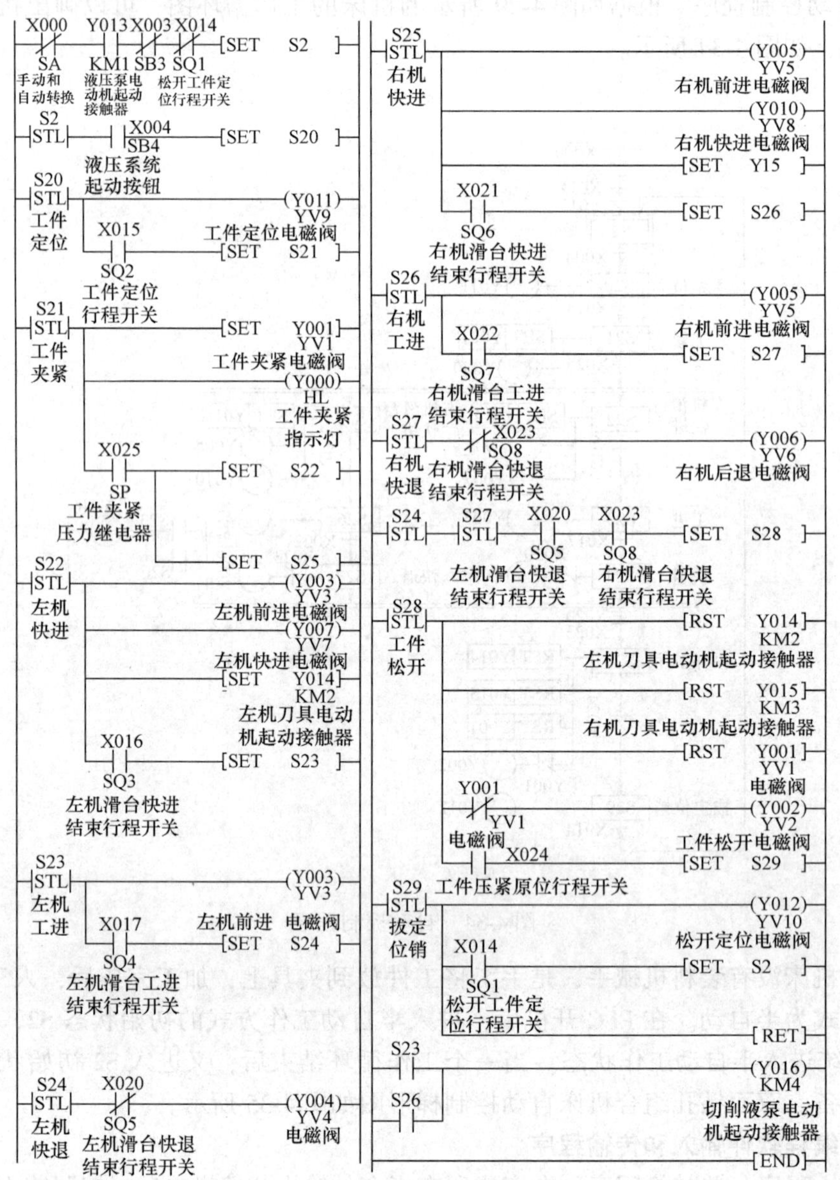

图 4-35　自动控制梯形图

第五章 功能指令的应用

第一节 功能指令简介

一、功能指令的基本格式

与基本指令不同，功能指令不是表达梯形图符号间的相互关系，而是直接表达本指令的功能。FX 系列 PLC 的功能指令采用梯形图和指令助记符相结合的形式，如图 5-1 所示。

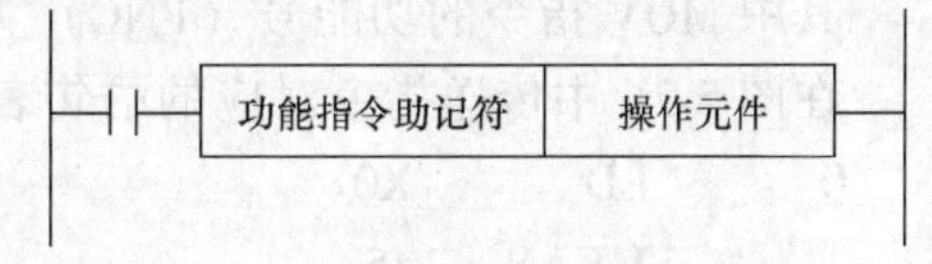

图 5-1 功能指令的组成

1. 助记符

（1）编号 功能指令用编号 FNC00 ~ FNC294 表示，并给出对应的助记符。例如，FNC12 的助记符是 MOV（传送），FNC45 的助记符是 MEAN（平均）。若使用简易编程器时应键入编号，如 FNC12、FNC45 等，若采用编程软件时可键入助记符，如 MOV、MEAN 等。目前，简易编程器已基本停止使用。

（2）助记符 指令名称用助记符表示，应用指令的助记符是该指令的英文缩写词。

2. 功能指令的操作元件

有的功能指令只需要指定功能编号，如图 5-2 所示。这是一条警戒时钟功能指令，程序中只要标出功能号 FNC07 即可。但大部分功能指令在指定功能编号的同时，还需要指定操作元件。

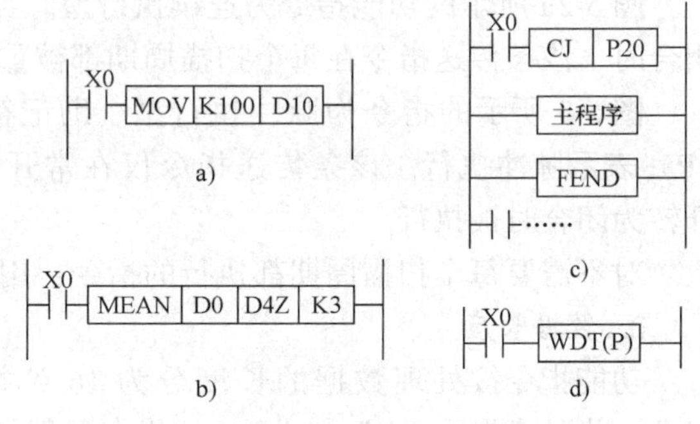

图 5-2 功能指令

操作元件可分为以下几种：

（1）源操作元件 用［S］表示。在图 5-2 中，功能指令 MOV 的源操作元件是 K100。该功能指令将 100 这个常数传送到数据寄存器 D10 中。若用变址功能时，源操作元件表示为［S·］形式。有时源操作元件不只是一个，可用［S1·］、［S2·］、［S3·］表示。

（2）目标操作元件 用［D］表示。在图 5-2 中，功能指令 MOV 的目标操作元件是 D10。若使用变址功能时，目标操作表示为［D·］形式。有时源操作元件不只是一个，可用［D1·］、［D2·］、［D3·］表示。

（3）其他操作元件 n 或 m　用来表示常数。常数前冠以 K 表示是十进制数，常数前冠以 H 表示是十六进制数。图 5-2a 中源操作元件是 K100，表示是十进制常数 100。

其他操作元件也可以作为源操作元件或目标操作元件的补充说明。如图 5-2b 所示，其功能作用是：将 D0、D1 和 D2 三个数据寄存器中的数据取平均值后，存放到由地址 D4Z 指定的数据寄存器中。D0 是源操作元件的首址，K3 是源操作元件的补充说明，指定取值个数，即取 D0、D1 和 D2 三个数据寄存器中的数值。

源操作元件和目标操作元件需要注释的项目较多时，可采用 n1、n2、n3 的形式。

3. 功能指令对应的指令语句表

在指令语句表中，每条功能指令的助记符、功能号和操作数都表示出来。

在图 5-2a 中传送指令对应的语句表如下：

```
0    LD      X0
1    MOV     12
     K100
     D10
```

其中 MOV 指令的功能号（FNC）为 12。

在图 5-2b 中传送指令对应的语句表如下：

```
0    LD      X0
1    MEAN    45
     D0
     D       4Z
     K       3
```

其中 MEAN 指令的功能号（FNC）为 45。

二、功能指令的规则

1. 指令执行形式

FX 系列 PLC 的功能指令有连续执行型和脉冲执行型两种形式。

图 5-2a 所示的功能指令为连续执行型。当常开触点 X0 闭合时，该条传送指令在每个扫描周期都被重复执行。

图 5-3 所示的指令为脉冲执行型。助记符后面的符号（P）表示脉冲执行。该条传送指令仅在常开触点 X0 由断开转为闭合时被执行。

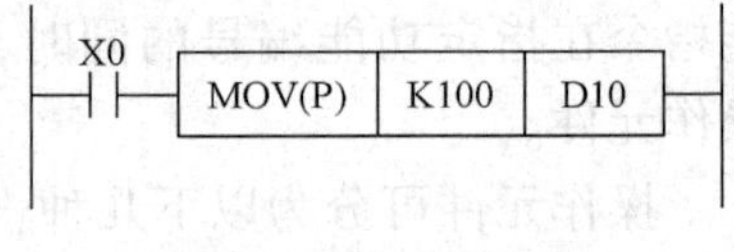

图 5-3　脉冲执行型

对不需要每个扫描周期都执行的指令，用脉冲执行方式可缩短程序处理时间。

2. 数据长度

功能指令按处理数据的长度分为 16 位指令和 32 位指令。其中 32 位指令记符前加“D”，助记符前无“D”的为 16 位指令，例如，MOV 是 16 位指令，DMOV 是 32 位指令。

3. 位元件

（1）位元件和字元件　在前面的单元中，已经介绍了输入继电器 X、输出继电器 Y、辅助继电器 M、状态继电器 S 等编程元件。这些软元件在可编程序控制器内部反映的是“位”变化，主要用于开关量信息的传递、变换及逻辑处理，称为“位元件”。而在 PLC 内部，由于功能指令的引入，需要处理大量的数据信息，需设置大量的用于存储数值数据的软元件。

例如，各种数据存储器等。另外，一定量的位软元件组合在一起也可用作数据的存储，定时器 T、计数器 C 的当前值寄存器也可用于数据的存储。上述这些能处理数值数据的元件统称为“字元件”。

（2）位组合元件　位组合元件是一种字元件。在可编程序控制器中，人们常希望能直接使用十进制数据。FX2N 系列 PLC 中使用 4 位 BCD 码表示一位十进制数据，由此产生了位组合元件，它将 4 位位元件成组使用。位组合元件在输入继电器、输出继电器及辅助继电器中都有使用。位组合元件表达为 KnX、KnY、KnM、KnS 等形式，式中 Kn 指有 n 组这样的数据。如 KnX0 表示位组合元件是由从 X0 开始的 n 组位元件组合。若 n 为 1，则 K1X0 指由 X3、X2、X1 和 X0 四位输入继电器的组合；若 n 为 2，则 K2X0 是指 X0 ~ X7 八位输入继电器组合；若 n 为 4，则 K4X0 是指 X10 ~ X17、X0 ~ X7 十六位输入继电器的组合。

三、数据寄存器和变址寄存器

1. 数据寄存器

数据寄存器（D）是用于存储数值数据的字元件，其数值可通过功能指令、数据存取单元（显示器）及编程装置读出与写入。这些寄存器都是 16 位的数值（最高位为符号位，可处理数值范围为 -32 768 ~ +32 767），如将 2 个相邻数据寄存器组合，可存储 32 位的数值数据（最高位为符号位，可处理数值范围为 -2 147 483 648 ~ +2 147 483 647）。数据寄存器有以下几类。

（1）通用数据寄存器（D0 ~ D199 共 200 点）　通用数据寄存器一旦写入数据，只要不再写入其他数据，其内容就不会变化。但是，在 PLC 从运行到停止或停电时，所有数据将被清 0（如果驱动特殊辅助继电器 M8033，则可以保持）。

（2）断电保持数据寄存器（D200 ~ D7999 共 7800 点）　只要不改写，无论 PLC 是从运行到停止，还是停电时，断电保持数据寄存器将保持原有数据。

如采用并联通信功能时，当主站→从站时，则 D490 ~ D499 被作为通信占用；当从站→主站时，则 D500 ~ 509 被作为通信占用。

以上的设定范围是出厂时的设定值。数据寄存器的断电保持功能也可通过外围设备设定，实现调整与转换。

（3）特殊数据寄存器（D8000 ~ D8255 共 256 点）　特殊数据寄存器供监控机内元件的运行方式用。在电源接通时，利用系统只读存储器写入初始值。例如，在 D8000 中，存有监控定时器的时间设定值。它的初始值由系统只读存储器在通电时写入。要改变时可利用传送指令写入，如图 5-4 所示。

必须注意的是：未定义的特殊数据寄存器不要使用。

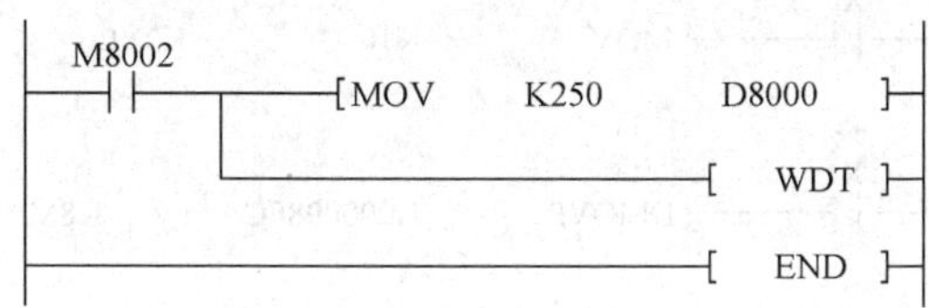

图 5-4　特殊数据寄存器数据写入

（4）文件寄存器（D1000～D7999） 文件寄存器可通过参数设定，以 500 点为单位，可被外围设备存取。文件寄存器实际上被设置为 PLC 的参数区，它与断电保持数据寄存器是重叠的，保证数据不丢失。

2. 变址寄存器（V，Z）

变址寄存器 V、Z 和通用数据寄存器一样，是进行数值数据读、写的 16 位数据寄存器。它主要用于运算操作数地址的修改，将两者结合使用，指定 Z 为低位，组合成为（V，Z），如图 5-5 所示。如果直接向 V 写入较大的数据，易出现运算误差。

根据 V 与 Z 的内容修改元件地址号，称为元件的变址。可以用变址寄存器进行变址的元件是 X、Y、M、S、P、T、C、D、K、H、KnX、KnY、KnM、KnS。

例如，若 V1＝6，则 K20V1 为 K26（20＋6＝26）；若 V3＝7，则 K20V3 变为 K27（20＋7＝27）；若 V4＝12，则 D10V4 变为 D22（10＋12＝22）。但是，变址寄存器不能修改 V 与 Z 本身或位数指定用的 Kn 参数。例如 K4M0Z2 有效，而 K0Z2M0 无效。

变址寄存器的应用如图 5-6 所示，执行该程序时，若 X0 为 ON，则 D15 和 D26 的数据都为 K20。

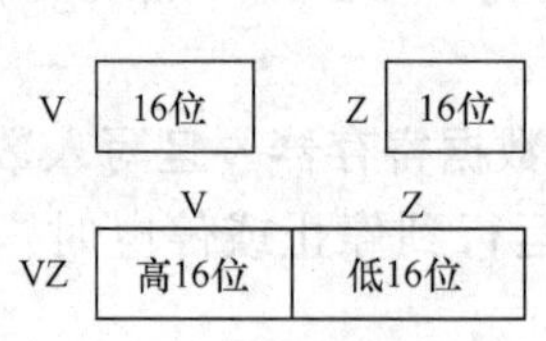

图 5-5 变址寄存器 V、Z 的结合

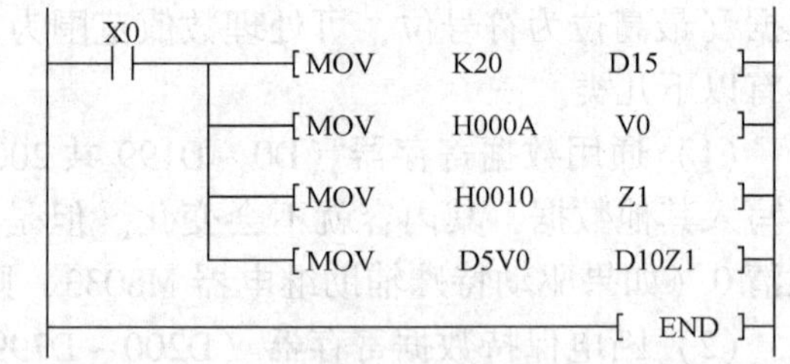

图 5-6 变址寄存器的应用

四、传送指令

1. 传送指令（MOV）

FX 系列 PLC 的功能指令分为程序控制、传送与比较、算术与逻辑运算、移位与循环等指令。

首先讨论传送指令（MOV），传送指令 MOV 的功能是将源数据传送到到指定的目标。如图 5-7 所示，当 X0 为 ON 时，则将源数据十进制数 K10 传送到目标操作元件 K2Y0，即 Y7～Y0 分别输出 00001010。在指令执行时，常数 K10 会自动转换成二进制数。当 X0 为 OFF 时，则 MOV 指令不执行，数据保持不变。当 X1 为 ON 时，则将源数据十六进制数 H98FC 传送到目标操作元件 K8M0，即 M31～M0 分别为 0000，0000，0000，0000，1001，

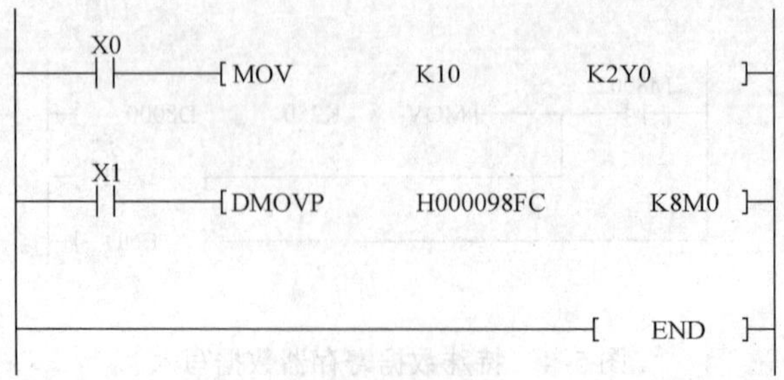

图 5-7 传送指令

1000，1111，1100。同样在指令执行时，常数 H98FC 会自动转换成二进制数。当 X1 为 OFF 时，则 DMOVP 指令不执行，数据保持不变。

使用 MOV 指令时应注意以下两点：

1）源操作数可取所有数据类型，目标操作数可以是 KnY、KnM、KnS、T、C、D、V、Z。

2）16 位运算时占 5 个程序步，32 位运算时则占 9 个程序步。

2. 块传送指令（BMOV）

块传送指令 BMOV 是指将源操作数指定的软元件开始的 n 数据传送到指定的目标操作数开始的 n 点软元件中。如果元件号超出允许的元件号范围，数据仅传送到允许的范围内。如图 5-8 所示，如果 BMOV 指令执行前 D0 ~ D2 中的数据分别为十进制数 100、200、300，则当 X0 为 ON 时，执行块传送指令 BMOV，目标元件 D10 ~ D12 中的数据也变为 100、200、300，即将 D0 ~ D2 中的数据传送给了 D10 ~ D12。

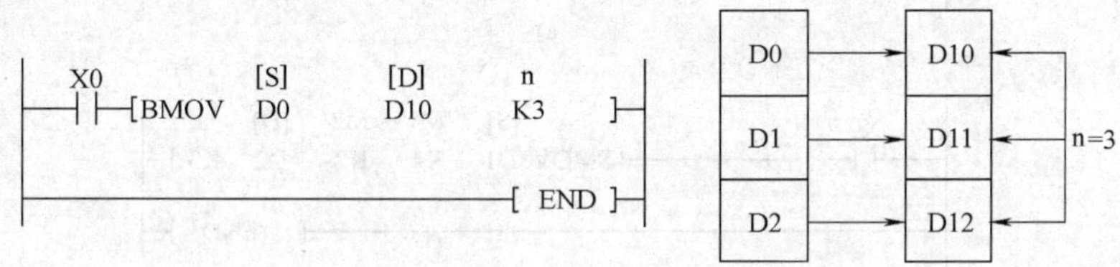

图 5-8　块传送指令说明

使用 BMOV 指令时应注意以下几点：

1）BMOV 指令中的源操作数与目标操作数是位组合元件时，源操作数与目标操作数要采用相同的位数，如图 5-9a 所示。

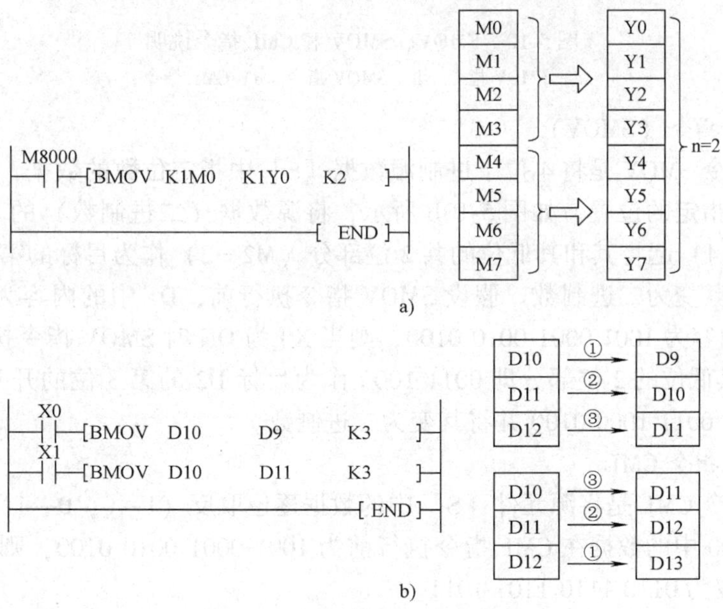

图 5-9　块传送指令使用说明

a）传送位组合元件　b）PLA 自动排序

2）在传送的源操作数与目标操作数的地址号范围重叠的场合，为了防止输送源数据没传送就被改写，PLC 会自动确定传送顺序，如图 5-9b 中的①～③顺序。

3）利用 BMOV 指令右以读了文件寄存器（D1000～D7999）中的数据。

3. 多点传送指令（FMOV）

多点传送指令 FMOV 是将源操作数指定的软元件的内容向以目标操作数指定的软元件开始的 n 点软元件传送。如图 5-10a 所示，指令作用是将 D0～D99 共 100 个软元件的内容全部置为 0。

如果元件号超出允许的元件号范围，数据将仅传送到允许的范围内。

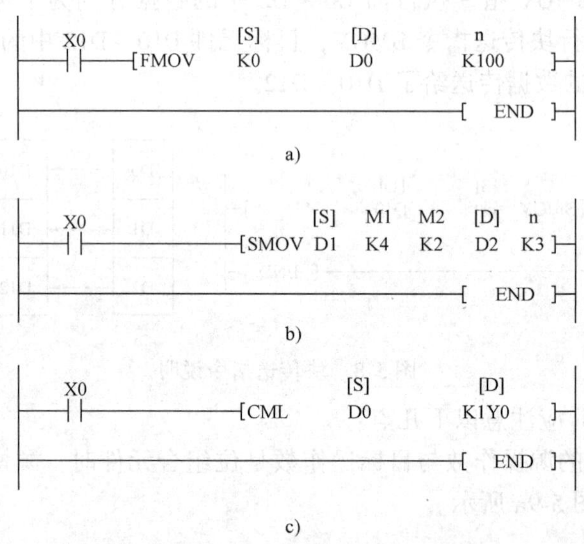

图 5-10　FMOV、SMOV 和 CML 指令说明
a）FMOV 指令　b）SMOV 指令　c）CML 指令

4. 移位传送指令（SMOV）

移位传送指令 SMOV 是将 4 位十进制源数据［S］中指定位数的数据，传送到 4 位十进制目的操作数中指定的位置。如图 5-10b 所示，将源数据（二进制数）的 BCD 码变换值从其第 4 位（M1＝4）起将其和其低位的共 2 位部分（M2＝2）作为目标的第 3 位（n＝3）的开头传送，并将其变为二进制数。假设 SMOV 指令执行前，D1 中的内容为 0011 1000 0111 0110，D2 中的内容为 1001 0001 0010 0100，则当 X0 为 ON 时 SMOV 指令执行，将 D1 中的第 4 位 0011 和其低位的 2 位部分即 0011 1000 作为目标 D2 的第 3 位的开头传送，所以 D2 的内容变为 1001 0011 1000 0100 并将其变为二进制数。

5. 取反传送指令 CML

取反传送指令 CML 是将源元件［S］中的数据逐位取反（1→0，0→1），并传送到指定目标［D］。若 D0 中的数据在 CML 指令执行前为 1001 0001 0010 0100，则当 X0 为 ON 时，Y3～Y0 的数据变为 0110 1110 1101 1011。

五、比较指令

传送比较功能指令共 10 条，它们分别是 CMP 比较、ZCP 区间比较、MOV 传送比较、

SMOV BCD 码数码移位、CML 取反传送、BMOV 成批传送、FMOV 多点传送、BCD—BNI→BCD 变换传送、BN—BCD→BNI 变换传送等功能指令。

1. 比较指令（CMP）

比较指令 CMP 是比较二个源操作数［S1］和［S2］的代数值大小，并将结果送到目标操作数［D］~［D+2］中。CMP 指令的应用如图 5-11 所示。

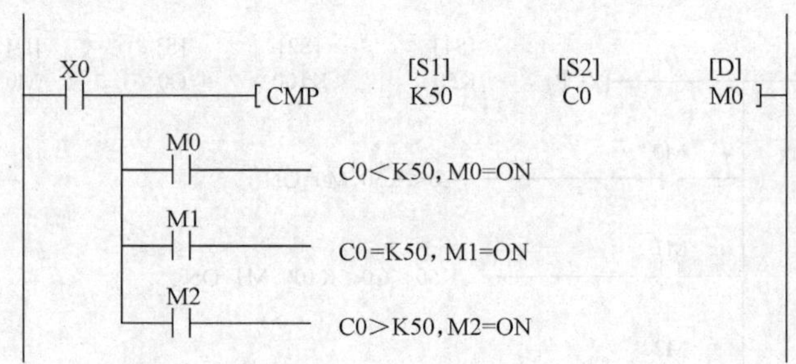

图 5-11　CMP 指令的应用

数据比较是进行代数值大小的比较（即带符号比较）。所有的源数据均按二进制处理。如图 5-11 所示，在 X0 断开，即不执行 CMP 指令时，M0 ~ M2 保持 X0 断开前的状态。在 X0 接通时，当 C0 的当前值小于十进制 K50 时，M0 为 ON；当 C0 的当前值等于十进制数 K50 时，M1 为 ON；当 C0 的当前值大于十进制数 K50 时，M2 为 ON。

使用 CMP 指令时应注意以下几点：

1）CMP 指令中的［S1］和［S2］可以是所有字元件，［D］为 Y、M、S。

2）当比较指令的操作数不完整（若只指定一个或两个操作数），或者指定的操作数不符合要求（例如，把 X、D、T、C 指定为目标操作数），或者指定的操作数的元件号超出了允许范围等情况时，用比较指令就会出错。

3）如果清除比较结果，要采用复位指令 RST，如图 5-12 所示。在不执行指令或需清除比较结果时，也要用 RST 或 ZRST 复位指令。

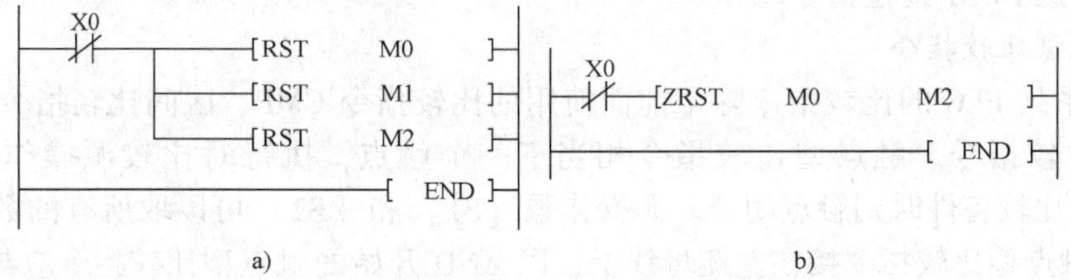

图 5-12　比较指令清除比较结果

a）用 RST 指令　b）用 ZRST 指令

2. 区间复位指令（ZRST）

区间复位指令 ZRST 可将［D1］，［D2］指定的元件号范围内的同类元件成批复位，目标操作数可取 T，C 和 D（字元件）或 Y，M，S（位元件）。［D1］和［D2］指定的应为同一类元件，［D1］的元件号应小于［D2］的元件号，即若［D1］的元件号小于［D2］的元件号，则只有［D1］指定的元件被复位。

虽然 ZRST 指令是 16 位处理指令，但［D1］,［D2］也可以指定 32 位计数器。

3. 区间比较指令（ZCP）

区间比较指令 ZCP 是将一个数据［S］与两个源数据［S1］和［S2］间的数据进行代数比较，并将比较结果送到目标操作数［D］~［D+2］中，ZCP 指令的应用如图 5-13 所示。

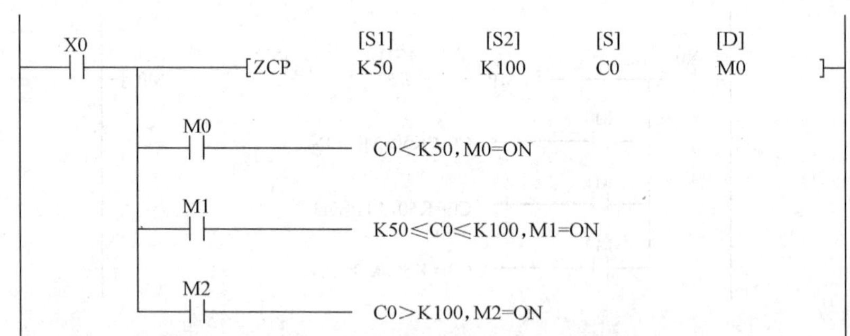

图 5-13　区间比较指令的应用

与 CMP 指令相同，ZCP 指令的数据比较是进行代数值大小比较（即带符号比较）。所有的源数据均按二进制数处理。如图 5-13 所示，在 X0 断开时，ZCP 指令不执行，M0 ~ M2 保持 X0 断开前的状态。在 X0 接通后，当 C0 的当前值小于十进制数 K50 时，M0 为 ON；当 C0 的当前值小于或等于 K100 且大于或等于 K50 时，M1 为 ON；当 C0 的当前值大于十进制数 K100 时，M2 为 ON。

使用 ZCP 指令时应注意以下几点：

1）ZCP 指令中的［S1］和［S2］可以是所有字元件，［D］为 Y、M、S。

2）源［S1］的内容比源［S2］的内容要小，若［S1］的内容比［S2］的大，则［S2］被看作与［S1］一样大。

3）如要清除比较如果，要采用复位指令 RST。在不执行指令，需要清除比较结果时，也要用 RST 或 ZRST 复位指令。

4. 触点型比较指令

FX2N 系列 PLC 的比较指令除了前面使用的比较指令 CMP、区间比较指令 ZCP 外，还有触点型比较指令。触点型比较指令相当于一个触点，执行时比较源操作数［S1］和［S2］，满足比较备件时则触点闭合。源操作数［S1］和［S2］可以取所有的数据类型。以 LD 开始的触点型比较指令接在左侧母线上，以 AND 开始的触点型比较指令应与有其他触点或电路串联，以 OR 开始的触点型比较指令应与其他电路并联，各种触点型比较指令见表 5-1。

表 5-1　各种触点型比较指令

助记符	命令名称	助记符	命令名称
LD =	(S1) = (S2) 时，运算开始的触点接通	LD < =	(S1) ≤ (S2) 时，运算开始的触点接通
LD >	(S1) > (S2) 时，运算开始的触点接通	LD > =	(S1) ≥ (S2) 时，运算开始的触点接通
LD <	(S1) < (S2) 时，运算开始触点接通	AND =	(S1) = (S2) 时，串联触点接通
LD < >	(S1) ≠ (S2) 时，运算开始的触点接通	AND >	(S1) > (S2) 时，串联触点接通

（续）

助记符	命令名称	助记符	命令名称
AND <	（S1）<（S2）时，串联触点接通	OR >	（S1）>（S2）时，关联触点接通
AND < >	（S1）≠（S2）时，串联触点接通	OR <	（S1）<（S2）时，关联触点接通
AND < =	（S1）≤（S2）时，串联触点接通	OR < >	（S1）≠（S2）时，并联触点接通
AND > =	（S1）≥（S2）时，串联触点接通	OR < =	（S1）≤（S2）时，并联触点接通
OR =	（S1）=（S2）时，并联触点接通	OR > =	（S1）≥（S2）时，并联触点接通

在图 5-14a 中，当 C10 的当前值等于 20 时，Y0 被驱动，D200 的值大于十进制数 K-30 且 X0 为 ON 时，Y1 被 SET 指令置位。在图 5-14b 中，当 X10 为 ON 且 D100 的值大于十进制数 K58 时，Y0 被 RST 指令复位，X1 为 ON 或十进制数 K10 大于 C0 的当前值时，Y1 被驱动。

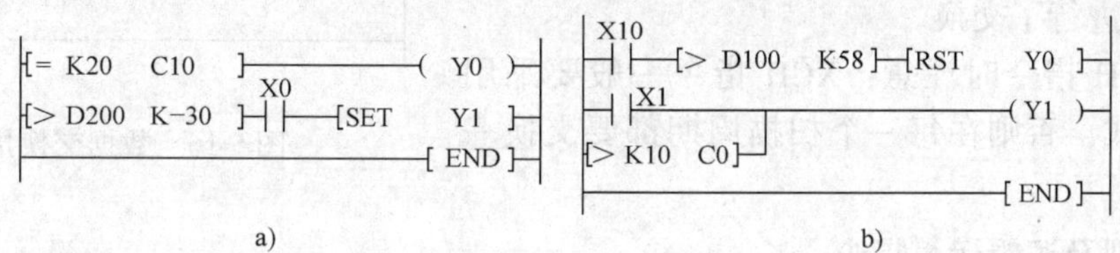

图 5-14 触点型比较指令说明

a）LD 型 b）AND，OR 型

5. 传送比较指令的基本用途

前述的 MOV、CMP 指令，及其后面要介绍的 SMOV、CML、BMOV、FMOV、XCH、BCD、BIN 和 ZCP 指令统称为传送比较指令，它们是应用指令中使用最频繁的指令。它们的基本用途有：用来获得程序的初始工作数据；用来进行机内数据的存取管理；用来运算处理结果并向输出端口传送；用来比较指令以建立控制点。

六、二进制数与 BCD 码变换指令

1. BCD 码到二进制数变换指令（BIN）

BCD 码到二进制变换指令 BIN 是将源元件中的 BCD 码转换成二进制数并送到目标元件。其数值范围：16 位操作为 0 ~9 999；32 位操作为 0 ~99 999 999。BIN 指令的使用方法如图 5-15a 所示。当 X0 为 ON 时，将源元件 K2X0 中 BCD 码转换成二进制数送到目标元件 D10 中去。

使用 BIN 指令时应注意以下两点：

1）源数不是 BCD 码时，M8067 为 ON（运算错误），M8068（运算错误锁存）不工作，为 OFF。

2）由于常数 K 自动进行二进制变换处理，因此不可作为该指令的操作数。

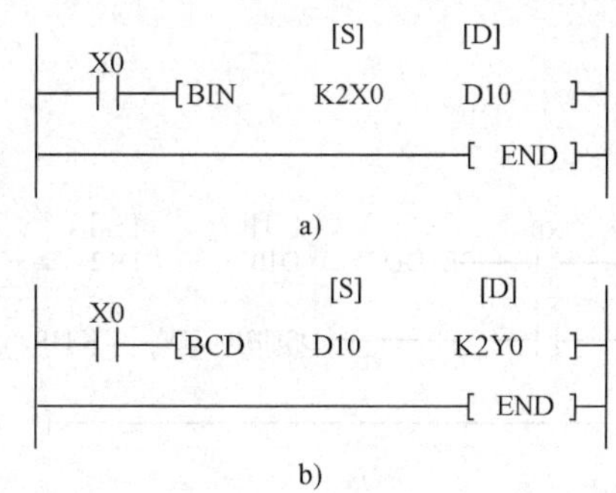

图 5-15 二进制数与 BCD 码变换指令的应用

a）BIN 指令 b）BCD 指令

2. 二进制数到 BCD 码变换指令（BCD）

二进制数到 BCD 码变换指令 BCD 是将源元件上的二进制数转换成 BCD 码并送到目标元件。

BCD 变换指令的使用方法如图 5-15b 所示。当 X0 为 ON 时，源元件 D10 中的二进制数转换成 BCD 码送到目标元件 Y7 ~ Y0 中去。

使用 BCD 指令时应注意以下两点：

1）如果是 16 位操作，变换结果超出 0 ~ 9 999 的范围就会出错；如果是 32 位操作，变换结果超出 0 ~ 99 999 999 的范围就会出错。

2）BCD 变换指令可用于 PLC 内的二进制数据变为七段显示等所需的 BCD 码。

七、数据交换指令 XCH

数据交换指令 XCH 是指在指定的目标软元件间进行数据交换。如图 5-16 所示，当 X0 为 ON 时，将十进制数 20 传送给 D0，十进制数 30 传送给 D1，所以 D0 和 D1 中的数据分别为 20 和 30；当 X1 为 ON 时，执行数据交换指令 XCH，目标元件 D0 和 D1 中的数据分别为 30 和 20，即 D0 和 D1 中的数据进行了交换。

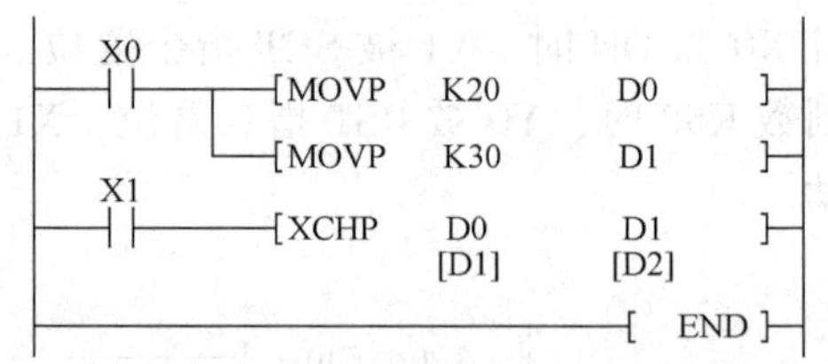

图 5-16 数据交换指令

使用 XCH 指令时注意：XCH 指令一般要采用脉冲执行方式，否则在每一个扫描周期都要交换一次数据。

八、四则及逻辑运算指令

四则及逻辑运算指令是基本运算指令。

可编程序控制器中有两种四则运算，即整数四则运算和实数四则运算。前者指令比较简单，参加运算的数据只能是整数。非整数参加运算需先取整，除法运算的结果分为商和余数。当整数四则运算进行较高准确度要求的计算时，需将小数点前后的数值分别计算再将数据组合起来，除法运算时对余数再做多次运算才能形成最后的商，这就使程序的设计非常繁琐。而实数运算是浮点运算，是一种高准确度的运算。

1. 二进制加法指令（ADD）

加法指令 ADD 是将指定的源元件中的二进制数相加，结果传送到指定的目标元件中去，如图 5-17 所示。当执行条件 X0 为 ON 时，［D10］＋［D12］→［D14］。如图 5-18 中的 ADD 加法指令表示将 D6 和 D3 中的数据相加后传送到 Y7 ~ Y0。

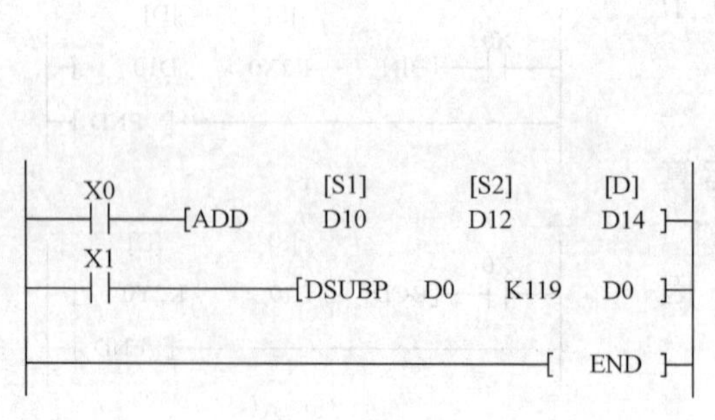

图 5-17 二进制加、减法指令的应用

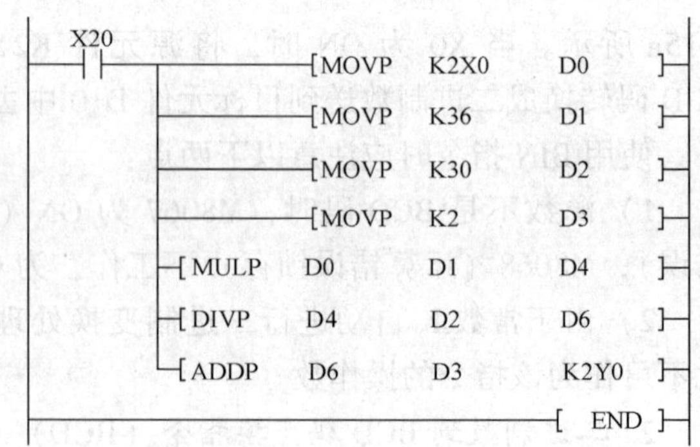

图 5-18 加法指令的应用

使用 ADD 指令时应注意以下几点：

1）加法指令 ADD 有 3 个常用标志。M8020 为零标志，M8022 为进位标志。

若运算结果为 0，则零标志 M8020 置“1”；若运算结果超过 32 767（16 位）或 2 147 483 647（32 位），则进位标志 M8022 置“1”；若运算结果小于 -32 767（16 位）或 -2 147 483 647（32 位），则借位标志 M8021 置“1”。

2）在 32 位运算中，被指定的字元件是低 16 位元件，而下一个元件为高 16 位元件。源元件和目标元件可以用相同的元件号。

3）若源元件和目标元件号相同而采用连续执行的 ADD、（D）ADD 指令时，加法的结果在每个扫描周期都会改变，此时 ADD 指令一般采用脉冲执行型。

4）四则运算都是代数运算。

2. 二进制减法指令（SUB）

减法指令 SUB 是将指定的源元件中的二进制数相减，并将结果送到指定的目标元件中去。SUB 减法指令的应用如图 5-17 所示。当执行条件 X1 由 OFF→ON 时，［D0］-K119→［D0］。

减法指令和各种标志的动作、32 位运算中软元件的指定方法、连续执行型和脉冲执行型的差异等均与加法指令相同。

3. 二进制乘法指令（MUL）

乘法指令 MUL 是将指定的源元件中的二进制数相乘，并将结果送到指定的目标元件中去。MUL 乘法指令分为 16 位和 32 位两种情况。

如图 5-19 所示为 16 位运算，执行条件 X0 由 OFF→ON 时，［D0］×［D2］→［D5，D4］。源操作数是 16 位，目标操作数是 32 位。当［D0］=8，［D2］=9 时，［D5，D4］=72。最高位为符号位，0 为正，1 为负。

```
 X0          [S1]    [S2]    [D]
─┤├──[MULP   D0      D2      D4   ]─
 X1
─┤├──[DIVP   D6      D8      D2   ]─
──────────────────────────[ END ]─
```

图 5-19　二进制乘法、除法指令的应用

当为 32 位运算，执行条件 X0 由 OFF→ON 时，［D1，D0］×［D3，D2］→［D7，D6，D5，D4］。源操作数是 32 位。最高位为符号数是 64 位。当［D1，D0］=238，［D3，D2］=189 时，［D7，D6，D5，D4］=44982。最高位为符号位，0 为正，1 为负。

如果将位组元件用于目标操作数时，限于 n 的取值，只能得到低位 32 位的结果，不能得到高位 32 位的结果。这时应将数据移入字元件再进行计算。用字元件时，不能监视 64 位数据，只能监视高 32 位数据。V，Z 不能用于［D］中。

4. 二进制除法指令（DIV）

除法指令 DIV 是将指定的源元件中的二进制数相除，［S1］为被除数，［S2］为除数，商送到指定的目标元件［D］中去，余数送到［D］的下一个目标元件［D+1］中。DIV 除法指令的应用如图 5-19 所示。它也分为 16 位和 32 位两种情况。

当为 16 位运算，执行条件 X1 由 OFF→ON 时，［D6］÷［D8］，商在［D2］，余数在［D3］。当［D6］=19，［D8］=3 时，［D2］=6，［D3］=1。V 和 Z 不能用于［D］中。

若除数为 0 时，有运算错误，则不执行指令。若［D］为指定位元件，则得不到余数。

商和余数的最高位是符号位。被除数或除数中有一个为负数时，商为负数；被除数为负

数时，余数为负数。

5. 加 1 指令（INC）

加 1 指令的应用如图 5-20a 所示。当 X0 由 OFF→ON 时，由［D］指定的元件 D10 中的二进制数自动加 1。若用连续指令时，则每个扫描周期加 1。

16 位运算时，+32767 再加 1 就变为 -32768，但标志不置位。同样，在 32 位运算时，+2147483647 再加 1 就为 -2147483648，标志也不置位。

6. 减 1 指令（DEC）

减 1 指令的应用如图 5-20b 所示。当 X1 由 OFF→ON 变化时，由［D］指定的元件 D10 中的二进制数自动减 1。若用连续指令时，则每个扫描周期减 1。

在 16 位运算时，-32768 再减 1 就变为 +32767，但标志不置位。同样，在 32 位运算时，-2147483648 再减 1 就变为 +2147483647，标志也不置位。

7. 逻辑字“与”指令（WAND）

逻辑字“与”指令的应用如图 5-21a 所示。当 X0 为 ON 时，［S1］指定的 D10 和［S2］指定的 D12 内数据按各位对应，进行逻辑字“与”运算，结果存于由［D］指定的元件 D14 中。逻辑字“与”指令除了有 WAND 形式外，还有 DWAND、WANDP 和 DWANDP 三种形式。

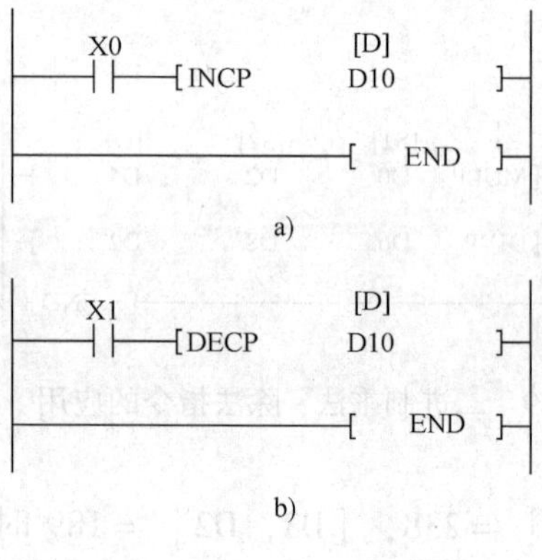

X0 [INCP D10] [D]
[END]
a)

X1 [DECP D10] [D]
[END]
b)

图 5-20 INC、DEC 指令的应用
a）加 1 指令 b）减 1 指令

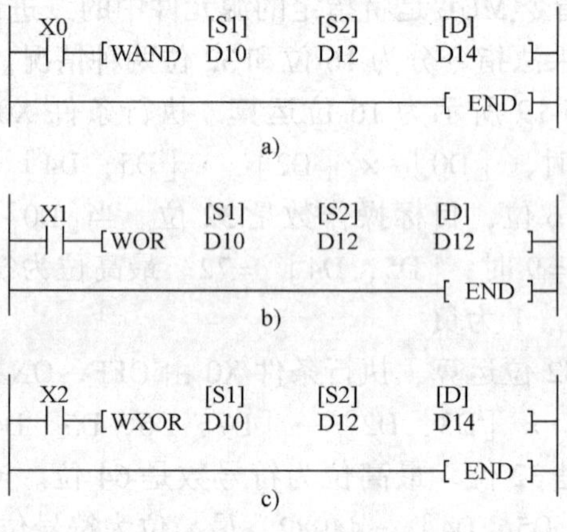

X0 [WAND D10 D12 D14] [S1] [S2] [D]
[END]
a)

X1 [WOR D10 D12 D12] [S1] [S2] [D]
[END]
b)

X2 [WXOR D10 D12 D14] [S1] [S2] [D]
[END]
c)

图 5-21 WAND、WOR、WXOR 指令的应用
a）逻辑字“与”指令 b）逻辑字“或”指令 c）逻辑字“异或”指令

8. 逻辑字“或”指令（WOR）

逻辑字“或”指令的应用如图 5-21b 所示。当 X1 为 ON 时，［S1］指定的 D10 和［S2］指定的 D12 内数据按各位对应，进行逻辑字“或”运算，结果存于由［D］指定的元件 D14 中。逻辑字“或”指令除了有 WOR 形式外，还有 DWOR、WORP 和 DWORP 三种形式。

9. 逻辑字“异或”指令（WXOR）

逻辑字“异或”指令的应用如图 5-21c 所示。当 X2 为 ON 时，［S1］指定的 D10 和［S2］指定的 D12 内数据按各位对应，进行逻辑字“异或”运算，结果存于［D］指定的元件 D14 中。逻辑字“异或”指令除了有 WXOR 形式外，还有 DWXOR、WXORP 和 DWXORP 三种形式。

10. 求补指令（NEG）

求补指令 NEG 只有目标操作数，如图 5-22 所示。它将［D］指定的数的每一位取反后再加 1，结果存于同一元件，求补指令实际上是绝对值不变的变号操作。

FX 系列 PLC 的负数用 2 的补码的形式来表示，最高位为符号位，正数时该位为 0，负数时该位为 1，将负数求补后得到它的绝对值。

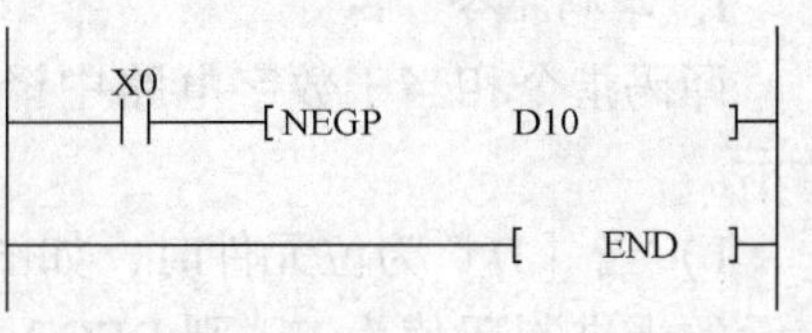

图 5-22　NEG 指令的应用

九、段码指令（SEGD）

段码指令把输入值转换成七段显示码，送到输出继电器。

段码指令的七段显示码占用一个字节（8 位），用它显示一个字符。段码指令的应用如图 5-23 所示。FX1S 机型没有段码指令，可以用功能指令实现段码显示功能，如图 5-24 所示。

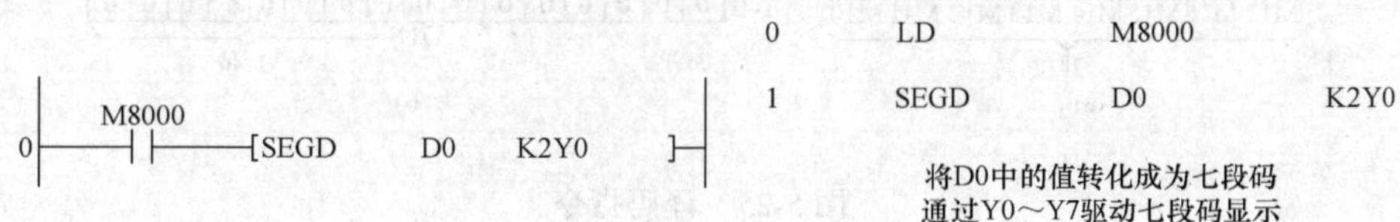

图 5-23　段码指令的应用

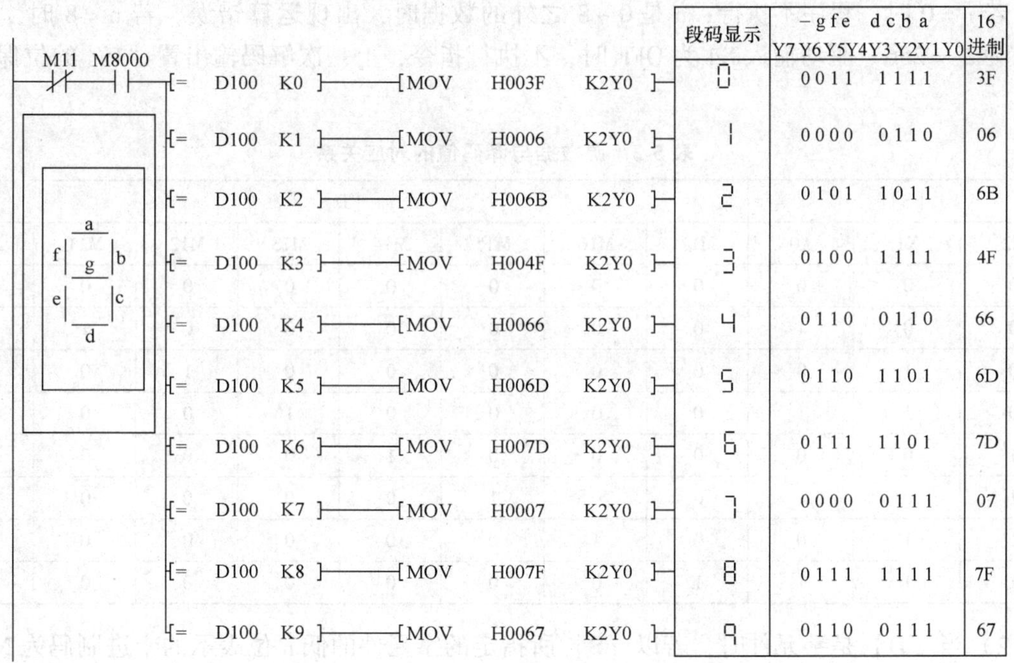

段码显示	－g f e　d c b a Y7 Y6 Y5 Y4 Y3 Y2 Y1 Y0	16进制
0	0011　1111	3F
1	0000　0110	06
2	0101　1011	6B
3	0100　1111	4F
4	0110　0110	66
5	0110　1101	6D
6	0111　1101	7D
7	0000　0111	07
8	0111　1111	7F
9	0110　0111	67

图 5-24　段码显示程序

十、译码和编码指令

1. 译码指令

译码指令相当于数字电路中译码电路的功能。译码指令 DECO 有两种用法，如图 5-25 所示。

1）当［D］为位元件时，如图 5-25a 所示。若以［S］为首地址的 n 位连续的位元件所表示的十进制码值为 N，则 DECO 指令把以［D］为首地址目标元件的第 N 位（不含目标元件位本身）置“1”，其他位置“0”。

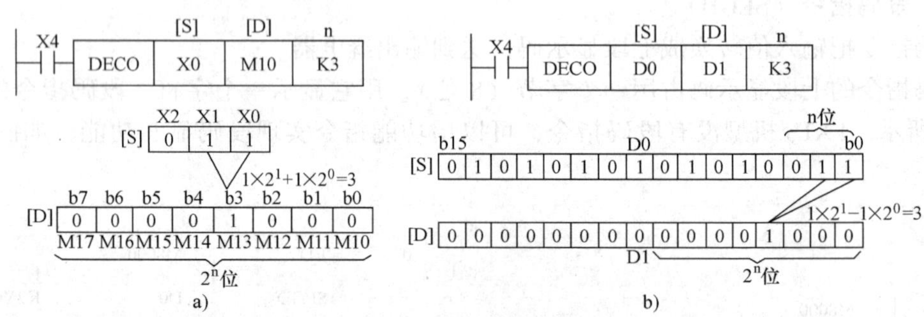

图 5-25　译码指令

a）［D］为位元件时　b）［D］为字元件时

图 5-25a 中源数据与译码值的对应关系见表 5-2。源数据 N＝1＋2＝3，则从 M10 开始的第 3 位 M13 为“1”。当源数据 N＝0 时，第 0 位（即 M10）为“1”。

若 n＝0 时，程序不执行；n 是 0～8 之外的数据时，出现运算错误。若 n＝8 时，［D］位数为 $2^8=256$。驱动输入 X4 为 OFF 时，不执行指令，上一次解码输出置“1”的位保持不变。

表 5-2　源数据与译码值的对应关系

［S］			［D］							
X2	X1	X0	M17	M16	M15	M14	M13	M12	M11	M10
0	0	0	0	0	0	0	0	0	0	1
0	0	1	0	0	0	0	0	0	1	0
0	1	0	0	0	0	0	0	1	0	0
0	1	1	0	0	0	0	1	0	0	0
1	0	0	0	0	0	1	0	0	0	0
1	0	1	0	0	1	0	0	0	0	0
1	1	0	0	1	0	0	0	0	0	0
1	1	1	1	0	0	0	0	0	0	0

2）当［D］是字元件时，若以［S］所指定的字元件的低 n 位表示的十进制码为 N，则 DECO 指令把以［D］所指定的目标字元件的第 N 位（不含最低位）置“1”，其他位置“0”。如图 5-25b 所示，源数据 N＝1＋2＝3 时，D1 的第 3 位为“1”。当数据为 0 时，D1 的第 0 位为“1”。若 n＝0 时，程序不执行；n 是 0～4 之外的数据时，出现运算错误。若 n＝4

时，[D] 位数为 $2^4=16$。驱动输入 X4 为 OFF 时，不执行指令，上一次解码输出置“1”的位保持不变。

若指令是连续执行型，则在每个扫描周期都会执行一次。

2. 编码指令（ENCO）

编码指令相当于数字电路中编码电路的功能。与译码指令 DECO 一样，编码指令 ENCO 也有两种用法，如图 5-26 所示。

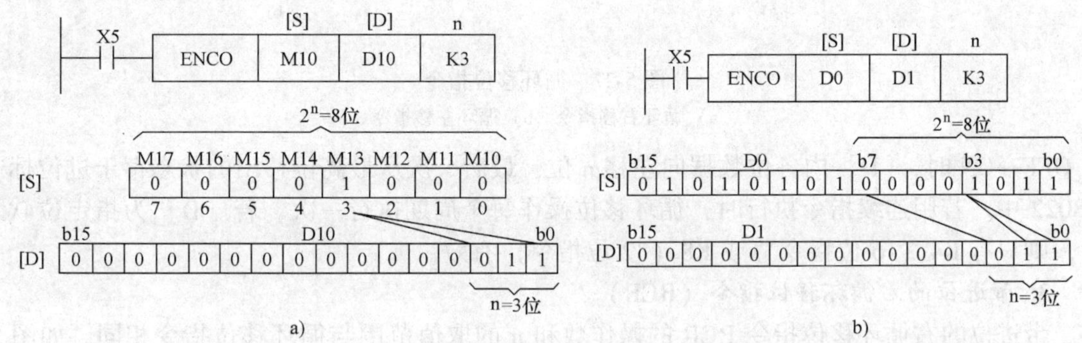

图 5-26 编码指令

a）[S] 为位元件时 b）[S] 为字元件时

1）当 [S] 是位元件时，在以 [S] 为首地址、长度为 2^n 的位元件中，最高置“1”的位置被存放到目标 [D] 所指定的元件中去，[D] 中数值的范围由 n 确定。如图 5-26a 所示，源元件的长度为 $2^n=8$ 位（M10～M17），其最高置“1”位是 M13，即第 3 位。将 3 进行二进制转换，则 D10 的低 3 位为 011。

当源数据的第一个（即第 0 位）位元件为“1”，则 [D] 中存放 0。当源数据中无“1”，出现运算错误。

若 n=0 时，程序不执行；n 是 0～8 之外的数据时，出现运算错误。若 n=8 时。[S] 位数为 $2^8=256$。驱动输入 X5 为 OFF 时，不执行指令，上次编码输出保持不变。

2）当 [S] 为字元件时，可作同样的分析。

说明：[S] 内的多个位为“1”时，可忽略不计低位。若指令是连续执行型，则在每个扫描周期都会执行一次。

十一、循环移位指令

1. 循环右移指令（ROR）

循环移位是指数据在本字节或双字节内的移位，是一种环型移动。而非循环移位是线移位，数据移出部分会丢失，移入部分从其他数据获得。移位指令可用于数据的 2 倍乘处理，可以形成新数据或某种控制开关。

循环右移指令 ROR 能使 16 位数据、32 位数据向右循环移位，如图 5-27a 所示。当 X4 由 OFF→ON 时，[D] 内各位数据向右移 n 位，最后一次从最低位移出的状态存于进位标志 M8022 中。若用连续指令执行时，循环移位操作每个周期执行一次。若 [D] 为指定位软元件，则只 K4（16 位指令）或 K8（32 位指令）有效。

2. 循环左移指令（ROL）

循环左移指令 ROL 能使 16 位数据、32 位数据向左循环移位，如图 5-27b 所示。当 X1

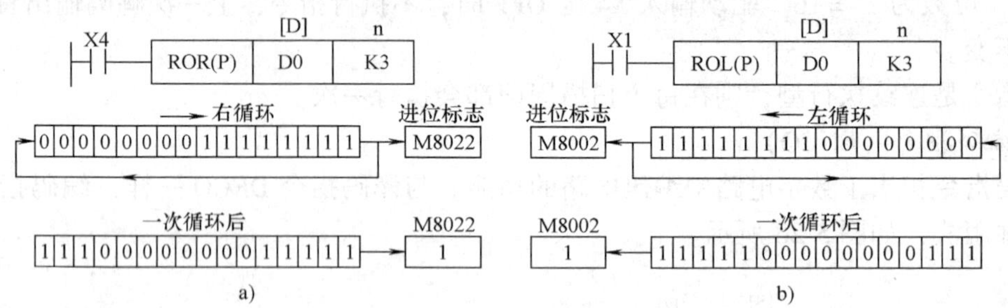

图 5-27 循环移位指令

a）循环右移指令 b）循环左移指令

由 OFF→ON 时，［D］内各位数据向左移 n 位，最后一次从最高位移出的状态存于进位标志 M8022 中。若用连续指令执行时，循环移位操作每个周期执行一次。若［D］为指定位软元件，则只有 K4（16 位指令）或 K8（32 位指令）有效。

3. 带进位的右循环移位指令（RCR）

带进位的右循环移位指令 RCR 的操作数和 n 的取值范围与循环移位指令相同。如图 5-28a 所示，执行 RCR 时，各位的数据与进位位 M8022 一起（16 位指令时一共 17 位）向右循环移动 n 位。在循环中移出的位送入进位标志，后者又被送回到目标操作数的另一端。

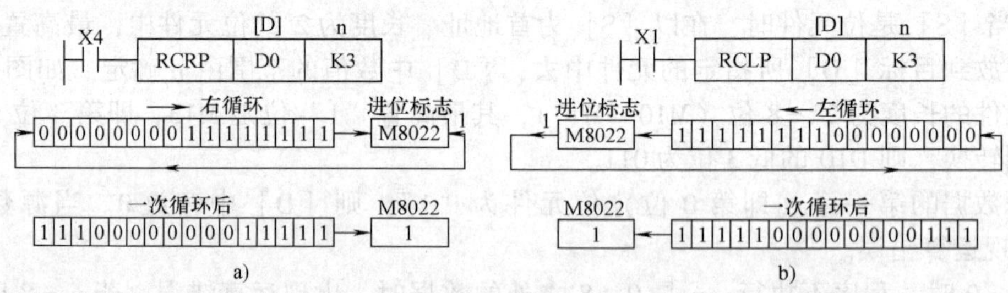

图 5-28 带进位的右循环移位指令的应用

a）RCR 操作 b）RCL 操作

4. 带进位的左循环移位指令（RCL）

带进位的左循环移位指令 RCL 的操作数和 n 的取值范围与循环移位指令相同。如图 5-28b 所执行时，各位的数据与进位位 M8022 一起（16 位指令时一共 17 位）向左循环移动 n 位。在循环中移出的位送入进位标志，后者又被送回到目标操作数的另一端。

十二、位移位、字移位指令

1. 位右移指令（SFTR）

位右移指令 SFTR 是把 n1 位［D］所指定的位元件和 n2 位［S］所指定的位元件的位进行右移的指令，要求 n2≤n1≤1 024，如图 5-29 所示。每当 X10 由 OFF→ON 时，［D］内（M0～M15）各位数据连同［S］内（X0～X3）4 位数据向右移 4 位，即（M3～M0）→溢出，（M7～M4）→（M3～M0），（M11～M8）→（M7～M4），（M15～M12）→（M11～M8），（X3～X0）→（M15～M12）。

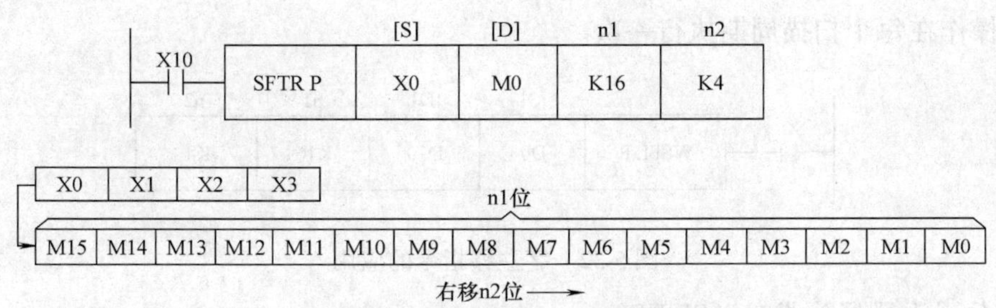

图 5-29　位右移指令 SFTR 的应用

2. 位左移指令（SFTL）

位左移指令 SFTL 是把 n1 位［D］所指定的位元件和 n2 位［S］所指定的位元件的位进行左移的指令，要求 n2≤n1≤1 024。如图 5-30 所示，每当 X10 时由 OFF→ON 时，［D］内（M0～M15）各位数据连同［S］内（X0～X3）4 位数据向左移 4 位。

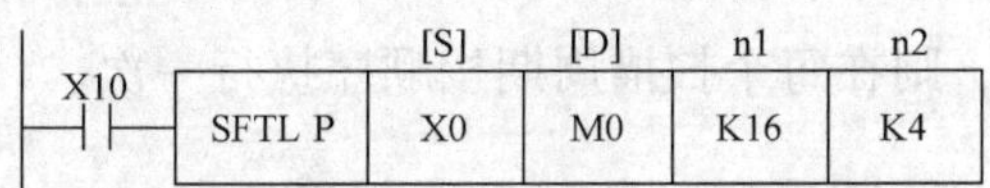

图 5-30　位左移指令的应用

说明：位右或左移指令用脉冲执行型指令时，指令执行取决于 X10 由 OFF→ON 的变化；而用连续指令执行时，移位操作在每个扫描周期执行一次。

3. 字右移指令（WSFR）

字右移指令 WSFR 是把［D］所指定的 n1 位字元件与［S］所指定的 n2 位字元件进行右移的指令，要求 n2≤n1≤512。如图 5-31 所示，每当 X0 由 OFF→ON 时，［D］内（D10～D25）16 字数据连同［S］内（D0～D3）4 字数据向右移 4 位，即（D13～D10）→溢出，（D17～D14）→（D13～D10），（D21～D18）→（D17～D14），（D25～D22）→（D21～D18），（D3～D0）→（D25～D22）。

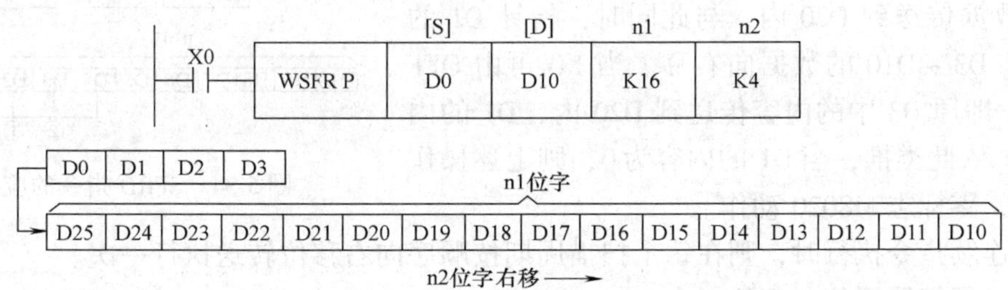

图 5-31　字右移指令的应用

4. 字左移指令（WSFL）

字左移指令 WSFL 是把［D］所指定的 n1 位字元件与［S］所指定的 n2 位字元件进行左移的指令，要求 n2≤n1≤512。如图 5-32 所示，每当 X0 由 OFF→ON 时，［D］内（D10～D25）16 字数据连同［S］内（D0～D3）4 字数据向左移 4 位。

说明：用脉冲执行型指令时，指令在 X0 由 OFF→ON 变化时执行；而用连续指令执行时，移位操作在每个扫描周期执行一次。

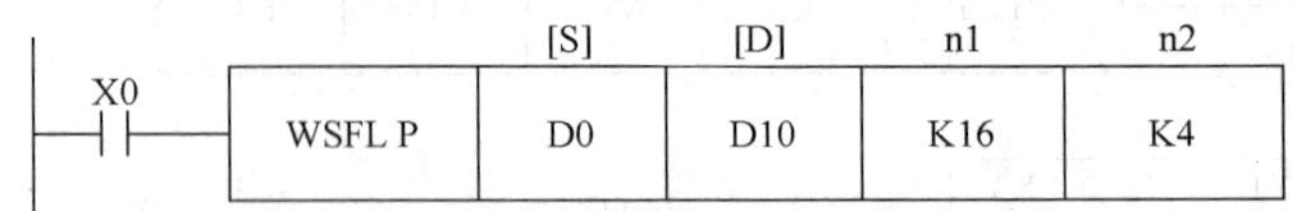

图 5-32　字左移指令的应用

5. 移位寄存器写入指令（SFWR）

移位寄存器又称为 FIFO（先进先出）堆栈，堆栈的长度范围为 2～512 字。

移位寄存器写入指令 SFWR 是先进先出控制的数据写入指令，如图 5-33 所示。当 X0 由 OFF→ON 时，将［S］所指定的 D0 的数据存储在 D2 内，［D］所指定的指针 D1 的内容变为 1。若改变了 D0 的数据，当 X0 再由 OFF→ON 时，又将 D0 的数据存储在 D3 中，D1 的内容变为 2。依此类推，D1 内的数为数据存储点数。若超过 n－1，则变成无法处理，这进位标志 M8022 动作。

若是连续指令执行时，则在每个扫描周期按顺序执行一次。

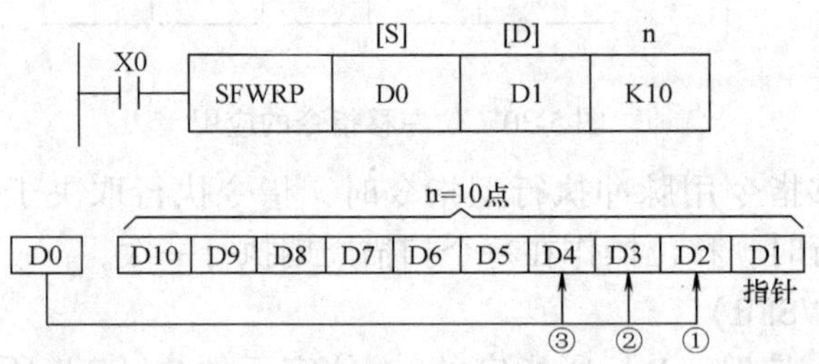

图 5-33　SFWR 指令的应用

6. 移位寄存器读出指令（SFRD）

移位寄存器读出指令 SFRD 是先进先出控制的数据读出指令。如图 5-34 所示，当 X0 由 OFF→ON 时，将 D2 的数据传送到 D20 内，与此同时，指针 D1 的内容减 1，D3～D10 的数据向右移。当 X0 再由 OFF→ON 时，即原 D3 中的内容传送到 D20 内，D1 的内容再减 1。依此类推，当 D1 的内容为 0，则上述操作不再执行，零标志 M8020 动作。

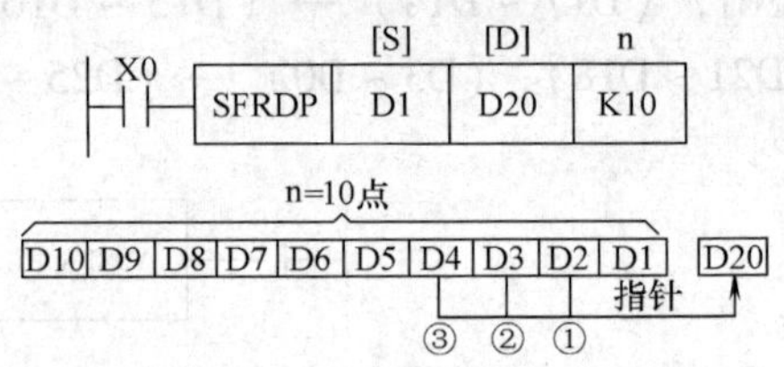

图 5-34　SFRD 指令的应用

若是连续指令执行时，则在每个扫描周期按顺序向右移位转送执行一次。

十三、报警器置位、复位指令

1. 报警器置位指令（ANS）

报警器置位指令 ANS 的源操作数［S］为 T0～T199，目标操作数［D］为 S900～S999，m＝1～32 767（定时器的设定值以 100ms 单位），如图 5-35a 所示。若 X0 与 X1 同时接通 1s 以上，则 S900 被置位，以后即使 X0 或 X1 为 OFF，只是定时器复位，S900 仍然继续动作。若接通不满 1s，X0 与 X1 为 OFF，则定时器复位，S900 不动作。

2. 报警器复位指令（ANR）

报警器复位指令 ANR 无操作数，如图 5-35b 所示，若 X3 接通，则信号报警器 S900 ~ S999 中正在动作的信号报警器复位。若多个信号报警器动作，则将新地址号的状态复位。若将 X3 再次接通，则下一地址号的信号报警器复位。

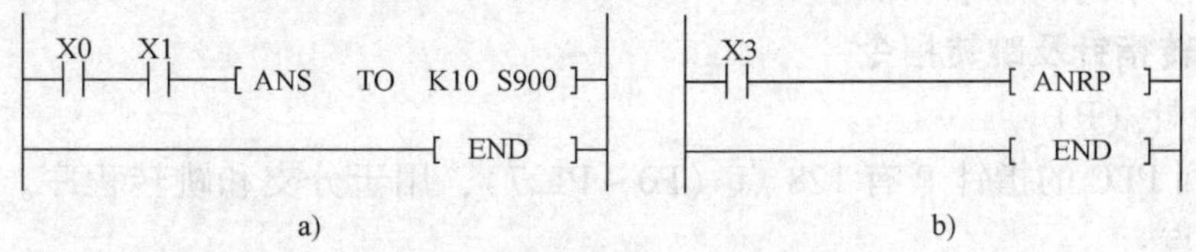

图 5-35　信号报警器置位与复位指令的应用
a）ANS 指令　b）ANR 指令

若采用连续执行指令 ANR，则在各运算周期中按顺序将故障器复位。若采用脉冲执行指令 ANRP，则每按下一次复位按钮 X3，按照元件号递增的顺序将一个故障报警器复位。若采用脉冲执行指令 SNRP，则每按下一次复位按钮 X3，按照元件号递增的顺序将一个故障报警器状态复位。

发生某一故障时，其对应的报警器状态为 ON，若同时发生多个故障，则 K8049 中是 S900 ~ S999 中地址最低的被置 2 位的报警器的元件号。将它复位后，D8049 中将是下一个地址最低的被置位的报警器的元件号。

十四、数据处理

1. 平均值指令（MEAN）

平均值指令 MEAN 是用来求 n（1 ~ 64）个操作数［S］的代数和被 n 除的商，商存储在［D］中，余数略去，如图 5-36a 所示。

2. 二进制平方根指令（SQR）

平方根指令 SQR 的源操作数［S］应大于零，可取 K，H，D，目标操作数为 D。图 5-36b 中 X2 为 ON 时，将存放在 D45 中的数开平方，结果存放在 D123 内，即 $\sqrt{(D45)}\rightarrow$（D123）。计算结果舍去小数，只取整数。M8023 为 ON 时，将对 32 位浮点数开平方，结果为浮点数。源操作为整数时，将自动转换为浮点数。若源操作数为负数，则运算错误标志 M8067 将为 ON。

3. 二进制整数与二进制浮点数转换指令（FLT）

二进制整数与二进制浮点数转换指令 FLT 的源操作数和目标操作数均为 D。图 5-36c中 X4 为 ON，且 M8023（浮点数标志）为 OFF 时，该指令将存在源操作数 D10 中的数据转换为浮点数，并将结果存放在目标寄存器 D13 和 D12 中。M8023 为 ON 时，将把浮点数转换为整数。用于存放浮点数的目标

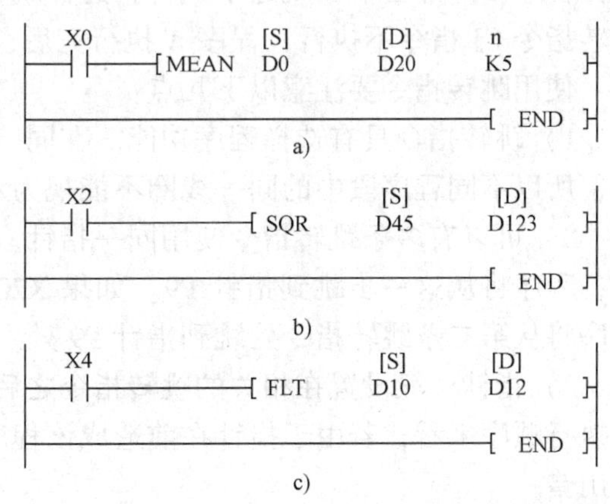

图 5-36　MEAN、SQR、FLT 指令的应用
a）MEAN 指令　b）SQR 指令　c）FLT 指令

操作数应为双整数，源操作数可以是整数或双整数。

4. 高低字节交换指令（SWAP）

一个16位的字由两个8位的字节组成。在进行16位运算时，高低字节交换指令SWAP将交换源操作数的高字节和低字节。在进行32位运算时，会先交换低位字的高字节和低字节，再交换高位字的高字节和低字节。

十五、跳转指针及跳转指令

1. 跳转指针（P）

FX2N系列PLC的指针P有128点（P0～P127），用于分支和跳转程序。指针P使用时要注意以下几点：

1）在梯形图中，指针放在左母线的左边，一个指针只能出现一次，如出现两次或两次以上，就会出错。

2）多条跳转指令可以使用相同的指针。

3）P63是END所在的步序，在程序中不需要设置P63。

4）指针可以出现在相应跳转指令之前，但是，若反复跳转的时间超过监控定时器的设定时间，则会引起监控定时器出错。

2. 跳转指令（CJ）

CJ指令主要用于跳过顺序程序的某一部分，可以大大缩短程序的扫描时间。跳转指令CJ执行时，如果跳转条件满足，PLC将不再扫描执行跳转指令与跳转指针P间的程序，即跳到以指针P为入口的程序段中执行。直到跳转的条件不再满足，跳转才会停止进行。在图5-37中，若常开触点X0闭合，则执行CJ指令，程序跳到标号P0处，执行程序C，将程序B跳过不执行，这样就缩短了程序执行时间。若常开触点X0断开，则跳转指令CJ指令不执行，程序A执行完后，按顺序执行程序B和程序C。

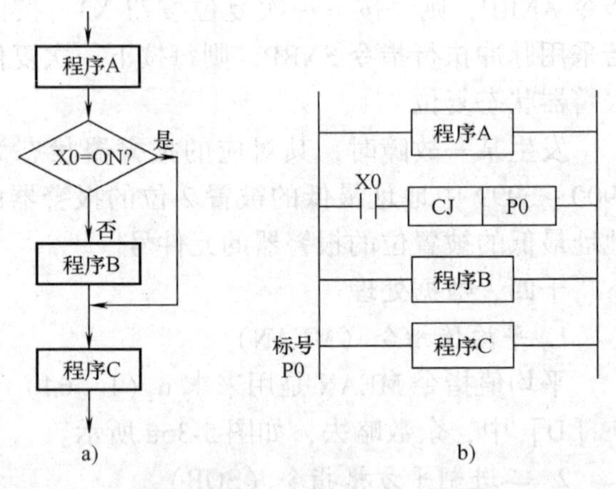

图5-37　跳转指令的说明
a）流程图　b）梯形图

使用跳转指令要注意以下几点：

1）跳转指令具有选择程序功能。在同一程序中，位于不同程序段的程序不会被同时执行，所以不同程序段中的同一线圈不能视为双线圈。

2）可以有多条跳转指令使用同一指针。在图5-38中，如X20接通，第一条跳转指令有效，程序将从这一步跳到指针P9。如果X20断开，而X21接通，则第二条跳转指令生效，程序将从第二条跳转指令处跳到指针P9处。但不允许一个跳转指令对应两个指针的情况。

3）指针一般设置在相关的跳转指令之后，也可以设置在跳转指令之前。但要注意从程序执行顺序来看，若由于指针在前造成该程序的执行时间超过了警戒时钟设定值，则程序就会出错。

4）使用CJ（P）指令时，跳转只执行一个扫描周期，但若用辅助继电器M8000作为跳转指令的工作条件，跳转就会成为无条件跳转。

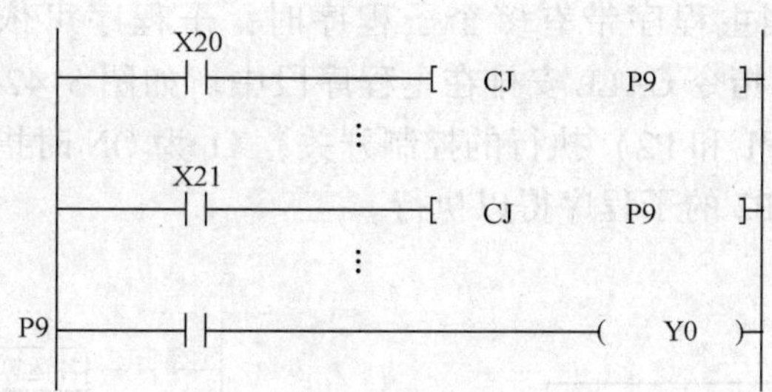

图 5-38　二条跳转指令使用同一指针的说明

5）跳转与主控区的关系，如图 5-39 所示。

① 对跳过整个主控区（MC ~ MCR）的跳转不受限制。

② 从主控区以外跳转到主控区时，跳转独立于主控操作，CJP1 执行时，不论 M0 状态如何，均作 ON 处理。

③ 在主控区内跳转时，若 M0 为 OFF，则跳转指令不可能执行。

④ 从主控区内跳转到主控区外，当 M0 为 OFF 时，跳转指令不可能执行；M0 为 ON 时，跳转条件满足时可以跳转，这时 MCR 无效，但不会出错。

⑤ 一个主控区内跳转到另一个主控区内，当 M1 为 ON 时，可以跳转。执行跳转时无论 M2 的实际状态如何，均看到 ON。MCR NO 无效。

⑥ 在编写跳转程序的指令表时，指针需占一行，如图 5-40 所示。

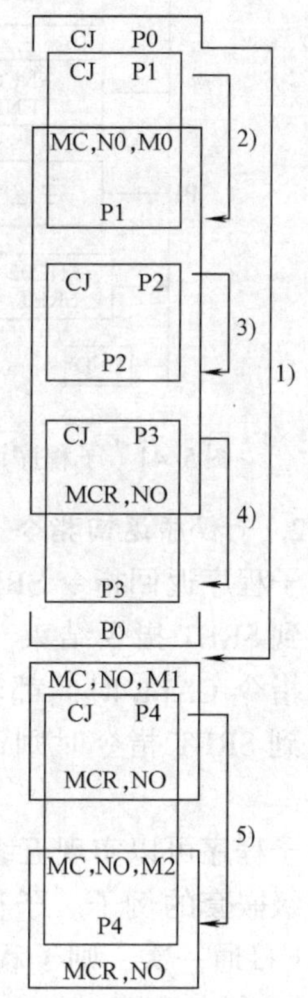

图 5-39　跳转与主控区的关系

3. 主程序结束指令（FEND）

FEND 为主程序结束指令，其使用方法与 END 指令一样。

十六、子程序指令

1. 子程序调用指令（CALL）

子程序调用指令 CALL 是为一些特定的控制目的编制的相对独立的程序，如图 5-41 所示。为了区别于主程序，规定在程序编排时，将主程序写在前边，以 FEND 指令结束主程序，子

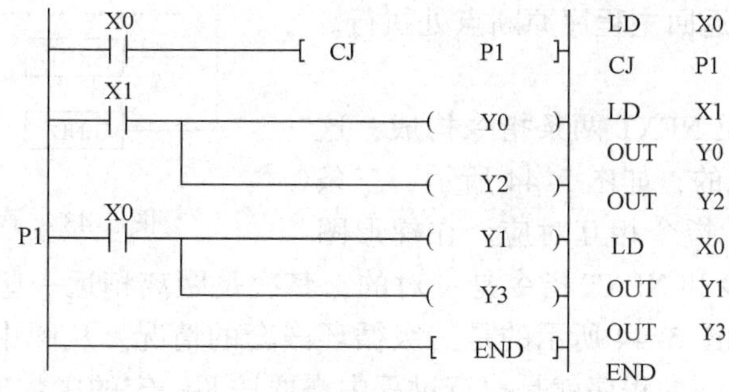

图 5-40　指令表中的指针说明

程序写在FEND后边，当主程序带有多个子程序时，子程序可依次列在主程序结束指令FEND之后。子程序调用指令CALL安排在主程序段中。如图5-42所示，X1、X2分别是两个子程序（指针分别为P1和P2）执行的控制开关，X1为ON时指针为P1的子程序得以执行，X2为ON时指针为P2的子程序得以执行。

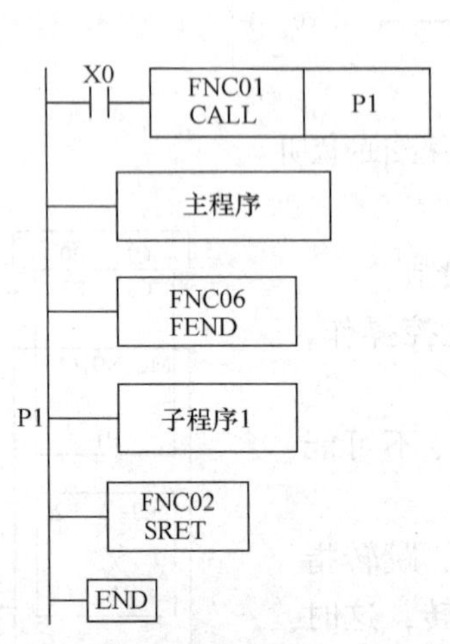

图5-41　子程序调用指令的说明

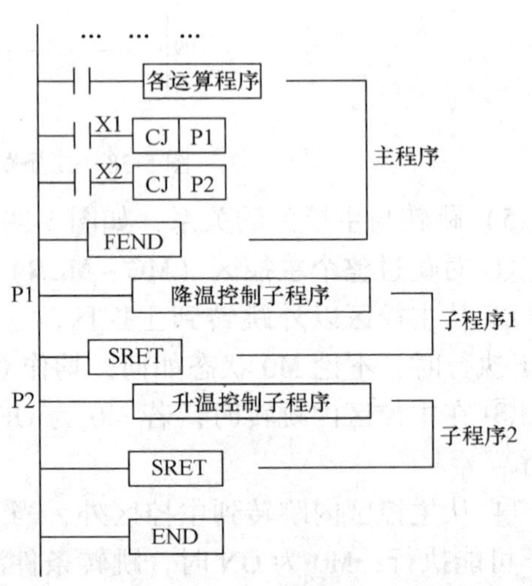

图5-42　子程序结构

2. 子程序返回指令（SRET）

子程序返回指令SRET是不需要驱动触点的单独指令。子程序的范围从它的指针标号开始，到SRET指令结束。每当程序执行到子程序调用指令CALL时，都转去执行相应的子程序，当遇到SRET指令时则返回原断点继续执行原程序。

子程序可以实现五级嵌套。如图5-43所示就是一级嵌套的例子。子程序P1是脉冲执行方式，即X1接通一次，则子程序P1执行一次。当子程序P1开始执行且X2接通时，程序将转去执行子程序P2，当在P2子程序中执行到SRET指令后又会回到P1原断点处执行P1。当在P1子程序中执行到SRET指令时，则返回主程序原断点处执行。

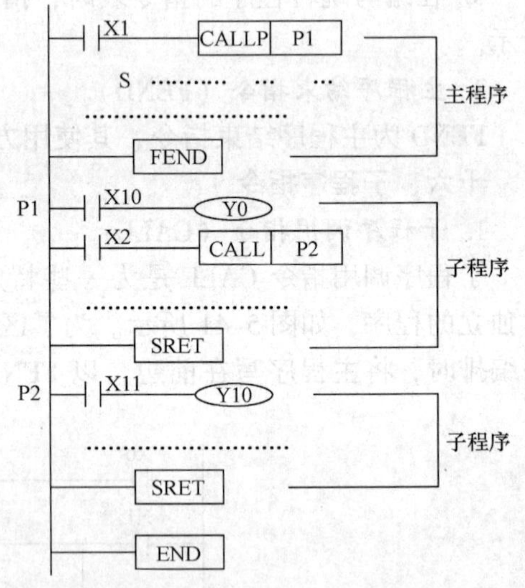

图5-43　子程序嵌套结构

十七、循环指令

循环指令由FOR及NEXT两条指令构成，这两条指令总是成对出现的，如图5-44所示，三条FOR指令和三条NEXT指令相互对应。在梯形图中相距最近的FOR指令和NEXT指令是一对的，其次是距离稍远一些的，再次是距离更远一些的组成的一对。如图5-44所示的是三级循环嵌套的情况。从图中还可以看出，每一对FOR指令和NEXT指令间的程序就是执行过程中需要按照一定的次数进行循环的部分。循环的次数由 FOR 指令后的源数据给出。

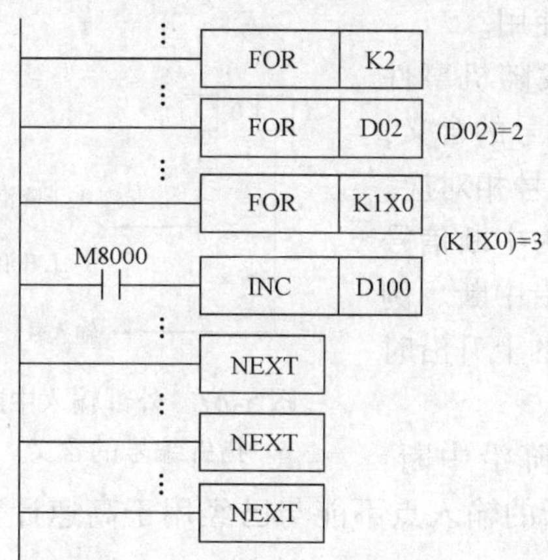

图 5-44 循环指令的说明

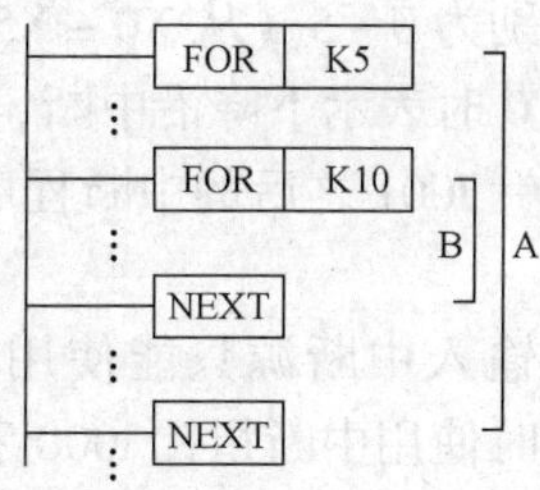

图 5-45 循环次数计算的说明

该程序最中心的循环内容为向数据存储器 D100 中加 1，它一共执行了 2×2×3=12 次，循环可以 5 层嵌套，循环嵌套时循环次数计算的说明如图 5-45 所示。外层循环程序 A 嵌套了内层嵌套 B，循环 A 执行 5 次，每执行一次循环 A，就要执行 10 次循环 B，因此循环 B 一共要执行 5×10=50 次。利用循环中的 CJ 指令可跳出 FOR、NEXT 之间的循环区。

在某种操作需要反复进行的场合，使用循环程序可以使程序简单，提高程序功能。例如：对某一取样数据做一定次数的加权运算，控制输出口按一定的规律做反复的输出动作，或利用反复的加减运算完成一定量的增加或减少，又或是利用反复的乘除运算完成一定量的数据移位等。

循环指令的使用时应注意以下几点：

1）FOR 指令和 NEXT 指令必须成对出现，缺一不可，并且 NEXT 指令不能放在 FOR 指令之前，如图 5-46 所示。

2）利用跳转指令，可跳出循环体。在图 5-46 中，若常开触点 X0 闭合，则执行 CJ P20 指令，程序跳到标号 P20 处，执行由此开始向后的程序。

3）FX 系列 PLC 循环指令最多允许 5 级嵌套。

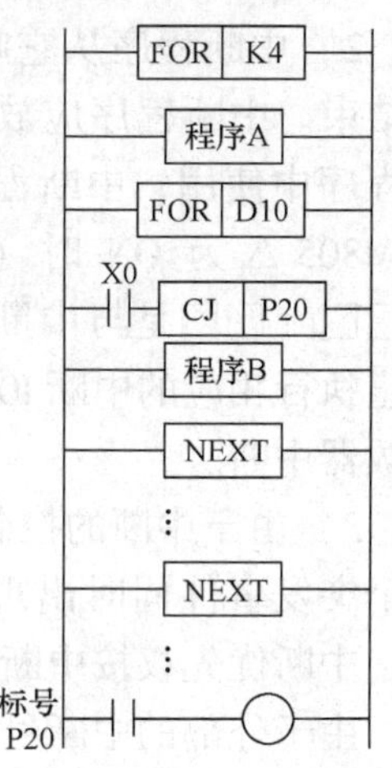

图 5-46 循环指令的说明

十八、中断

中断是指在主程序的执行过程中，中断主程序去执行中断子程序，执行完中断子程序后再回到刚才中断的主程序处继续执行，中断不受 PLC 扫描工作方式的影响，以使 PLC 能迅速响应中断事件。与子程序一样，中断子程序也是为某些特定的控制功能而设定的。和普通子程序不同的是，这些特定的功能都有一个共同的特点，即要求响应时间小于机器的扫描周期。因而，中断子程序都不能由程序内安排的条件引出。能引起中断的信号叫中断源，FX2N 系列可编程序控制器有三类中断源，即外部中断、定时器中断和高速计数器中断。

1. 中断指针 I

中断指针 I 用来指明某一中断源的中断程序入口指针，当执行到 IRET（中断返回）指令时返回主程序。中断指针 I 应在 FEND 指令之后使用。

外部输入中断从输入端子送入，用于机外突发随机事件引起的中断。如图 5-47 所示是外部输入中断指针编号的含义，输入中断指针为 1□0□，最高位与 X0 ~ X5 的元件号相对应，即输入号分别为 0 ~ 5（从 X0 ~ X5 输入），最低位为中断信号的形式，为 0 时表示下降沿中断，为 I 时表示上升沿中断。例如，中断指针 I001 之后的中断程序在输入信号 X0 的上升沿时执行。

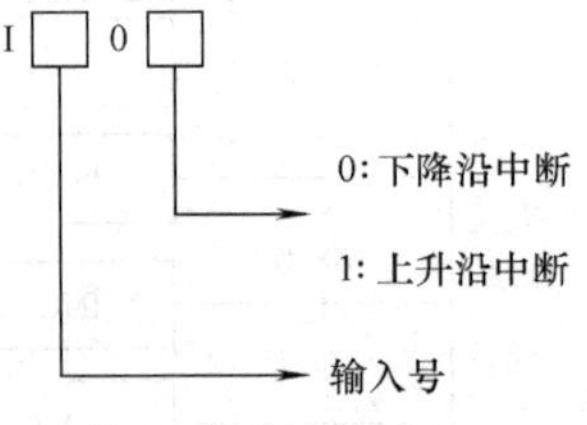

图 5-47 外部输入中断指针编号的含义

同一个输入中断源只能使用上升沿中断或下降沿中断，例如不能同时使用中断指针 I000 和 I001。用于中断的输入点不能与已经用于高速计数器的输入点冲突。

2. 与中断有关的指令

与中断有关的指令有中断返回指令 IRET、允许中断指令 EI 和禁止中断指令 DI，均无操作数。

1）PLC 通常处于禁止中断的状态，指令 EI 和 DI 之间的程序段为允许中断的区间，当程序执行到该区间时，如果中断源产生中断，CPU 将停止执行当前的程序，转去执行相应的中断子程序，执行到中断子程序中的 IRET 指令时，返回原断点，继续执行原来的程序。

2）中断程序从它唯一的中断指针开始，到第一条 IRET 指令结束。中断程序应放在 FEND 指令之后，IRET 指令只能在中断程序中使用，中断程序的结构如图 5-48 所示。特殊辅助继电器 M805△为 ON 时（△ = 0 ~ 8），禁止执行相应的中断 I△□□（□□是与中断有关的数字）。例如，M8050 为 ON 时，禁止执行相应的中断 I000 和 I001。M8059 为 ON 时，关闭所有的计数器中断。

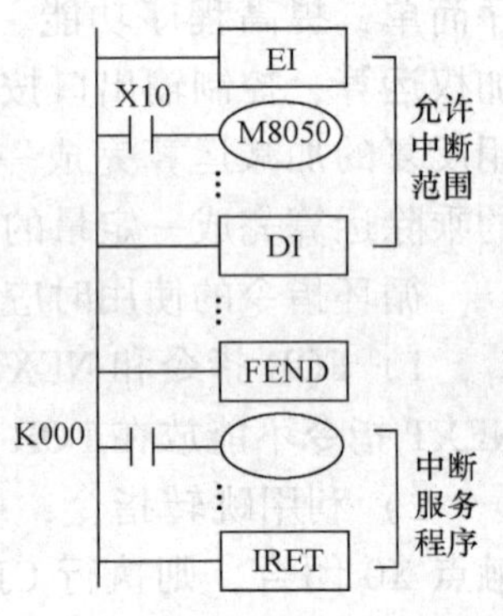

图 5-48 中断程序的结构

3）由于中断的控制是脱离于程序的扫描执行机制的，所以，多个突发事件同时出现时必须有个处理顺序，这就是中断优先权。中断优先权按中断号的大小来决定，中断号小的中断优先权高。由于外部的中断号整体上高于定时器中断，因此，外部中断的优先权较高。

4）执行一个中断子程序时，其他中断被禁止，在中断子程序中编入 EI 和 DI，可实现双重中断。子程序中只允许两级中断嵌套。一次中断请示，中断程序一般仅能执行一次。

5）如果中断信号在禁止中断区间出现，该中断信号被储存，并在 EI 指令之后响应该中断。不需要关闭中断时，可只使用 EI 指令，不使用 DI 指令。

6）中断输入信号的脉冲宽度应大于 200μs。选择了输入中断后，其硬件输入滤波器会自动复位为 50μs（通常为 10μs）。

7）直接高速输入可用于“捕获”窄脉冲信号。FX 系列 PLC 需要用 EI 指令来激活X0 ~ X5 的脉冲捕获功能，捕获的脉冲状态存放在 M8170 ~ M8175 中。当接收到脉冲后，相应的特殊辅助继电器 M 会变为 ON，此时可用捕获的脉冲来触发某些操作。如果输入元件已用于其他高速功能，则脉冲捕获功能将被禁止。

3. 定时中断入口

FX2N 和 FX2NC 系列 PLC 有 3 点定时中断，如图 5-49 所示。中断指针为 16□□ ~ 18□□，低两位是以 ms 为单位的定时时间。定时中断使 PLC 以指定的周期定时执行中断子程序，循环处理某些任务，处理时间不受 PLC 扫描周期的影响。定时中断是机内中断，使用定时器引出，多用于周期性工作场合。

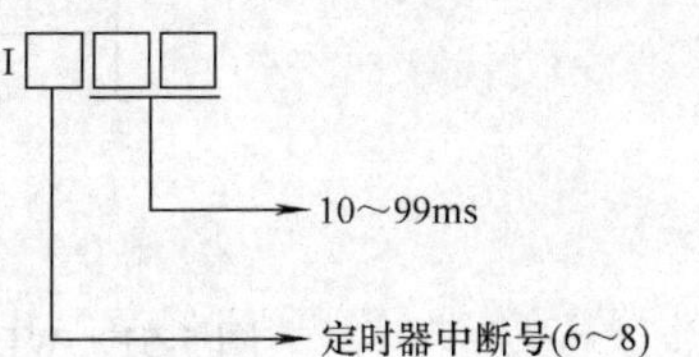

图 5-49　定时中断指针编号的含义

用特殊辅助继电器 M8056 ~ M8058 来实现中断的选择，当这些辅助继电器通过控制信号被置 1 时，其对应的中断就会被封锁。

如图 5-50 所示为一段试验性质的定时中断子程序，中断指针 I610 是中断号为 6，时间周期为 10ms 的定时器中断，从梯形图的内容来看，每执行一次中断程序数据存储器 D0 中数据加 1，当加到 1000 时使 Y2 置 1，为了验证中断程序执行的正确性，在主程序中设有定时器 T0，设定值为 100，并用此定时器控制输出 Y1，这样当 X20 由 ON 至 OFF 并经历 10s 后，Y1 及 Y2 会同时置 1。

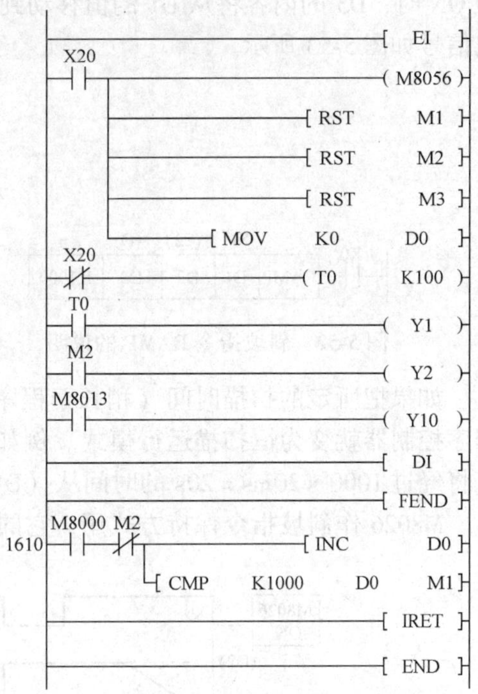

图 5-50　定时中断子程序

4. 监控定时器指令（WDT）

监控定时器指令 WDT 无操作数。在执行 FEND 和 END 指令时，监控定时器被刷新（复位），PLC 正常工作时扫描周期（从 0 步到 FEND 或 END 指令的执行时间）小于它的定时时间。如果强烈的外部干扰使 PLC 偏离正常的程序执行路线，那么，监控定时器不再被复位，定时时间到时，PLC 将停止运行，它上面的 CPU—E 发光二极管亮。监控定时器定时时间的缺省值为 200ms，可通过修改 D8000 来设定它的定时时间。如果扫描周期大于它的定时时间，可将 WDT 指令插入到合适的程序步中刷新监控定时器。如图 5-51 所示，将 240ms 的程序一分为二并在它们中间加入 WDT 指令，则前半部分和后半部分都在 200ms 以下。如果 FOR—NEXT 循环程序的执行时间可能超过监控定时器的定时时间，可将 WDT 指令插入到循环程序中。条件跳转指令 CJ 若在它对应指针之后（即程序往回跳），可能因连续反复跳转使它们之间的程序被反复执行，这样总的执行时间可能超过监控定时器的定时时间，所以为了避免出现这样的情况，可在 CJ 指令和对应指针之间插入 WDT 指令。

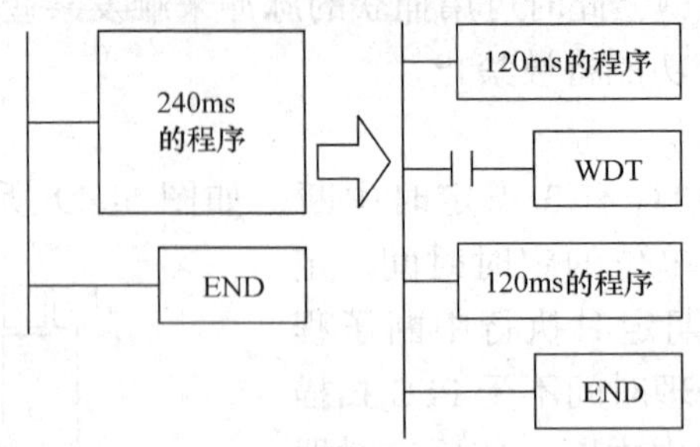

图 5-51　WDT 指令插入到程序步中刷新监控定时器

5. 斜坡指令（RAMP）

斜坡指令 RAMP 的说明如图 5-52 所示，预先把所定的初值与终值写入 D1、D2，当 X0 为 ON 时，D3 的内容将从 D1 的值移动到 D2 的值，D4 用来存入扫描次数，此指令形成的斜坡信号如图 5-53 所示。

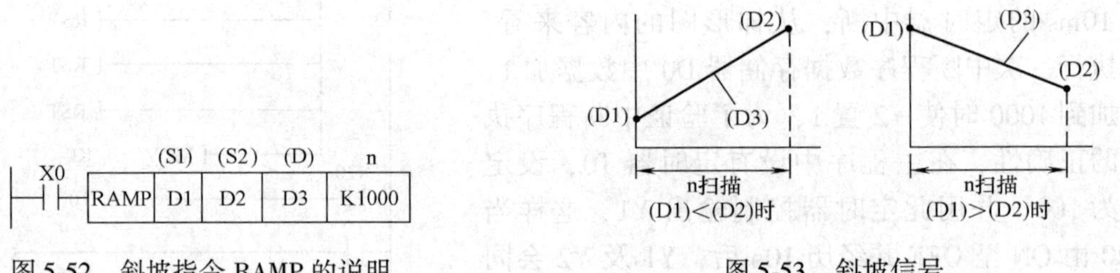

图 5-52　斜坡指令 RAMP 的说明　　图 5-53　斜坡信号

如果把所定的扫描时间（稍长于程序实际扫描时间）写到 D8039，并驱动 M8039，可编程序控制器就变为恒扫描运行模式。例如，当所定的扫描时间在 20ms 时，在上例中（D3）值将经过 1000×20ms=20s 的时间从（D1）变化到 D2。

M8026 作斜坡指令保持方式用，它的作用如图 5-54 所示。

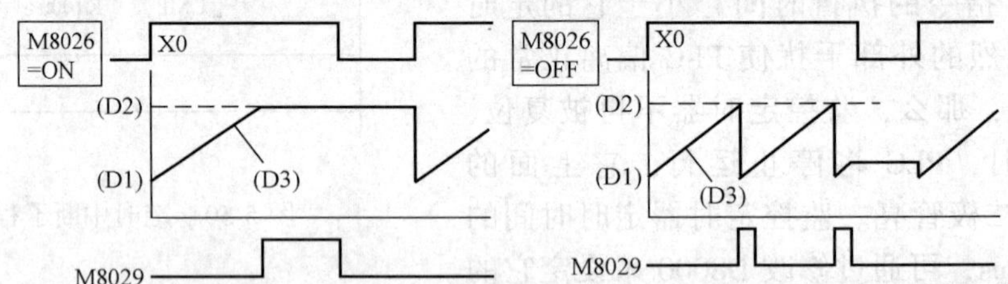

图 5-54　M8026 在 RAMP 指令中的作用

1）当 M8026 为 ON 时，若驱动条件 X0 为 ON，则斜坡信号 D3 的值由初始值 D1→终值 D2 变化，最终保持在 D2 上，即使 X0 变为 OFF，斜坡信号 D3 的值仍然保持在 D2 上，除非再次将 X0 置于 ON，斜坡信号再从初始值开始变化。

2）当 M8026 为 OFF 时，若驱动条件 X0 为 ON，则斜坡信号 D3 的值由初始值 D1→终值 D2 变化，达到终值后，若 X0 仍为 ON，则 D3 的值回到初始值 D1，然后再往终值 D2 变化，若变化过程中 X0 复位为 OFF，则变化中止，直到再次将 X0 置为 ON，斜坡信号又从初始值开始往终值方向变化。

3）传送完毕后，标志 M8029 置 ON。

将该指令与模拟输出相结合，可以输出软启动/停止指令，另外 X0 在 ON 的状态下 RUN 开始时，D4 应预先清除。

第二节　小车自动寻址控制

某车间有 5 个工作站，轨道上的小车往返于这 5 个站点之间运送货物，如图 5-55 所示。

一、基本控制要求

小车的基本控制要求如下：

1）每个站点设有一个呼叫按钮和一个位置开关。

2）当工作人员需要小车到来时只需按下本站的呼叫按钮即可。

3）小车由电动机拖动，由电动机的正反转来控制小车的运行方向。

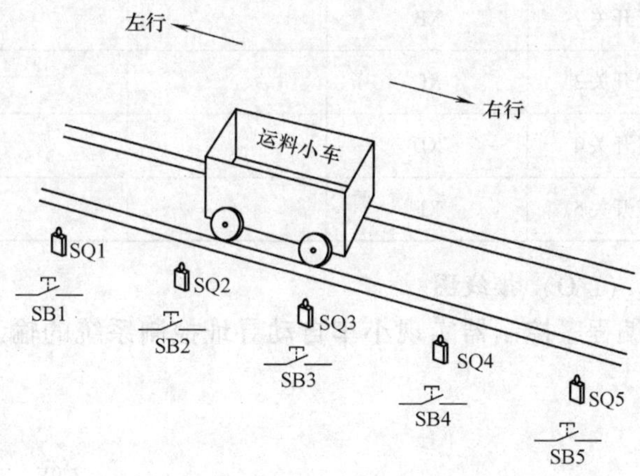

图 5-55　小车自动寻址控制系统

二、电路设计分析

小车的初始位置应停在 5 个工作站中的任意一个，并压合该站点的位置开关；当起动开关（SA）开启后，系统开始运行，可接受工作站的呼叫；假设小车当前停靠在 n 号位，m 号工位有呼叫信号，即 SQn 压合，SBm 呼叫按钮按下，则有：

1）当 $m>n$ 时，小车右行至 SQm 动作，小车停止。

2）当 $m<n$ 时，小车左行至 SQm 动作，小车停止。

3）当 $m=n$ 时，小车保持原地不动。

关闭起动开关，要求当前呼叫响应结束后，即小车停靠于呼叫站点后，系统才能结束运行。

三、设计程序

1. 输入/输出（I/O）点的分配

输入/输出（I/O）点的分配见表 5-3。

表 5-3　小车自动寻址 PLC 控制系统输入/输出（I/O）点的分配

输入			输出		
元件代号	元件功能	输入继电器	元件代号	元件功能	输出继电器
SA	起动开关	X0	KM1	小车右行	Y1
SB1	呼叫按钮 1	X1	KM2	小车左行	Y2
SB2	呼叫按钮 2	X2			
SB3	呼叫按钮 3	X3			
SB4	呼叫按钮 4	X4			
SB5	呼叫按钮 5	X5			
SQ1	位置开关 1	XA			
SQ2	位置开关 2	XB			
SQ3	位置开关 3	XC			
SQ4	位置开关 4	XD			
SQ5	位置开关 5	XE			

2. 画出输入/输出（I/O）接线图

用 FX2—2N 型可编程序控制器实现小车自动寻址控制系统的输入/输出（I/O）接线，如图 5-56 所示。

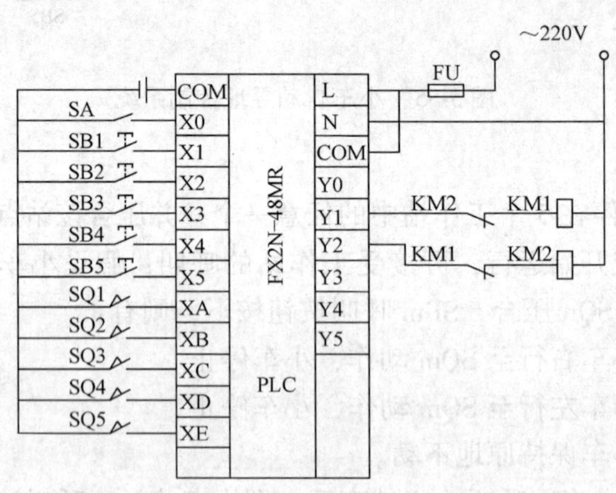

图 5-56　小车自动寻址 PLC 控制系统的输入/输出（I/O）接线

3. 编写梯形图程序

按照上述要求编写梯形图程序，如图 5-57 所示。

```
0   X0(↑)                              [ZRST  D0   D1]
7   X1                                 [MOV   K1   D0]
13  X2                                 [MOV   K2   D0]
19  X3                                 [MOV   K3   D0]
25  X4                                 [MOV   K4   D0]
31  X5                                 [MOV   K5   D0]
37  X11                                [MOV   K1   D1]
43  X12                                [MOV   K2   D1]
49  X13                                [MOV   K3   D1]
55  X14                                [MOV   K4   D1]
61  X15                                [MOV   K5   D1]
67  [=  K0  D0]                        (M1)
73  [=  K0  D1]                        (M2)
79  M1/  M2/  [=  D0  D1]              (M0)
87  X0   M0/  M1/  M2/  [>  D0  D1]  Y2/  (Y1)
    Y1                  [<  D0  D1]  Y1/  (Y2)
    Y2
109                                    [END]
```

图 5-57　小车自动寻址 PLC 控制系统梯形图程序

第三节　步进电动机的正反转控制

步进电动机是一种利用电磁铁将电脉冲信号转换为线位移或角位移的电动机，它广泛应用于打印机位移和托架移动，复印机纸数控制，绘图仪的 X、Y 轴驱动和数控机床的 X、Y 轴驱动等。如图 5-58 所示为步进电动机的工作原理示意图，通过顺序切换开关，控制电动机每相绕组轮流通电，以使电动机转子按照顺时针方向一步一步地转动。切换开关由电脉冲信号控制，脉冲信号由 PLC 根据控制要求计算后发出，然后再经过分配放大后驱动步进电动机。本节主要解决的问题是：根据要求设计步进电动机正反转调速控制的 PLC 控制电路梯形图程序。

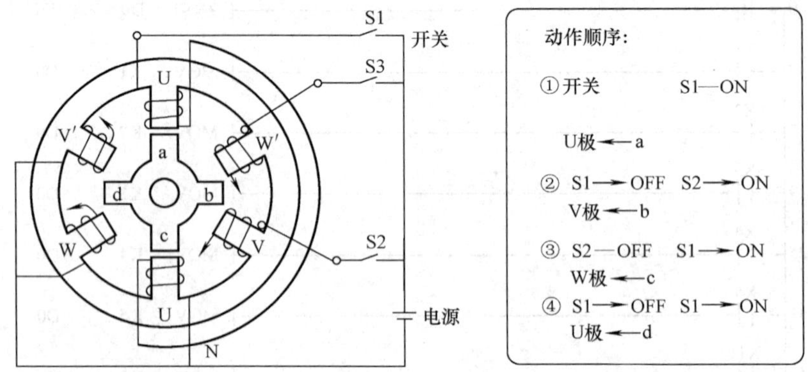

图 5-58 步进电动机的工作原理示意图

一、电路设计分析

步进电动机的驱动过程如图 5-59 所示。以三相三拍电动机为例，脉冲序列由 Y10 ~ Y12（晶体管输出）送出，作为步进电动机驱动电源功放电路的输入。

按照任务要求，设置 X0 为起停按钮，X1 为正反转切换开关（X1 为 OFF 时，正转；X1 为 ON 时，反转），X2 为减速按钮，X3 为增速按钮，脉冲序列通过 Y10 ~ Y12（晶体管输出）送出。

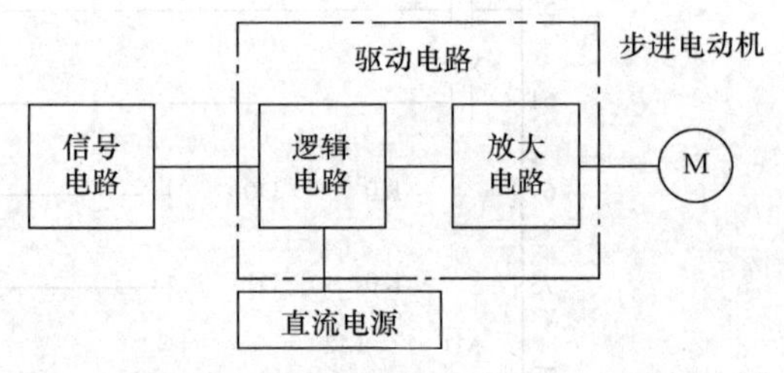

图 5-59 步进电动机的驱动过程

二、设计程序

1. 分配输入/输出（I/O）点

输入/输出（I/O）点的分配见表 5-4。

表 5-4 输入/输出（I/O）点的分配

输入		输出	
输入继电路	作用	输出继电路	作用
X0	起停按钮	Y12 ~ Y10	电脉冲序列
X1	正反转切换开关		
X2	减速按钮		
X3	增速按钮		

2. 画出输入/输出（I/O）接线图

用 FX2N—48 型可编程序控制器实现步进电动机 PLC 控制系统的输入/输出（I/O）接线，如图 5-60 所示。

3. 设计梯形图程序

由此设计出的梯形图如图 5-61 所示，其中采用的积算定时器 T246 为脉冲发生器，产生移位脉冲，其设定值为 K2 ~ K500，定时值为 2 ~ 500ms，这样步进电动机可获得 500 ~ 2 步/s的变速范围。T0 为脉冲发生器设定值调整时间限制。

~220V
FU
FU2
+
12V
−
A
B
C
COM
SB1
X0
SB2
X1
SB3
X2
SB4
X3
X4
X5
X6
L
N
COM
Y10
Y11
Y12
Y13
FX2N−48
PLC

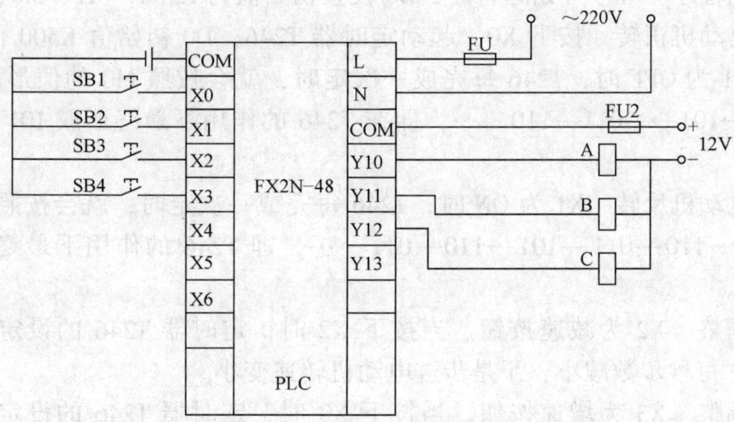

图 5-60　步进电动机 PLC 控制系统的输入/输出（I/O）接线

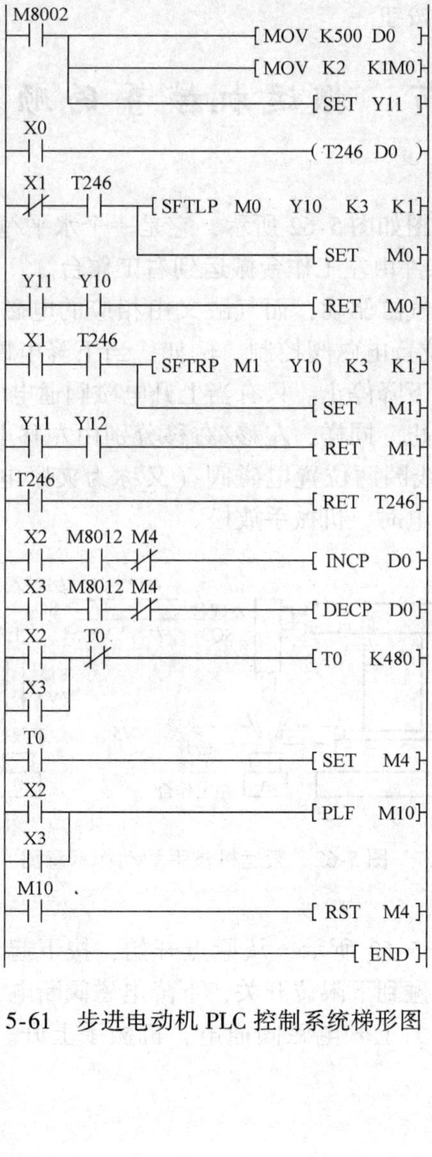

M8002
MOV K500 D0
MOV K2 K1M0
SET Y11
X0
T246 D0
X1
T246
SFTLP M0 Y10 K3 K1
SET M0
Y11
Y10
RET M0
X1
T246
SFTRP M1 Y10 K3 K1
SET M1
Y11
Y12
RET M1
T246
RET T246
X2
M8012
M4
INCP D0
X3
M8012
M4
DECP D0
X2
T0
T0 K480
X3
T0
SET M4
X2
PLF M10
X3
M10
RST M4
END

图 5-61　步进电动机 PLC 控制系统梯形图

（1）初始化程序　程序开始运行时，D0 设置初始值为 K500，M1、M0、Y11 置为 ON。

（2）步进电动机正转　按下 X0，起动定时器 T246，D0 初始值 K500 作为定时器 T246 的设定值，当 X1 为 OFF 时，T246 每完成一次定时，就会按照 M0 的值形成正序脉冲序列 101→011→110→101→→011→110→…，即在 T246 的作用下最终形成 101，011，110 的三拍循环。

（3）步进电动机反转　X1 为 ON 时，T246 每完成一次定时，就会按照 M0 的值形成反序脉冲序列 101→110→011→101→110→011→…，即 T246 的作用下最终形成 101，110，011 的三拍循环。

（4）减速调整　X2 为减速按钮。当按下 X2 时，定时器 T246 的设定值 D0 增加，即 T246 定时增加，每秒步数减小，于是步进电动机转速变小。

（5）增速调整　X3 为增速按钮。当按下 X3 时，定时器 T246 的设定值 D0 减少，即 T246 定时值减小，每秒步数增加，于是步进电动机转速变大。

注意：调速时，应按住 X2（减速）或 X3（增速）按钮，仔细观察 D0 的变化，当变化值达到所需速度值时，释放按钮。

第四节　搬运机械手的顺序控制

一、控制要求

搬运机械手的动作示意图如图 5-62 所示，它是一个水平/垂直位移的机械设备，设计一个 PLC 控制系统，用来将工件由左工作台搬运到右工作台。

机械手的全部动作均由气缸驱动，而气缸又由相应的电磁阀控制。其中，上升/下降和左移/右移分别由双线圈两位置电磁阀控制。例如，当下降电磁阀通电时，机械手下降；当下降电磁阀断电时，机械手下降停止。只有当上升电磁阀通电时，机械手才上升；当上升电磁阀断电时，机械手上升停止。同样，左移/右移分别由左移电磁阀和右移电磁阀控制。机械手的放松/夹紧由一个单线圈两位置电磁阀（又称为夹紧电磁阀）控制。当该线圈通电时，机械手夹紧，该线圈断电时，机械手放松。

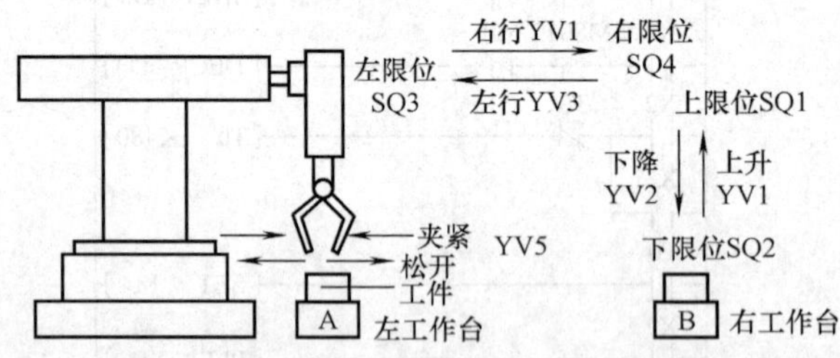

图 5-62　搬运机械手的动作示意图

二、电路设计分析

机械手的动作过程如图 5-63 所示，从原点开始，按下起动按钮时，下降电磁阀通电，机械手下降。下降到底时，碰到下限位开关，下降电磁阀断电，下降停止；同时接通夹紧电磁阀，机械手夹紧。夹紧后，上升电磁阀通电，机械手上升。上升到顶时，碰到上限位开关，上升电磁阀断电，上升停止；同时接通右移电磁阀，机械手右移。右移到位时，碰到右限位开关，右移电磁阀断电，右移停止。若此时右工作台上无工件，则光敏开关接通，下降电磁阀通电，机械手下降。下降到底时，碰到下限位开关，下降电磁阀断电，下降停止；同时夹紧电磁阀断电，机械手放松。放松后，上升电磁阀通电，机械手上升。上升到顶时，碰到上限位开关，上升电磁阀断电，上升停止；同时接通左移电磁阀，机械手左移。左移到原点时，碰到左限位开关，左移电磁阀断电，左移停止。至此，机械手经过 8 步动作完成了一个周期（下降—夹紧—上升—右行—下降—松开—上升—左行）。

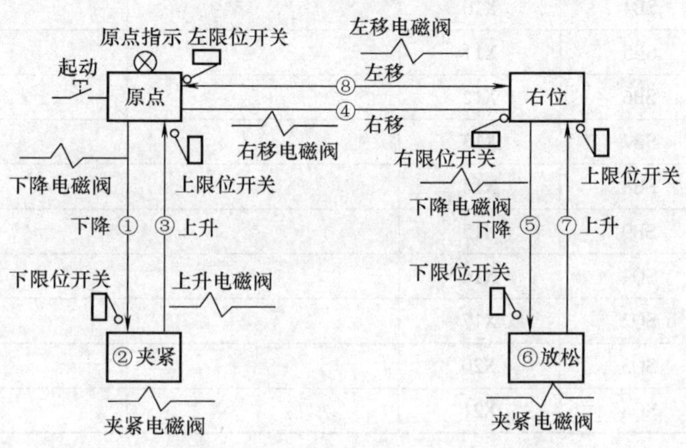

图 5-63　机械手的动作过程

机械手的操作方式分为手动操作方式、回原位操作方式和自动操作方式。

（1） 手动操作方式　用单个按钮的点动接通或切断各负载的模式。

（2） 回原位方式　按“回原位”使机械手自动复归原位的模式。

（3） 自动操作方式：

1） 单步工作方式。每次按下起动按钮，机械手前进一个工序。

2） 单周期工作方式。在原点位置上，每次按下起动按钮时，机械手进行一次循环的自动运行并在原位停止。

3） 连续运行工作方式。在原点位置上，只要按下起动按钮时，机械手的动作就将自动地、连续不断地周期性循环。若按下停止按钮，则继续动作至原位后停止。

三、程序设计

1. 输入与输出点分配和操作面板设计

通过以上分析，可得 PLC 控制系统的输入/输出（I/O）点的分配见表 5-5。

表 5-5　PLC 控制系统输入/输出（I/O）点的分配

输　入			输　出		
设备名称	代号	输入点编号	设备名称	代号	输出点编号
手动	SA	X0	上升电磁阀线圈	YV1	Y0
回原位	SA	X1	下降电磁阀线圈	YV2	Y1
单步	SA	X2	左行电磁阀线圈	YV3	Y2
单周期	SA	X3	右行电磁阀线圈	YV4	Y3

（续）

输　入			输　出		
设备名称	代号	输入点编号	设备名称	代号	输出点编号
连续	SA	X4	夹紧、放松电磁阀线圈	YV5	Y 4
回原位	SB1	X5			
自动起动按钮	SB2	X6			
停止按钮	SB3	X7			
上升按钮	SB4	X10			
下降按钮	SB5	X11			
左行按钮	SB6	X12			
右行按钮	SB7	X13			
夹紧按钮	SB8	X14			
松开按钮	SB9	X15			
上限位开关	SQ1	X16			
下限位开关	SQ2	X17			
左限位开关	SQ3	X20			
右限位开关	SQ4	X21			

操作面板设计如图 5-64 所示。

2. 画出 PLC 接线图

PLC 接线图如图 5-65 所示。

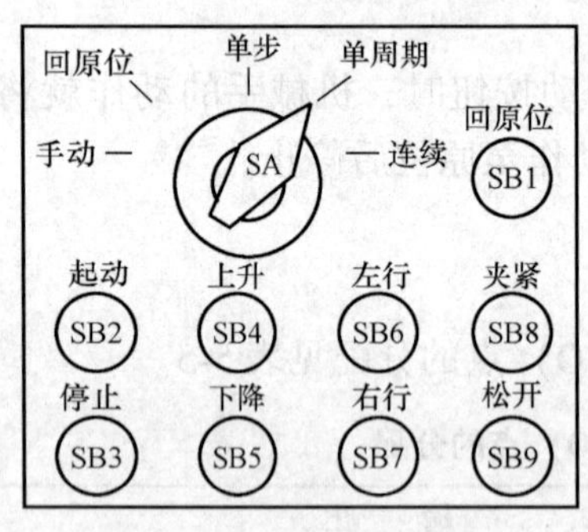

图 5-64　操作面板设计

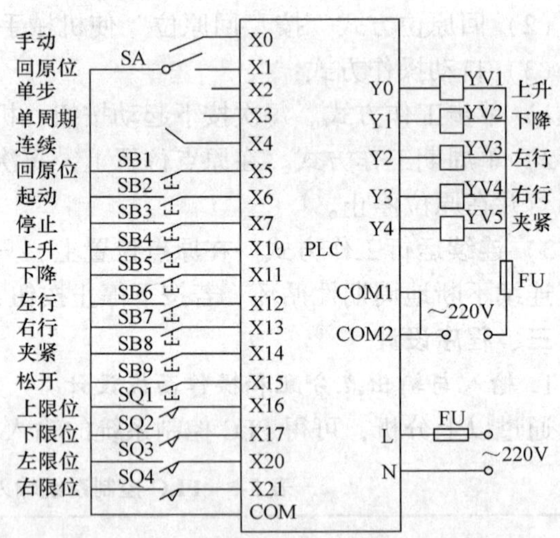

图 5-65　PLC 接线图

3. 设计梯形图程序

一般情况下，运用步进指令编写机械手顺序控制的程序比用基本指令更容易、更直观，但在机械手控制系统中，手动和回原位工作方式用基本指令很容易实现，故手动和回原位工作方式用基本指令编写，自动工作方式用步进指令编写。

机械手控制系统的程序总体结构如图 5-66 所示，分为公用程序、自动程序、手动程序和回原位程序 4 部分。其中自动程序包括单步、单周期和连续运行的程序，由于它们的工作顺序相同，所以可将它们合编在一起。

如果选择“手动”工作方式，即 X0 为 ON，X1 为 OFF，则 PLC 执行完公用程序后，将跳过自动程序到 P0 处，由于 X0 动断触点断开，所以直接执行手动程序。由于 P1 处 X1 的动断触点闭合，所以又跳过回原位程序到 P2 处。

如果选择回原位工作方式，即 X0 为 OFF，X1 为 ON，同样只执行公用程序和回原位程序。如果选择“单步”、“单周期”或“连续”方式，则只执行公用程序和自动程序。

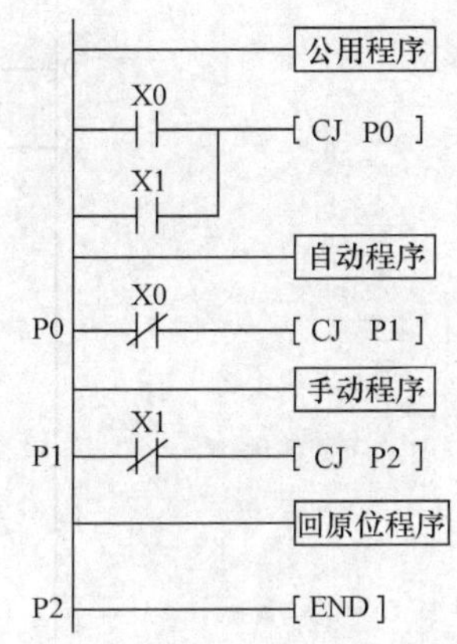

图 5-66　系统的程序总体结构

公用程序如图 5-67 所示，当系统执行单步工作方式时，X2 为 0N，M8040 导通，实现禁止状态转移，从而实现单步工作方式，即在完成某一步的动作后，必须按一次起动按钮，系统才能进入下一步。图中的指令 ZRST（FNC40）是成批复位的功能指令，当 M8002 为 0N 时，对 S0 ~ S27 复位。

手动程序如图 5-68 所示，用 X10 ~ X15 对应机械手的上下、左右移行和夹钳松紧的按钮。按下不同的按钮，机械手执行相应的动作。在左、右移行的程序中串联上限位开关的动合触点是为了避免机械手在较低位置移行时碰撞其他工件。为了保证系统安全运行，程序之间还进行了必要的联锁。

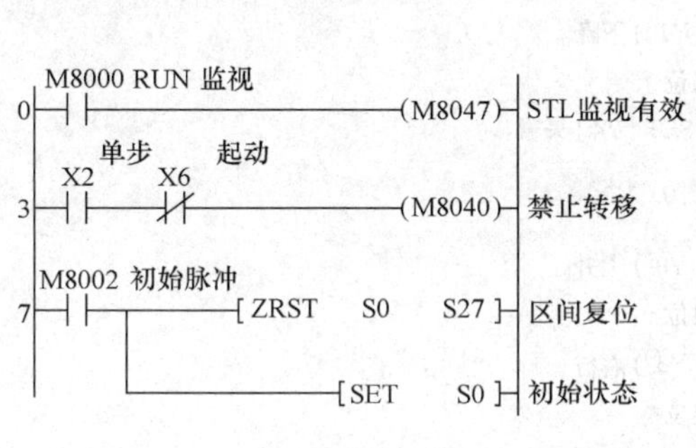

图 5-67　公用程序

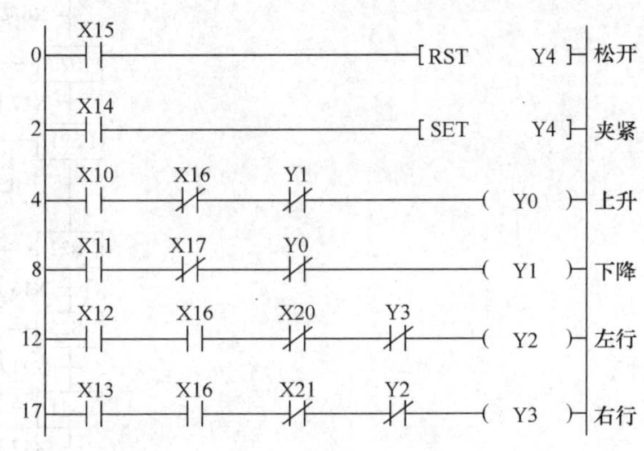

图 5-68　手动程序

回原位程序如图 5-69 所示，在选择开关处于“回原位”位置时（X1 为 0N），按下回原位按钮 SBl（X5 为 ON），M1 变为 ON，机械手松开并上升，当升到上限位（X16 变为 0N），机械手左行，直到碰到左限位开关（X20 变为 ON）才停止，并且 M1 复位。

图 5-70 所示为机械手的自动连续运行状态转移图。图中特殊辅助继电器 M8002 仅在运行开始时接通。S0 为初始状态，对应回原位的程序。

系统处于单周期工作方式时，X3 为 0N；当机械手在原位时，夹钳松开，Y4 为 OFF，上限位 X16、左限位。X20 为 ON，这时按下起动按钮 X6，状态由 S0 转换到 S20，Y1 线圈得电，机械手下降。当机械手碰到下限位开关时，X17 变为 ON，状态由 S20 转换为 S21，

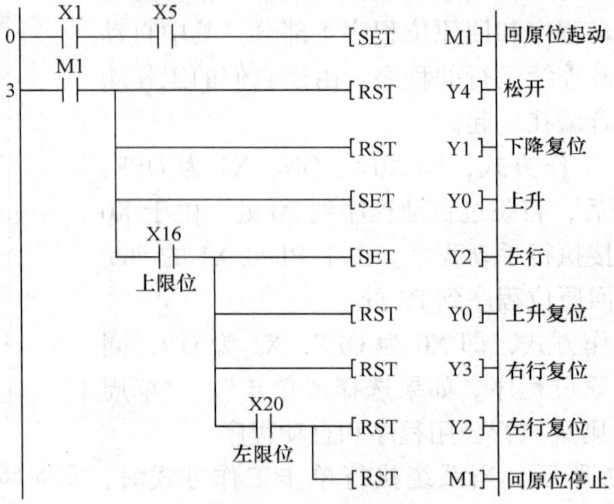

X1
X5
0
SET M1
回原位起动
M1
3
RST Y4
松开
RST Y1
下降复位
SET Y0
上升
X16
上限位
SET Y2
左行
RST Y0
上升复位
RST Y3
右行复位
X20
左限位
RST Y2
左行复位
RST M1
回原位停止

图 5-69　回原位程序

M8002
S0
Y4松开
X16上限位
X20左限位
X6起动
S20
(Y1)下降
X17下限位
S21
[SET Y4]夹紧
(T0 K20)
T0
S22
(Y0)上升
X16上限位
S23
(Y3)右行
X21右限位
S21
(Y1)下降
X17下限位
S25
[RST Y4] 松开
(T1 K20)
T1
S26
(Y0) 上升
X16上限位
S27
(Y2) 左行
左限位X20
单周期X3
X20左限位
X4连续
S0
S20

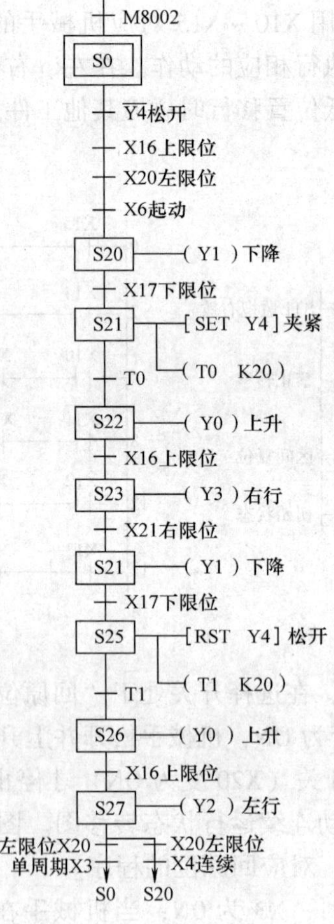

图 5-70　机械手的自动连续运行状态转移图

Y1 线圈失电，机械手停止下降，Y4 被置位，夹钳开始夹持，定时器 T0 起动，经过 2s 后，T0 的触头接通，状态由 S21 转换为 S22，机械手上升。系统如此按工序一步一步顺序运行。当机械手返回到原位时，X20 变为 ON，此时 X3 为 ON，X4 为 OFF，状态由 S27 转换为 S0，等待下一次起动，此时不是连续工作方式，因此机械手不会连续运行。

系统处于连续方式时，X3 为 OFF，X4 为 ON，X4 的动合触点闭合，其他工作过程与单周期方式相同，一个周期结束后，状态由 S27 转换为 S20，机械手自动进入新的一次运行过程，因此机械手能自动连续运行。

机械手的自动连续运行状态梯形图如图 5-71 所示。

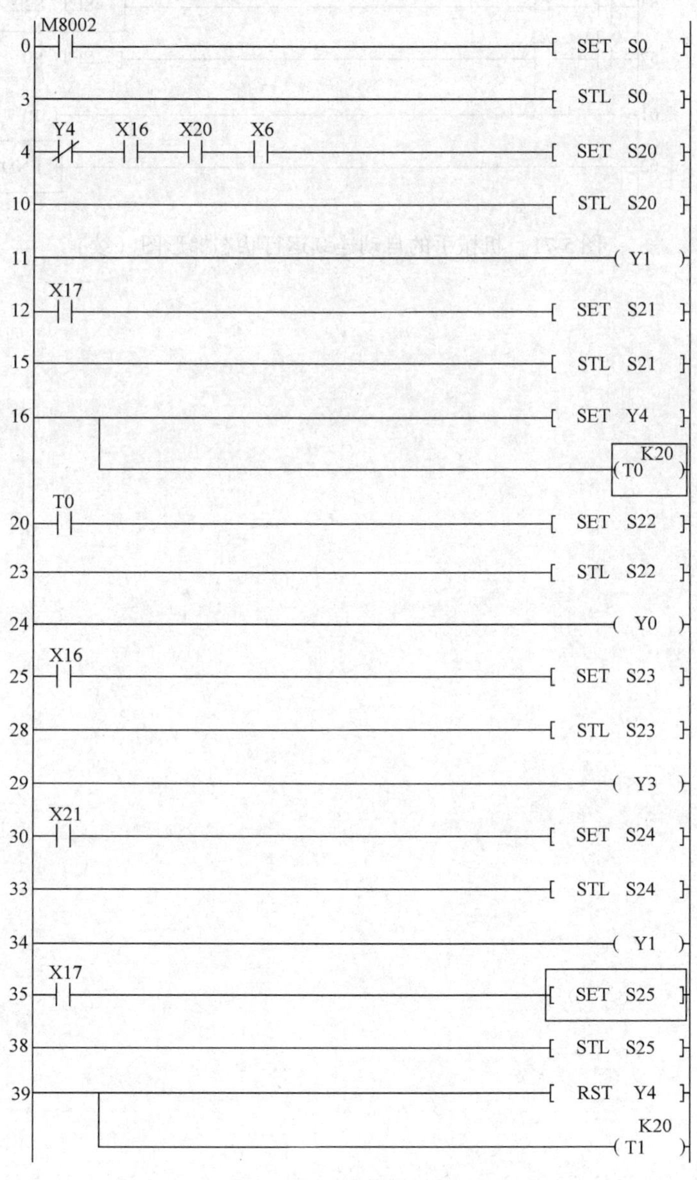

图 5-71 机械手的自动连续运行状态梯形图

```
    T1
43 ─┤├──────────────────────────[ SET  S26 ]
46 ─────────────────────────────[ STL  S26 ]
47 ─────────────────────────────( Y0 )
    X16
48 ─┤├──────────────────────────[ SET  S27 ]
51 ─────────────────────────────[ STL  S27 ]
52 ─────────────────────────────( Y2 )
    X20    X4
53 ─┤├─────┤├───────────────────[ SET  S20 ]
    X20    X3
57 ─┤├─────┤├───────────────────[ SET  S0 ]
61 ─────────────────────────────[ RET ]
62 ─────────────────────────────[ END ]
```

图 5-71　机械手的自动连续运行状态梯形图（续）

第六章 FX系列PLC、变频器及触摸屏的综合应用

第一节 触摸屏及其基本操作

随着多媒体信息查询的与日俱增，人们越来越多地谈到触摸屏，因为触摸屏不仅适用于中国多媒体信息查询，而且触摸屏具有坚固耐用、反应速度快、节省 空间、易于交流等优点。利用这种技术，用户只要用手指轻轻地触摸显示屏上的图符或文字就能实现对主机的操作，从而使人机交互更为直截了当，这种技术大大方便了那些不懂计算机操作的用户。

触摸屏作为一种最新的计算机输入设备，它是目前最简单、方便、自然的一种人机交互方式。它赋予了多媒体以崭新的面貌，是极富吸引力的全新多媒体人机交互设备。触摸屏在我国的应用范围非常广阔，主要是公共信息的查询；如电信局、税务局、银行、电力等部门的业务查询；城市街头的信息查询；此外应用于领导办公、工业控制、军事指挥、电子游戏、多媒体教学、房地产预售等。将来，触摸屏还要走入家庭。

随着网络作为信息来源的与日俱增，使得系统设计师们越来越多地感到使用触摸屏的确具有相当大的优越性。

一、触摸屏的工作原理

为了操作上的方便，人们用触摸屏来代替鼠标、键盘和控制屏上的开关、按钮。工作时，我们必须首先用手指或其他物体触摸安装在显示器前端的触摸屏，然后系统根据手指触摸的图标或菜单位置来定位选择信息输入。触摸屏由触摸检测部件和触摸屏控制器组成；触摸检测部件安装在显示器屏幕前面，用于检测用户触摸位置，接受后送入触摸屏控制器；而触摸屏控制器的主要作用是从触摸点检测装置上接收触摸信息，并将它转换成触点坐标，再送给 CPU，它同时能接收 CPU 发来的命令并加以执行。

二、F940GOT 的使用操作

1. 画面构成

触摸屏又称为图示操作终端，简称为 GOT，本书以三菱 F940GOT 为例对其使用操作加以介绍，其系统构成如图 6-1 所示。

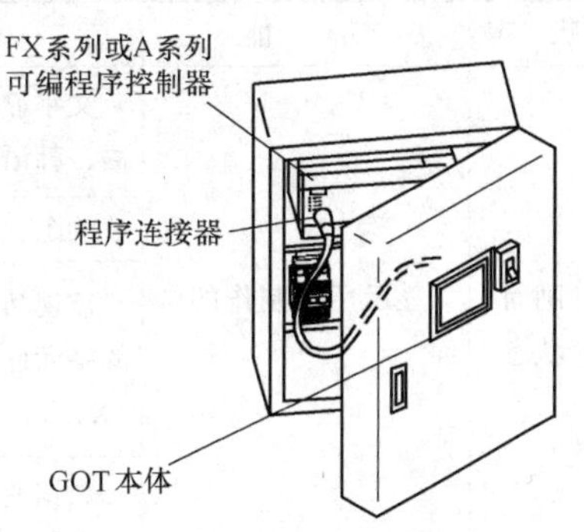

图 6-1 触摸屏的系统构成

触摸屏与 FX 系列可编程序控制器的程序连接器连接，可以一边观看画面中对可编程序控制器的各软元件的监视以及数据的变化，一边进行显示。其中，显示画面分为用户制作内容和 GOT 预置内容。预置的画面有多

种功能，各功能的用户制作的画面（用户制作画面）与 GOT 原有的画面（系统画面）如下：

（1）用户制作画面　用户制作画面具有以下几种功能，当使用画面保护功能时可以限制所显示的画面。

1）画面显示功能。最多可显示 500 个用户制作画面。可同时显示数个画面，也可以进行自由切换。除可显示英文、数字、片假名、汉字等文字之外，还能显示直线、圆、四边形等简单的图形，F940GOT-SWD 可用 8 种颜色的彩色画面进行显示。

2）监示功能。可用数值或条形图监示显示可编程序控制器字元件的设定值或现在值。通过可编程序控制器的位元件的 ON/OFF 可颠倒显示画面的指定区域。

3）数据变更功能。可变更正在监示的数值或条形图的数据。

4）开关功能。可通过 GOT 的操作键来 ON/OFF 可编程序控制器的位元件。可将显示面板设定为触摸键，行使开关功能。

（2）系统画面

1）监示功能。可监视清单程序（只有 FX 系列有），可在命令清单程序方式下进行程序的读出/写入/监示，可缓冲存储器（只有 FX2N，FX2NC 系列有），可读出/写入/监示特殊模块的缓冲存储器（BFM）的内容；也可进行软元件监示，可监示、变更可编程序控制器的各软元件的 ON/OFF 状态，定时器、计数器及数据寄存器的设定值或现在值。可对指定的位元件进行强制 ON/OFF。与前述的画面显示功能的监示功能不同，只要通过键操作选择元素序号就能进行画面显示。

2）数据采样功能。在特定周期或当触动条件成立时收集指定的数据寄存器的现在值，用清单形式或图表形式显示采样数据，通过清单形式用打印机打印出采样数据。

3）报警功能。可使最多 256 点的可编程序控制器的连续位元件与报警信息相对应。位元件 ON 后，在用户画面上，与对应的信息重合、显示。此外，位元件 ON 后，也可显示指定的用户制作画面。位元件 ON 后，用户制作画面上显示与软元件相对应的信息。也可以浏览显示。可保存最多 1000 个报警次数，还可通过画面制作软件打印。

4）其他功能。内存实际计时器，可设定、显示时间；可调节画面的对比度和蜂鸣器音量。

2. 状态功能

将前面说明的各种功能分为 6 个状态。操作者可通过选择状态来使用这些功能，见表 6-1。

表 6-1　状态功能

状　态	功　能	功能概要	备　注
画面状态	显示用户制作的画面	文字显示：英文、数字、假名、汉字、外文等文字；用日语、英语、韩语、中文	见表注
		绘图：直线、圆、四边形等图形	
		监视功能：用数值/条形图/折线图/仪表形式显示可编程序控制的字元件（T，C，D，V，Z）的设定值或现在值。可通过位元件（X，Y，M，S，T，C）的 ON/OFF 颠倒指定范围的画面显示色	
		数据变更功能：可用变更数值/条形图/折线图/仪表形式变更字元件（T，C，D，V，Z）的设定值或现在值	

（续）

状态	功能	功能概要	备注
画面状态	显示用户制作的画面	开关功能：用瞬间控制、间歇控制设置/复位形式控制位元件（X，Y，M，S，T，C）的ON/OFF	
		画面切换：显示画面的切换，用可编程序控制器或触摸键指定切换	
		接收功能（数据文件传送）：向可编程序控制器传送保存在GOT中的文件	
		安全功能（画面保护功能）：只显示与密码一致的画面（系统画面也可）	
HPP状态	程序（清单）	可用命令清单程序的形式读出/写入/监示程序	FX系列有效
	参数	可读出/写入程序量、存储器锁定范围等的参数	FX系列有效
	BFM监示	可对FX2N和FX2NC系列特殊块的后备存储器（BFM）进行监示，也可变更其设定值	FX2N和FX2NC系列有效
	软元件监示	可用元素序号或注释监示位元件的ON/OFF及字元件的现在值和设定值	见表注
	变更现在值/设定值	可用元素序号或注释来变更字元件的现在值及设定值	
	强制ON/OFF	可强制ON/OFF位元件（X，Y，M，S，T，C）	
	状态监示	自动显示、监示处于ON动作的状态（S）序号（与MELSEC FX系列连接时有效）	FX系列有效
	PC诊断	读出并显示可编程序控制器的错误信息	
采样状态	条件设定	设定所采样的软元件（最多4点）及采样的开始/终止时间等条件	
	结果显示	用清单或图表形式显示采样结果	
	数据清除	清除采样数据	
报警状态	状态显示	按顺序浏览显示报警	
	记录	按顺序将报警与时间存储到记录中	
	总计	存储每个报警信息的发生次数	
	记录清除	清除报警记录	
检测状态	画面清单	按序号显示用户制作的画面	
	数据文件	变更接收功能中使用的数据	
	调试动作	可确认是否正确完成了用户制作画面显示时的键操作和画面切换	
其他状态	时间开关	使指定位元件在指定时间置ON	
	个人计算机传送	可在GOT与画面制作软件之间传送画面数据、采样结果和报警记录	
	打印机输出	用打印机打印采样结果、报警记录	
	关键字	可登录用于保护可编程序控制器程序的关键字。可进行系统语言、连接的可编程序控制器、连续传送、标题画面、菜单画面呼出、现在时间、背景灯熄灯时间设定、蜂鸣器音量调整、液晶对比度调整、画面数据清除等初期设定	

注：注释的制作在画面制作软件（FX-PCS-DU/WIN）中进行。

3. GOT 操作键的基本操作

GOT 操作键的基本操作，如图 6-2 所示。

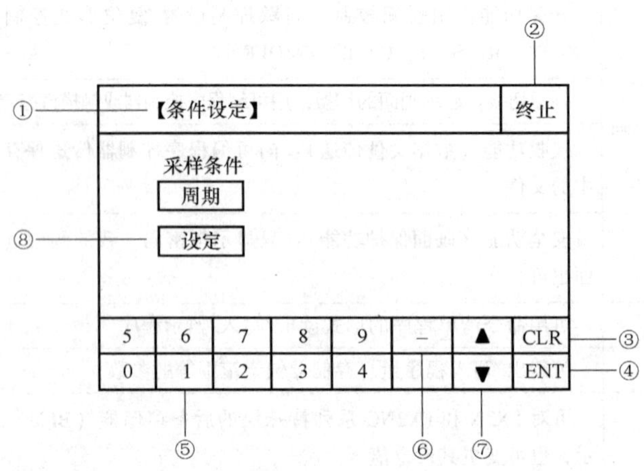

图 6-2　GOT 操作键的基本操作

① 功能显示，显示所选择的状态与功能。

② 终止，终止正在显示的功能，返回到前一个画面。

③ 清除，清除输入的英文字母或数值。

④ 执行，执行英文字母或数值的输入设定。

⑤ 0 ~ 9 键，进行数值输入。

⑥ 负号。

⑦ 光标。

⑧ 设定键，输入英文字母、数字时，若按设定键则显示键盘，再按执行键或清除键，键盘便消失。

4. 系统连接

可编程序控制器和外围设备通过连接器与 GOT 相连。GOT 的连接器如图 6-3 所示。

1）可编程序控制器用连接器（RS-422 连接器），用于与可编程序控制器进行通信的连接器。

2）个人计算机用连接器（RS-232C 连接器），传送画面制作软件制作的画面数据时与个人计算机连接。当个人计算机的 RS-232C 连接器为 9 针时，用 FX-232CAB-1；14 针时用 FX-232CAB-2 型数据传送电缆连接。

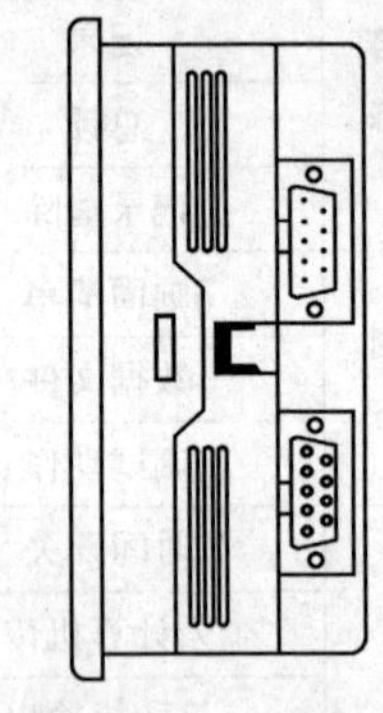

图 6-3　GOT 的连接器

5. 起动

GOT 从接通电源到状态选择后的起动，以及使用 GOT 时的重要环境设定如下：

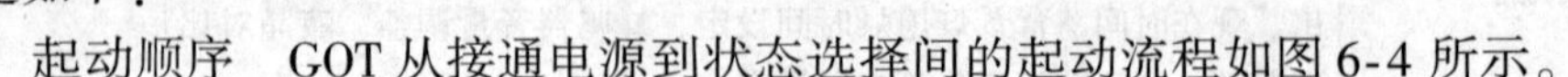

（1）起动顺序　GOT 从接通电源到状态选择间的起动流程如图 6-4 所示。

用所选产品中的连接电缆来连接 GOT 与 PLC。接通 GOT 的电源，并按触摸屏左上角 1s 以上，则会自动接通电源，显示工作环境所设定画面。在呼出画面时，可按触摸屏的四个角

（根据设定，在不清楚设定时，可依次按四个角），呼出如图 6-5 所示的模式选择画面。

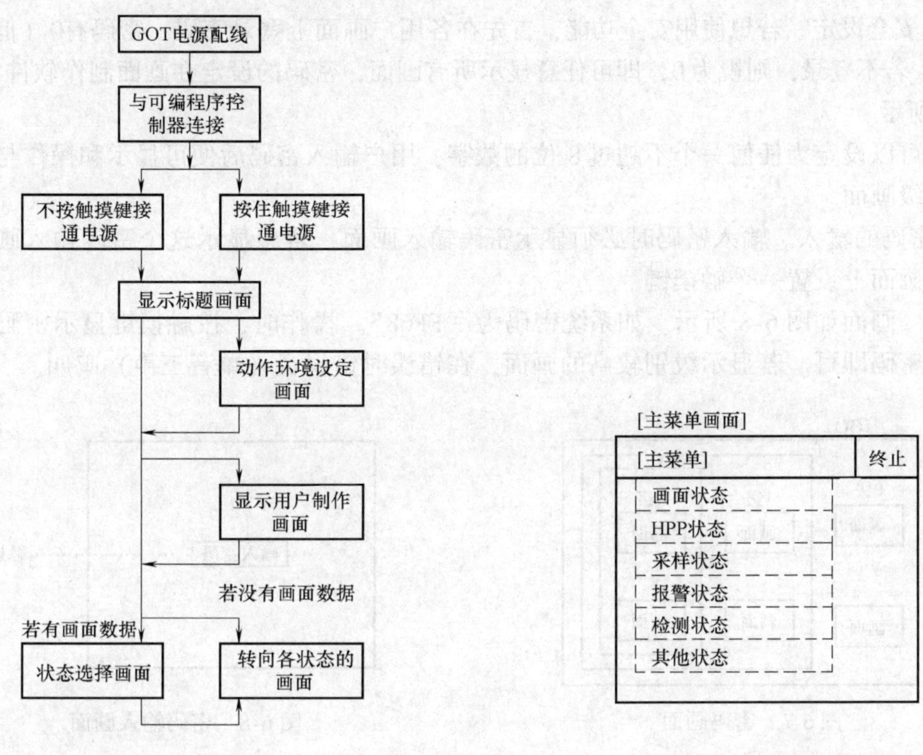

图 6-4　起动顺序　　　　图 6-5　系统连接

（2）动作环境设定　动作环境设定是为了起动 GOT 而进行重要的初期设定的功能。可按照前述的起动方法，按住左上角接通电源，或者从主菜单的“其他状态”中选择，从而显示动作环境设定画面。但是若用安全（画面保护）功能登录了关键字，若不与密码一致，就不能进行动作环境设定，设定步骤如图 6-6 所示。

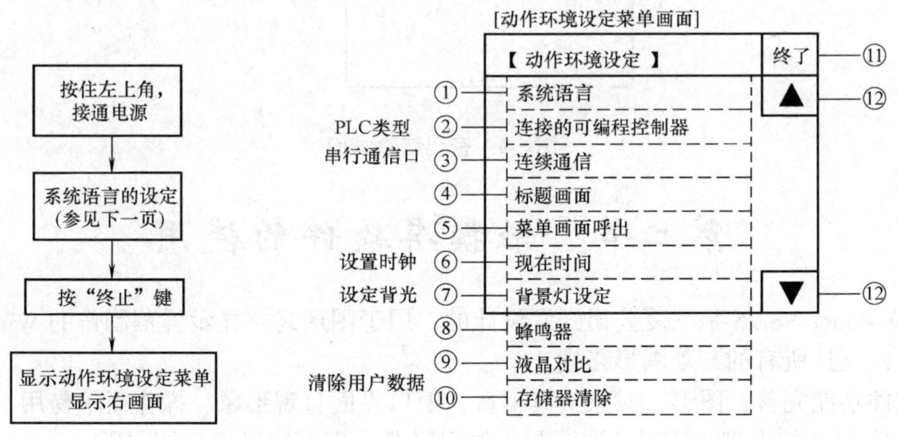

图 6-6　动作环境设定

在其中的标题画面中，显示所设定的时间、型号等内容，可以根据动作环境设定菜单画面中的内容进行操作。

（3）安全设定　若想使用安全功能，首先在各用户画面上登录密码，密码有0（低）~15（高）级，若不登录，则视为0，即可任意显示所有画面，密码的设定在画面制作软件中进行，如图6-7所示。

密码可以设定为任何一个不超过8位的数字，用户输入密码后便可显示和操作与密码一致的那一级画面。

1）密码的输入。输入密码时必须显示密码输入画面，若想显示这个密码输入画面，则有必要在画面上设置一个触摸键。

例如：画面如图6-8所示。如系统密码为“FF68”。操作时，按触摸键显示密码输入画面，键入密码即可。若显示级别较高的画面，在错误时错误音（单音三声）鸣叫。

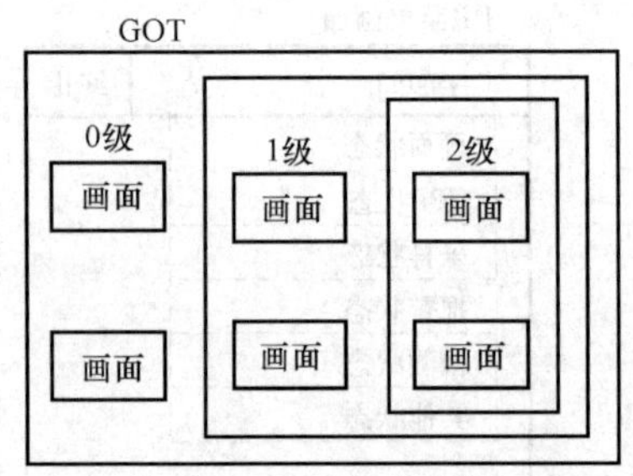

图6-7　密码画面

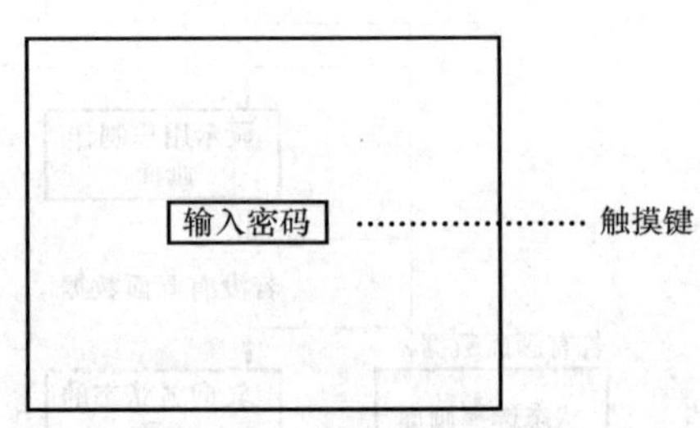

图6-8　密码输入画面

2）密码的解除。若想解除密码（返回0级），请在画面上设置触摸键。画面如图6-9所示。

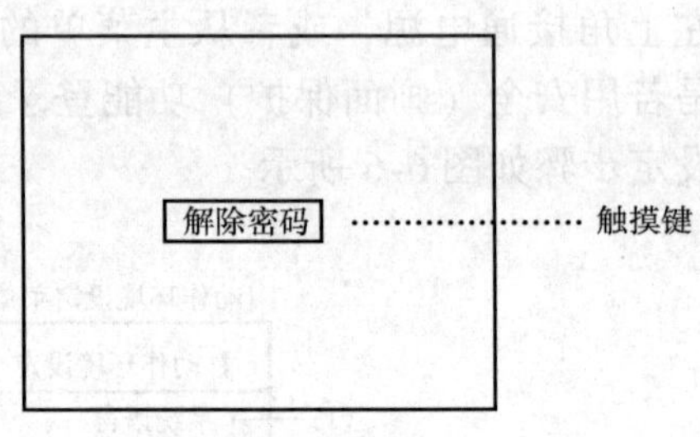

图6-9　密码解除画面

第二节　触摸屏软件的使用

GT Designer Ver. 5是三菱公司开发设计的，用于图形终端显示屏幕制作的Windows系统平台软件，支持所有的三菱图形终端。

该软件功能完善，图形、对象工具丰富，窗口界面直观形象，操作简单易用。可以方便地改变所接PLC的类型，实时读取、写入显示屏幕，还可以设置保护密码。

一、软件屏幕配置和各种工具

软件屏幕配置和各种工具如图6-10所示。

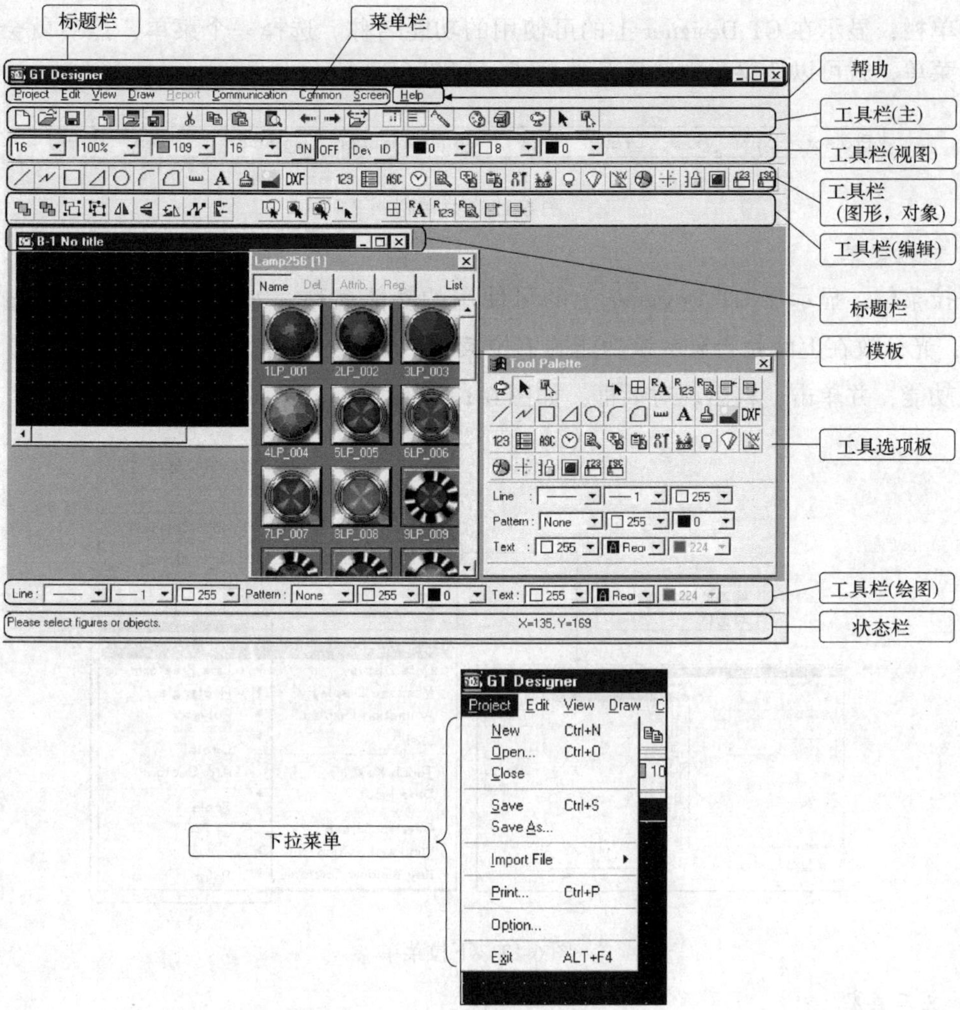

图 6-10　软件屏幕配置和各种工具

1. 标题栏

标题栏，显示屏幕的标题。将光标移动到标题栏上，可以将屏幕拖到所需要的位置。GT Designer 具有应用窗口标题栏和屏幕标题栏，如和部分工具的使用操作、画面的制作，及数据的读取、传送等，如图 6-11 所示。

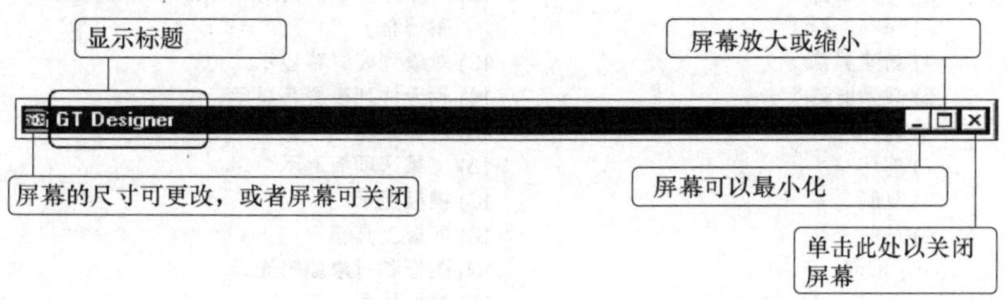

图 6-11　标题栏

2. 菜单栏

菜单栏，显示在GT Designer上的可使用的功能名称。选择一个菜单，然后就会出现一个下拉菜单，就可以从菜单中选择各种功能，如图6-12所示。

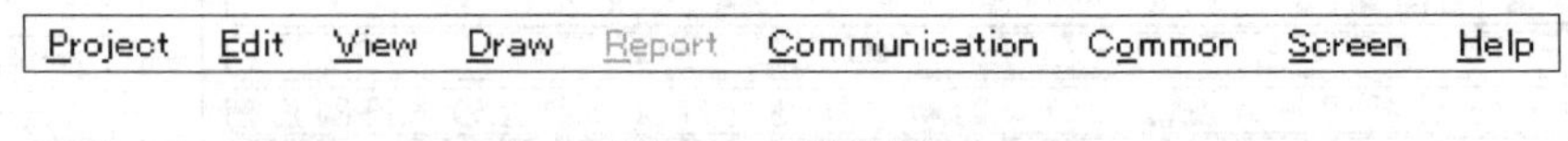

图6-12 菜单栏

3. 下拉菜单

下拉菜单，显示在GT Designer上的可使用的功能名称。如果在下拉菜单的右边显示"▼"，光标放在上面就会显示该功能的下拉菜单。如果在功能名称上显示"…"，将光标移到该功能，并单击，将出现对话框，如图6-13所示。

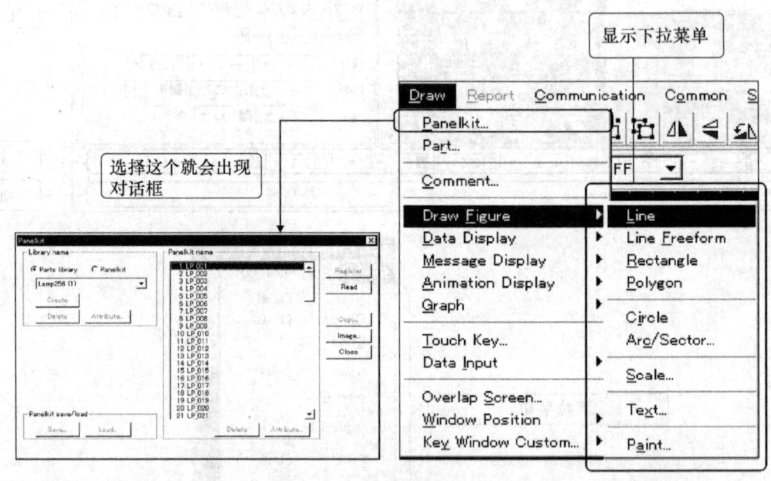

图6-13 下拉菜单

4. 主工具栏

主工具栏，在菜单栏上分配的基本项目以按钮的形式显示，将光标移动到任意工具按钮上，然后单击它，以执行相应的功能，如图6-14所示。

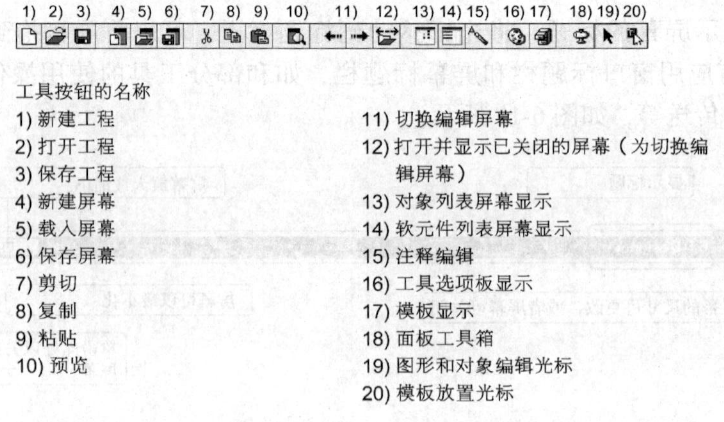

图6-14 主工具栏说明

5. 设定工具栏

设定工具栏，在菜单栏上分配的项目（移动距离、模式等）以按钮形式显示，将光标移动到“▼”上，然后单击它以打开相应项目的下拉菜单，将光标移动到你想更改的属性上，然后单击它，以执行相应的功能，如图 6-15 所示。

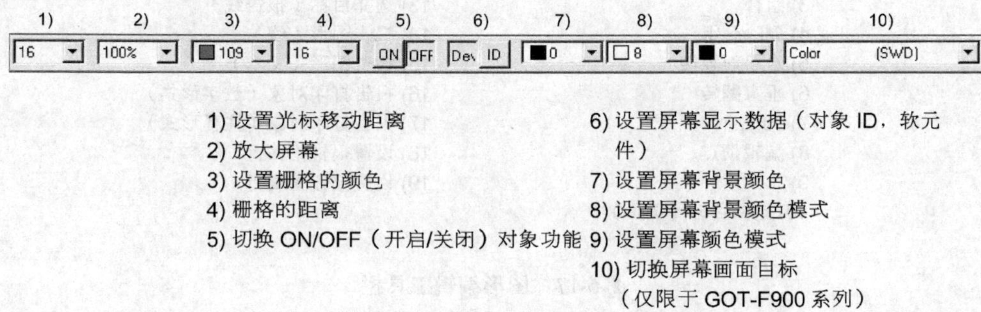

图 6-15　设定工具栏

6. 图形、对象工具栏

图形、对象工具栏，在工具选项板里排列的图形/对象设置项目以按钮的形式显示的地方。将光标移动到任一工具按钮上，然后单击它，以执行相应的功能，如图 6-16 所示。

工具按钮的名称

1) 直线
2) 连续直线
3) 长方形
4) 多边形
5) 圆
6) 圆弧
7) 扇形
8) 刻度
9) 文本
10) 着色
11) 插入 BMP 格式文件
12) 插入 DXF 格式文件
13) 数字显示功能
14) 数据列表显示功能
15) ASCII 显示功能
16) 时钟显示功能
17) 注释显示功能
18) 报警历史显示功能
19) 报警列表显示功能
20) 零件显示功能
21) 零件移动显示功能
22) 指示灯显示功能
23) 面板仪表显示功能
24) 线/趋势/条形图表显示功能
25) 统计图表显示功能
26) 散点图显示功能
27) 水平面显示功能
28) 触摸式按键功能
29) 数字输入功能
30) ASCII 输入功能

图 6-16　图形工具栏

7. 图形编辑工具栏

图形编辑工具栏，在菜单栏上分配的图形编辑项目以按钮形式显示的地方，将光标移动到任一按钮上，然后单击它，以执行相应的功能，如图 6-17 所示。

8. 绘图工具栏

绘图工具栏，在工具选项板上安排的项目（直线类型、模式、文本类型等）以列表形

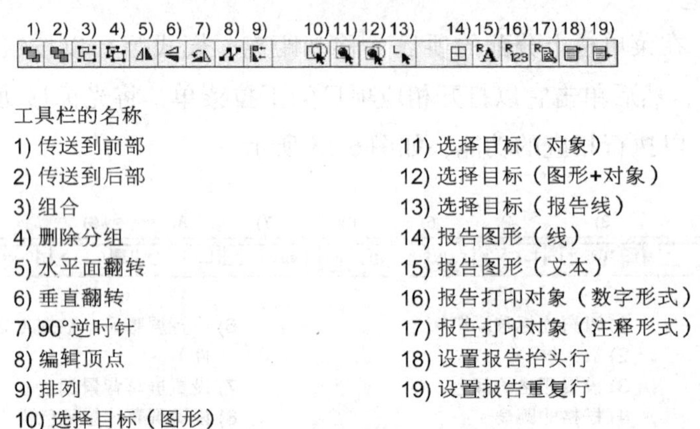

图 6-17　图形编辑工具栏

式显示，将光标移动到任一“▼”上，然后单击它，以打开相应项目的下拉菜单；将光标移动到你想更改的属性上，然后单击它，以执行相应的功能，如图 6-18 所示。

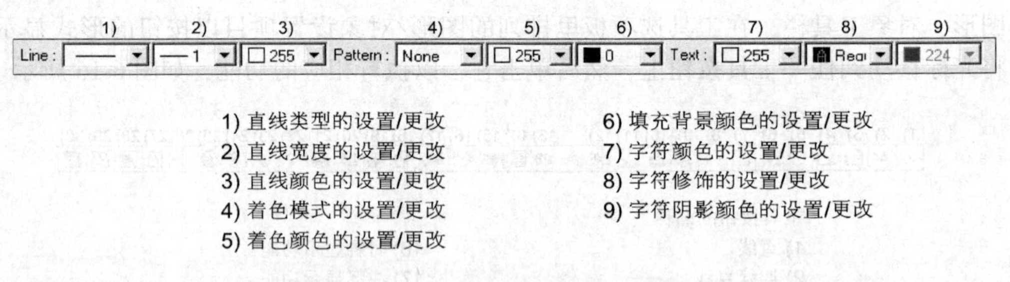

图 6-18　绘图工具栏

9. 状态栏

状态栏，显示当前操作状态和光标坐标的地方，如图 6-19 所示。

图 6-19　状态栏

10. 模板

这提供了便利地登录和读取面板工具箱和零件的地方。

11. 工具选项板

这是显示设置图形对象等的按钮的地方。

12. 帮助

这是显示如何操作 GT Designer，如何创建/编辑 GOT 屏幕数据，以及其他信息的地方。

二、软件对话框的基本操作

以数字显示和文本制作对话框为例加以说明，如图 6-20 所示。

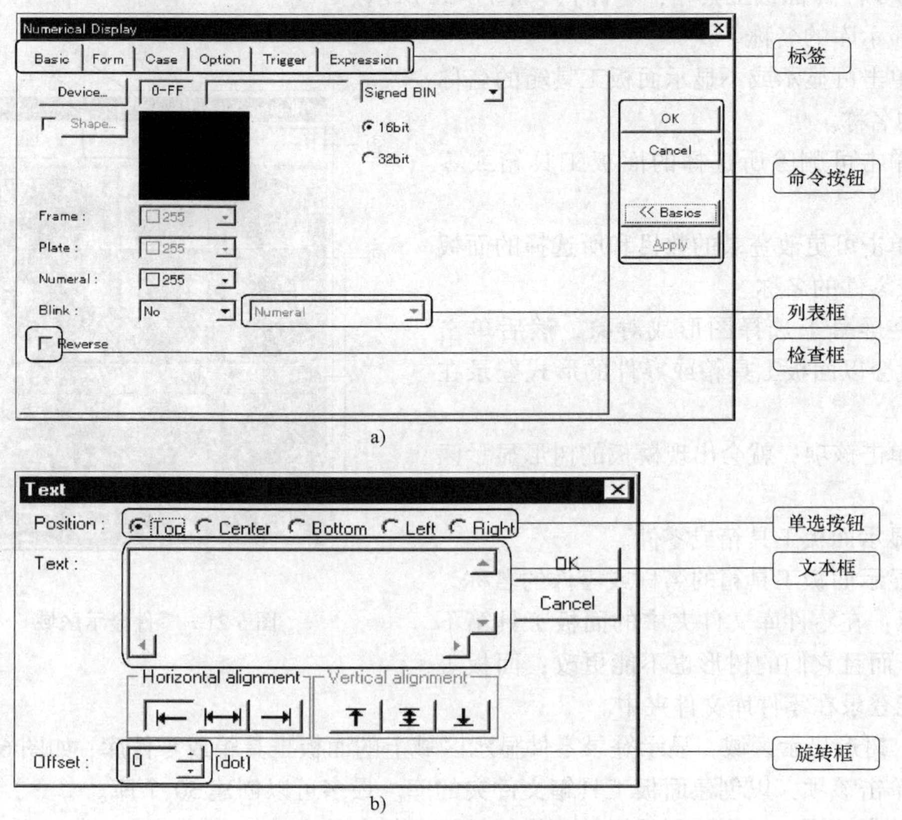

图 6-20　数字显示和文本画面

a）数字显示　b）文本

1）标签，要更改的标签，请单击显示设定项目的（　　）处。

2）命令按钮，OK 或者 Cancel 对于命令按钮来说有效。单击要执行的相应按钮。

3）列表框，单击▼，以显示用于选择的列表，然后单击相应的项目。

4）检查框，要执行该项目，请单击▼，以标注√。

5）单选按钮，单击○，以选择相应的项目。

6）文本框，从键盘上输入字符。

7）旋转框，有两种情况，一种是数值的直接输入；另一种是通过单击▼▲来更改数值。要直接输入数值，请单击旋转框，然后从键盘上输入数值；要通过单击▼▲来更改数值，单击▲，数值就会增加，单击▼，数值就会减少。

三、模板操作

一个模板具有零件显示区域以及树形显示区域。

1. 零件/树形显示区域

（1）零件显示区域　该区域显示了登录在每个文件夹（零件库，面板工具箱，零件）的库中的零件（面板工具箱，零件），如图 6-21 所示。

① 显示库的名称。

② 单击可显示或不显示面板工具箱的名称和零件的名称。

③ 单击可删除所选择的面板工具箱或零件。

④ 单击可更改登录的数目和所选择的面板工具箱或零件的名称。

⑤ 在屏幕上选择图形或对象，然后单击它，它就会以面板工具箱或零件的形式登录在库里。

⑥ 单击该项，就会出现模板的树形显示区域。

⑦ 显示面板工具箱或零件。

⑧ 显示面板工具箱的名称或零件的名称。

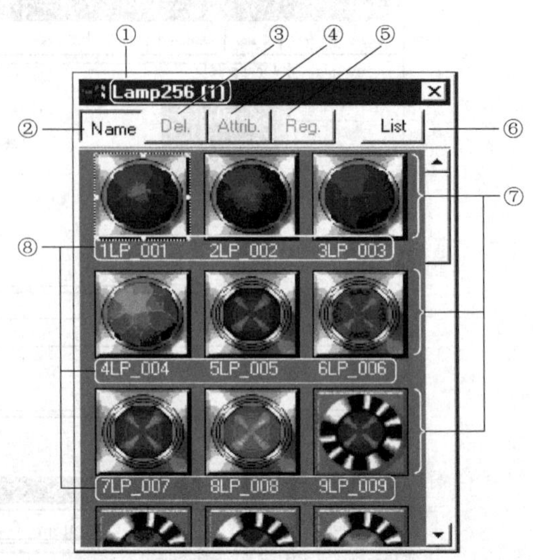

图 6-21　零件显示区域

注意：在零件库文件夹中的面板工具箱不能删除，而且它们的树形也不能更改；面板工具箱不能登录在零件库文件夹中。

（2）树形显示区域　显示登录零件显示区域上的面板工具箱或零件库，如图 6-22 所示。

① 单击该项，以创建面板工具箱文件夹的库。最多可以创建 50 个库。

② 单击该项，以删除所选择的面板工具箱文件夹的库。

③ 单击该项，以更改登录数目和所选择的面板工具箱文件夹库的名称。

④ 登录 GT Designer 提供的零件（用户未更改）。零件库文件夹中的一些零件表示对象，而其他的只表示图形。这些零件的读取和粘贴使得方便地设定指示灯图形和切换图形成为可能。

⑤ 用户所绘制的图形和对象可以面板工具箱登录。

⑥ 用户所登录的图形可以零件的形式登录。在本步骤所登录的零件可用于零件显示功能和零件移动功能中。

⑦ 显示该库。

⑧ 单击该项，以关闭树形显示区域。

注意：只有面板工具箱文件夹库可用于创建，删除和更改属性。

2. 零件的粘贴方法

具体操作如下：

1）引出树形显示区域，如图 6-22，然后双击登录可用于粘贴的面板工具箱或零件处的名称。

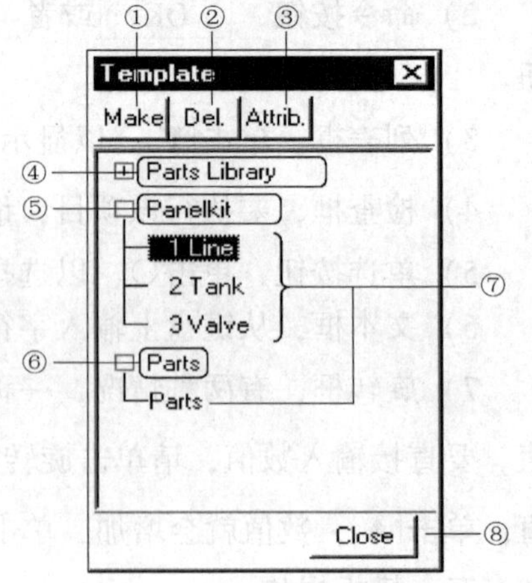

图 6-22　树形显示区域

2）单击期望的在零件显示区域上的面板工具箱或零件库，如图 6-22 所示。.

3）将光标移动到粘贴的位置，然后单击鼠标，零件就会被粘贴上，图 6-23 所示为放置好的一个元件。

图 6-23 元件的放置

若继续粘贴同样的元件，可按如下方法进行：

① 按住［Ctrl］键，然后再按下［C］键。

② 按住［Ctrl］键，然后再按下［V］键，粘贴零件，拖动并将其移动到粘贴位置。

若粘贴其他元件，则重复以上步骤。

四、规格说明

1. 创建屏幕的类型和数量

使用 GOT-F900 系列时，将创建基本屏幕、主窗口屏幕（显示方法：重叠窗口）。

基本屏幕可以单屏方式（每个屏幕）进行操作，F940GOT 为长：320 点，宽：240 点，屏幕最大数目：500、可登录的屏幕数目：1 到 500。

主窗口屏幕的窗口尺寸的设定范围，长：94 – 318 点，宽：81 – 220 点。

2. 绘制图形的类型

使用 GOT-F900 系列时，绘制图形的类型，见表 6-2。

表 6-2 绘制图形的类型

图 形	绘制例子	属性选择
直线		线条类型，线条类型
长方形		线条类型，着色方式，着色颜色
圆		
以位图/DXF 格式的图形数据		—
文本	ABC ABC ABC ABC	文本颜色，尺寸，排列

使用 GOT-F900 系列时，可用对象功能的类型，见表 6-3。

表 6-3 可用对象功能的类型

功　能	详 细 情 况
数字显示	该功能以数字值显示存储在字软元件中的数据。当达到某一值时，可更改在监控软元件上的显示颜色或值的属性
ASCII 显示	该功能显示字符串，在字软元件里以字符代码（ASCII 码）形式存储的确认数据
时钟显示	该功能显示 PLC CPU 的时钟数据（当使用 GOT-F900 系列时，显示 GOT 的时钟数据）。可以以时间/日期的形式显示
注视显示	该功能显示与位软元件 ON/OFF（开启/关闭）和字软元件的指定范围相关的注释，注释可以以多行显示区域显示
报警历史记录显示	该功能可显示时间和 ON（开启）状态的注释，以及与所指定的位软元件的 ON（开启）状态的注释相关的指定范围和所指定的字软元件的范围
报警列表显示（用户报警）	该功能可按照多个位软元件的注释相关的优先级显示 ON（开启）位软元件的注释
零件显示	该功能可显示指定的零件/屏幕或用与位软元件的 ON/OFF（开启/关闭）相关的部分屏幕或者字软元件的值相关零件/屏幕（在基本屏幕上显示的功能只适用于 GOT-A900）。它也可将 BMP/DXF 文件格式的图形显示为零件
指示灯显示	该功能可根据软元件的值更改指示灯的发光颜色
面板仪表显示	该功能可在仪表上用上/下限的比率显示字软元件的值。当监控软元件的值达到某一值时，仪表盘的颜色可以更改
趋势图显示	该功能可在指定的时间收集存储在字软元件的值，并将其显示在趋势图上。当该趋势图显示到屏幕的边缘，屏幕可以滚动，以进一步显示
折线图显示	该功能可成批收集多个字软元件的数据，并以折线图显示
条形图显示	该功能可用条形图显示存储在多个字软元件的数据
统计图显示	该功能可收集多个字软元件的数据，并以统计图形式显示每个字软元件数据的百分比
触摸式按键	该功能可根据触摸式按键的触摸来执行位软元件的 ON/OFF（开启/关闭），字软元件值更改，屏幕切换等
数字输入	该功能可将期望值输入到所指定的字软元件中
ASCII 输入	该功能可将期望的 ASCII 码输入到期望的字软元件中
硬复制	硬复制功能可使你捕获并打印 GOT 监控屏幕，并可通过将位软元件设置为 ON/OFF（开启/关闭）或通过触摸在触摸式按键（扩展）设置里所设置的触摸式按键，并使用 BMP/JPEG 类型的文件来将监控屏幕保存到 PC 卡中
条形码	该功能可从条形码阅读机上将数据写入到 PLC CPU 中
系统信息	该功能可用 PLC CPU 检查 GOT 的运行状态
观察状态	当指定条件激活时（指定位软元件的 ON/OFF（开启/关闭），指定字软元件值的范围），该功能可将数据写入到 PLC CPU 中
浮动报警显示	该功能可在与多个位软元件的注释相关的基本屏幕上从右到左按照产生的顺序显示 ON（开启）位软元件的注释
处方	该功能可将软元件设置为一个监控软元件，可将指定的数据写入到软元件中，可将指定的软元件范围写入到存储卡中，可将其写入到 PLC CPU 中
叠加屏幕	该功能可在当前的叠加显示屏幕上检索其他屏幕。被检索的屏幕以绿色框架显示
时间动作	该功能可在指定周期的指定时间时执行诸如软元件写的操作
抽样	该功能可收集指定周期里或位条件下的数据，并将其以图表或类似工具显示

第三节　PLC 与变频器的综合应用

一、PLC 与变频器的通信连接

1. PLC 的三种连接方法

（1）利用 PLC 的模拟量输出模块控制变频器　PLC 的模拟量输出模块输出 0～5V 电压或 4～20mA 电流，将其送给变频器的模拟电压或模拟电流输入端，以控制变频器的输出频率。这种控制方式的硬件接线简单，但是可编程序控制器的模拟量输出模块价格相当高，有的用户难以接受。

（2）PLC 通过 485 通信接口控制变频器　这种控制方式的硬线接线也比较简单，但是需要增加通信用的接口模块，这种模块的价格可能较高，熟悉通信模块的使用方法和设计通信程序可能要花较多的时间。

（3）利用 PLC 的开关量输入/输出模块控制变频器　PLC 的开关量输入/输出端一般可以与变频器的开关量输入/输出端直接相连。这种控制方式的接线很简单，抗干扰能力强，PLC 的开关量输出模块可以控制变频器的正反转、转速和加减速时间，能实现较复杂的控制要求。虽然只能有级调速，但对于大多数系统，这已足够了。

2. PLC 通过 485 通信接口控制变频器

该系统硬件组成如图 6-24 所示。

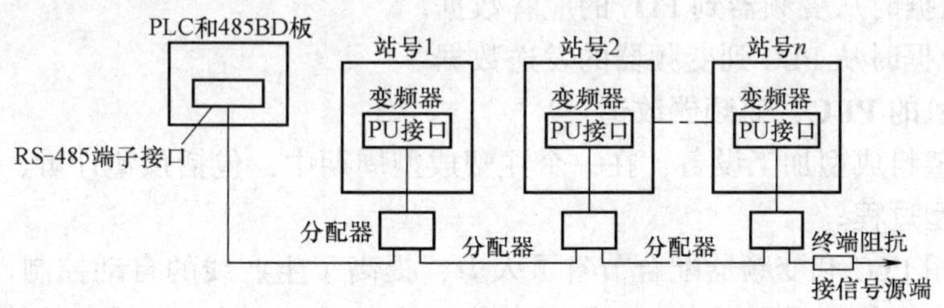

图 6-24　系统硬件组成

1）系统所用 PLC，如 FX2N 系列。

2）FX2N-485-BD 为 FX2N 系列 PLC 的通信适配器，主要用于 PLC 与变频器之间数据的发送和接收。

3）SC09 电缆用于 PLC 与计算机之间的数据传送。

4）通信电缆采用五芯电缆，可自行制作。

3. PLC 与 RS-485 通信接口的连接方式

变频器端的 PU 接口用于 RS-485 通信时的接口端子排的定义如图 6-25 所示。如图 6-26 所示，五芯电缆线的一端接变频器 FX2N-485BD，另一端用专用接口压接五芯电缆接变频器的 PU 接口。

4. PLC 和变频器之间的 RS-485 通信协议和数据传送形式

（1）PLC 和变频器之间的 RS-485 通信协议　PLC 和变频器进行通信，通信规格必须在变频器的初始化设定，如果没有进行设定或有一个错误的定位，数据将不能进行通信，且每次参数设定后，需要复位变频器，确保参数的设定生效。设定好参数后将按该协议进行数据通信，如图 6-27 所示。

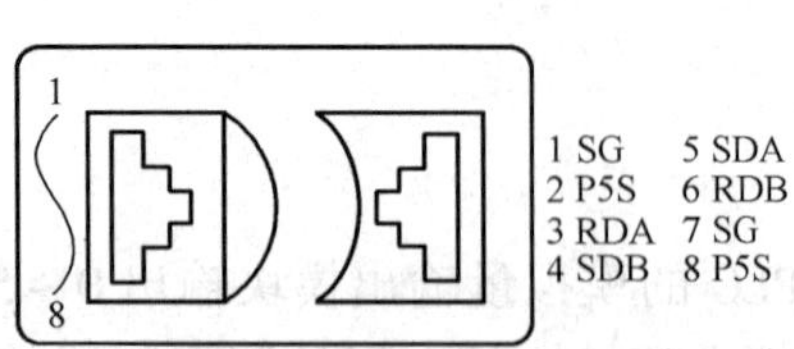

图 6-25　变频器接口端子排的定义

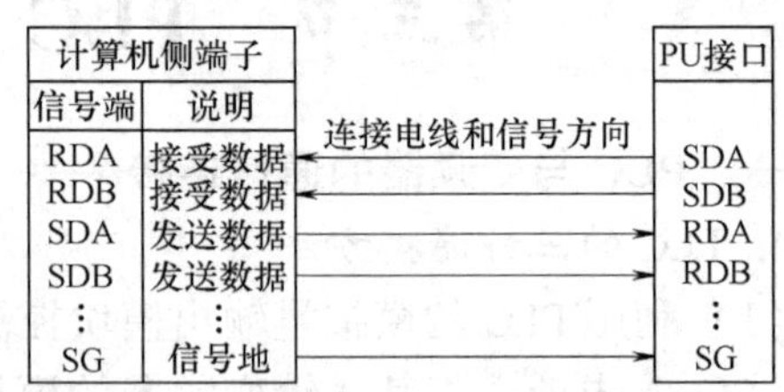

图 6-26　PLC 与变频器的通信连接示意图

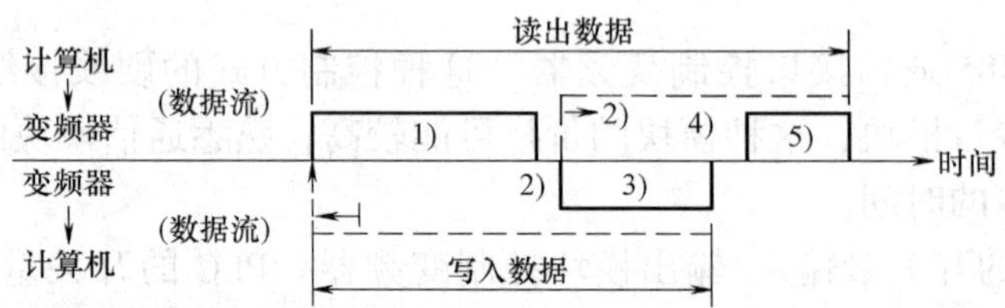

图 6-27　RS-485 通信协议

（2）数据传送形式

1）从 PLC 到变频器的通信请求数据。

2）写入数据时从变频器到 PLC 的应答数据。

3）读出数据时从变频器到 PLC 的应答数据。

4）读出数据时从 PLC 到变频器的发送数据。

二、注塑机的 PLC、变频器改造

注塑机是塑料成型加工设备，在一个注塑成型周期中，包括预塑计量、注射充模、保压补缩、冷却定型过程。

注塑机采用 PLC 和变频器配合节省了人力，提高了生产线的自动控制性能和稳定程度，并且设备的安全性能都得到了进一步提升，从而提高了生产效率和设备的使用寿命。

1. 注塑机拖动系统工作原理分析

对注塑机控制电路进行变频调速电气化改造，首先要分析其工作原理，然后确定相应的控制方案，并设计相应的程序。注塑机拖动系统的电气原理图如图 6-28 所示。

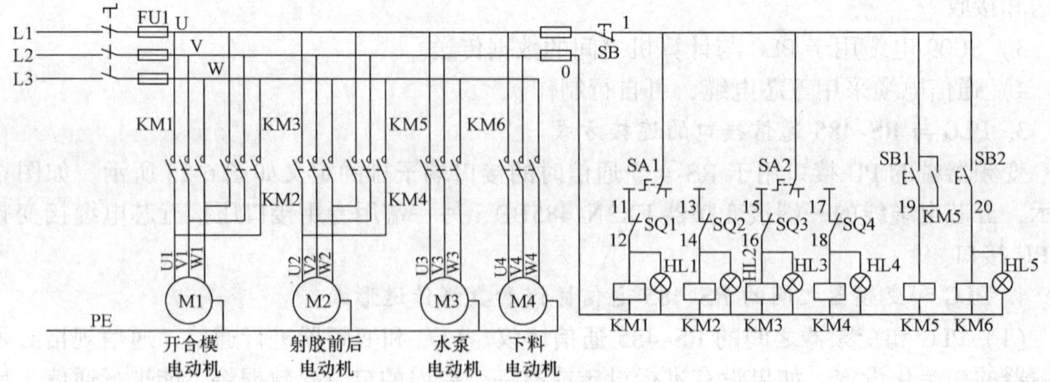

图 6-28　电气原理图

根据注塑机拖动系统电气原理图，其工作原理分析如下：

（1）溶胶加热

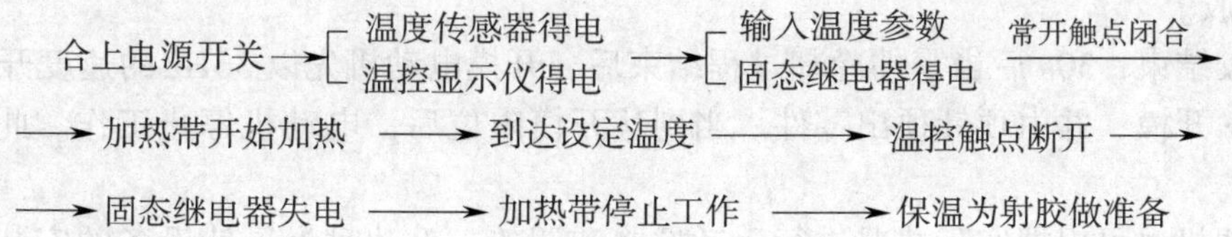

（2）开合模

合上开关 —转换开关转向开模→ KM1线圈得电 → KM1主触点闭合 → 电动机M1正转 → 当撞下行程开关SQ1 → 电动机停止转动（开模结束）

合上开关 —转换开关转向合模→ KM2线圈得电 → KM2主触点闭合 → 电动机M1反转 → 当撞下行程开关SQ2 → 电动机停止转动（合模结束）

（3）射胶前进后退

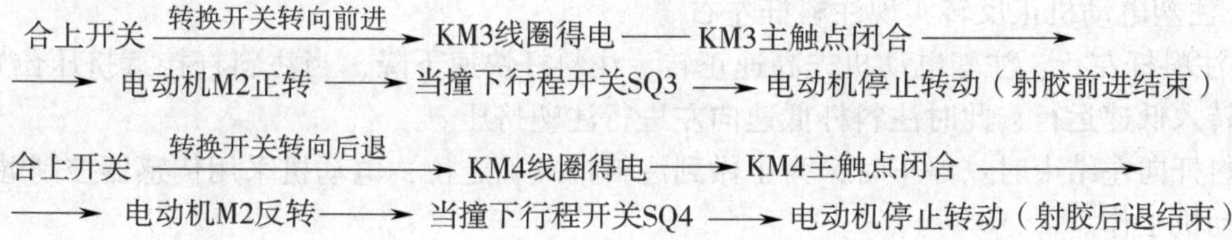

（4）水泵

合上开关 —按下水泵起动按钮SB1→ KM5线圈得电 → KM5主触点闭合 → 电动机M3正转 → 按下急停按钮 → 水泵停止工作

（5）射胶

合上开关 —按下射胶点起动按钮SB2→ KM6线圈得电 → KM6主触点闭合 → M4电动机反转 → 松下按钮 → 射胶电动机停止转动

2. 电路设计分析

（1）变频器控制方案　设计控制内容为：

1）起动加热溶胶阶段，此时并伴有料仓冷却（水泵自动开启）。

2）等待5s后，模具开始合模，先快速50Hz合模，3s后，慢速20Hz锁模，直到合模限位接通，合模电动机停止工作。

3）当温度到达射胶温度（温度传感器触点接通），此时开始射胶；射台前移（先高速50Hz移动，3s后在慢速移动），当射台到位后，开始以40Hz转速向模具内射胶，5s后，以低速20Hz补胶保压；当到达射胶限位后，射胶电动机停止工作。

4）射胶结束，射台以 40Hz 速度后移，当到达限位后，开始溶胶下料，溶胶电动机以 10Hz 的速度后退下料，当到达溶胶限位时，溶胶下料电动机停止工作，但电加热继续，等待下一次射胶。

5）射胶结束，30s 后当零件冷却过程结束后，开模电动机先以 30Hz 的速度开模，3s 后以低速 15Hz 开模，并由顶针顶出零件。当到达开模限位后，电动机停止工作。此时整个注塑周期结束。

6）注塑机也可根据实际情况进行手动控制和调整。手动时为了使设备的安装与调试更加方便，在此设计了一个双重功能（手自动切换和手动）按钮，即当按下手自动切换时，当前工步结束，按一次手动执行下一工步，按两次执行下下一个工步；以此类推。

（2）设计 PLC 控制方案

1）模具电动机正反转实现合模和开模。

① 合模时：模具电动机先高速正转进行快速合模，当左模接近右模时，模具电动机转入低速运行进行合模。

② 合模结束时：为了做到准确停车，采用传感器控制继电器停止电动机的工作。

③ 开模时：模具电动机高速反转进行快速开模。

④ 开模结束时：为了做到准确停车，用传感器控制继电器停止电动机的工作。

2）注塑电动机正反转实现注料杆左右。

① 注料杆左行：注塑电动机先高速正转，注料杆快速下降，当注料杆接近挤压位置时，电动机转入低速运行，此时注料杆低速向左进行注塑挤压。

注料杆向左结束时：停车时，为了做到注料杆准确定位，电动机采用传感器控制继电器停止电动机工作。

② 注料杆上升：注塑电动机高速反转，注料杆快速上升。用传感器控制继电器停止电动机动作。

注料杆向右结束：为了做到准确停车，用传感器控制继电器停止电动机动作。

3）原料加热熔化和时间。同人工将一定量的塑料原料加入到料筒中，料筒中的塑料原料在加热器的作用下经过一段时间（1min 左右）加热后熔化，此时即可将其挤入模具成型。注塑机可以对很多不同的原材料（例如：聚丙烯、聚氯乙烯、ABS 原料等）进行生产和加工，由于原材料的性质不同，所以加热熔化的时间长短也不一样。这就要求加热的时间长短可以根据材料的性质不同进行调整。

4）温度加热器。温度加热器用于对原材料进行加热，温度的高低通过改变加热器两端的电压高低来实现，要求温度的高低可以调整。

5）开模时间。高温原材料挤入模具后，需要在模具中冷却一段时间，让其基本成型后才能打开模具，这一段时间为保模时间。由于产品的大小和原材料的性质的不同，不同产品的保模时间有所不同，这就要求保模时间长短可以调整。

3. 变频器控制电路及参数设计

变频器控制电路如图 6-29 所示。

结合实际控制应用及要求，设置变频器的参数见表 6-4。

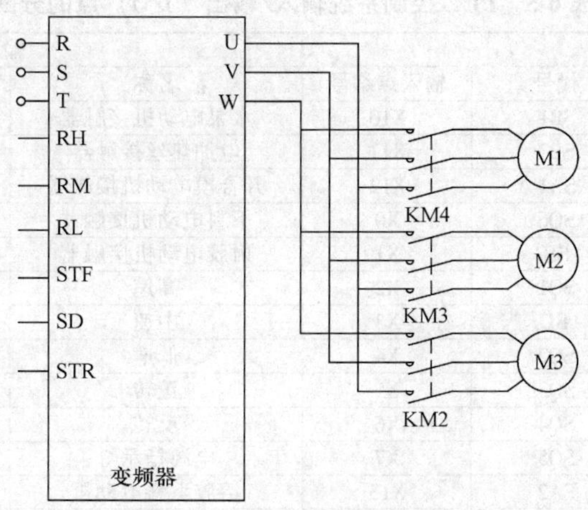

图 6-29　变频器控制电路

表 6-4　变频器参数

参数代码	功　　能	设定数据
Pr. 0	转矩提升	4%
Pr. 1	上限频率	50Hz
Pr. 2	下限频率	0Hz
Pr. 3	基准频率	50Hz
Pr. 4	多段速设定：1 段速	50Hz
Pr. 5	多段速设定：2 段速	20Hz
Pr. 6	多段速设定：3 段速	30Hz
Pr. 7	加速时间	2s
Pr. 8	减速时间	3s
Pr. 9	电子过流保护	1.7A
Pr. 14	适用负荷选择	0
Pr. 20	加减速基准频率	50Hz
Pr. 21	加减速时间单位	0
Pr. 24	多段速设定：4 段速	40Hz
Pr. 25	多段速设定：5 段速	10Hz
Pr. 26	多段速设定：6 段速	15Hz
Pr. 77	参数写入选择	0
Pr. 78	逆转防止选择	0
Pr. 79	运行模式选择	3
Pr. 80	电动机（功率）	0.55kW
Pr. 81	电动机（极数）	4 极
Pr. 82	电动机励磁电流	1.5A
Pr. 83	电动机额定电压	380V
Pr. 84	电动机额定频率	50Hz
Pr. 178	STF 端子功能的选择	60
Pr. 179	STR 端子功能的选择	61
Pr. 180	RL 端子功能的选择	0
Pr. 181	RM 端子功能的选择	1
Pr. 182	RH 端子功能的选择	2

4. PLC 程序设计

（1）分配 PLC 控制系统输入/输出（I/O）点　PLC 控制系统输入/输出（I/O）点的分配，见表 6-5。

表 6-5 PLC 控制系统输入/输出（I/O）点的分配

输入			输出		
名称	代号	输入点编号	名称	代号	输出点编号
起动按钮	SB1	X10	水泵电动机接触器	KM1	Y0
停止按钮	SB2	X11	电加热丝接触器	KA	Y1
手自动切换按钮	SA1	X12	开合模电动机接触器	KM2	Y5
开模限位	SQ6	X0	下料电动机接触器	KM3	Y6
急停	SB	X1	射胶电动机接触器	KM4	Y7
合模限位	SQ1	X2	高速	RH	Y10
温度检测节点	BL	X3	中速	RM	Y11
射台前限位	SQ2	X4	低速	RL	Y12
射胶限位	SQ3	X5	正转	STF	Y13
射台后限位	SQ4	X6	反转	STR	Y14
熔胶下料限位	SQ5	X7	电源指示灯	HL1	Y20
手动-合模	SA2	X13	溶胶下料电动机	HL2	Y21
手动-开模	SA2	X14	加热指示灯	HL3	Y22
手动-溶胶	SA3	X15	射台-后退	HL4	Y23
手动-射台前进	SA4	X16	射台-前进	HL5	Y24
手动-射台后退	SA4	X17	合模	HL6	Y25
手动-高速	SB3	X20	开模	HL7	Y26
手动-中速	SB4	X21			
手动-低速	SB5	X22			
手动-正转	SB6	X23			
手动-反转	SB7	X24			
手动-下料电动机按钮	SB8	X25			

（2）设计 PLC 控制系统接线图　注塑机 PLC 控制系统接线图如图 6-30 所示。

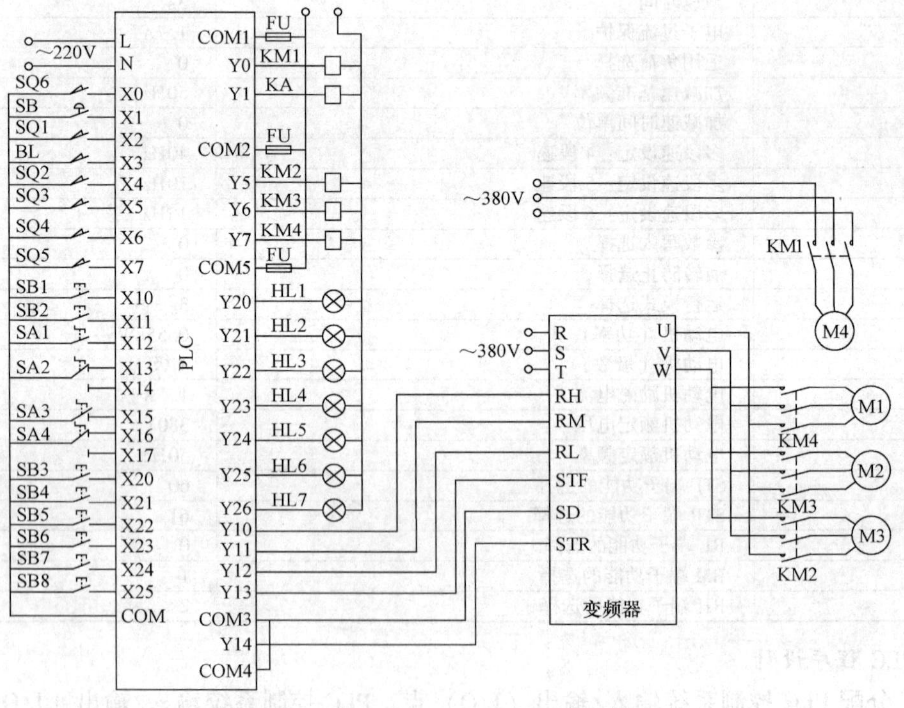

图 6-30　注塑机 PLC 控制系统接线图

（3）编制 PLC 程序

1）画出注塑机工作状态流程图，如图 6-31 所示。

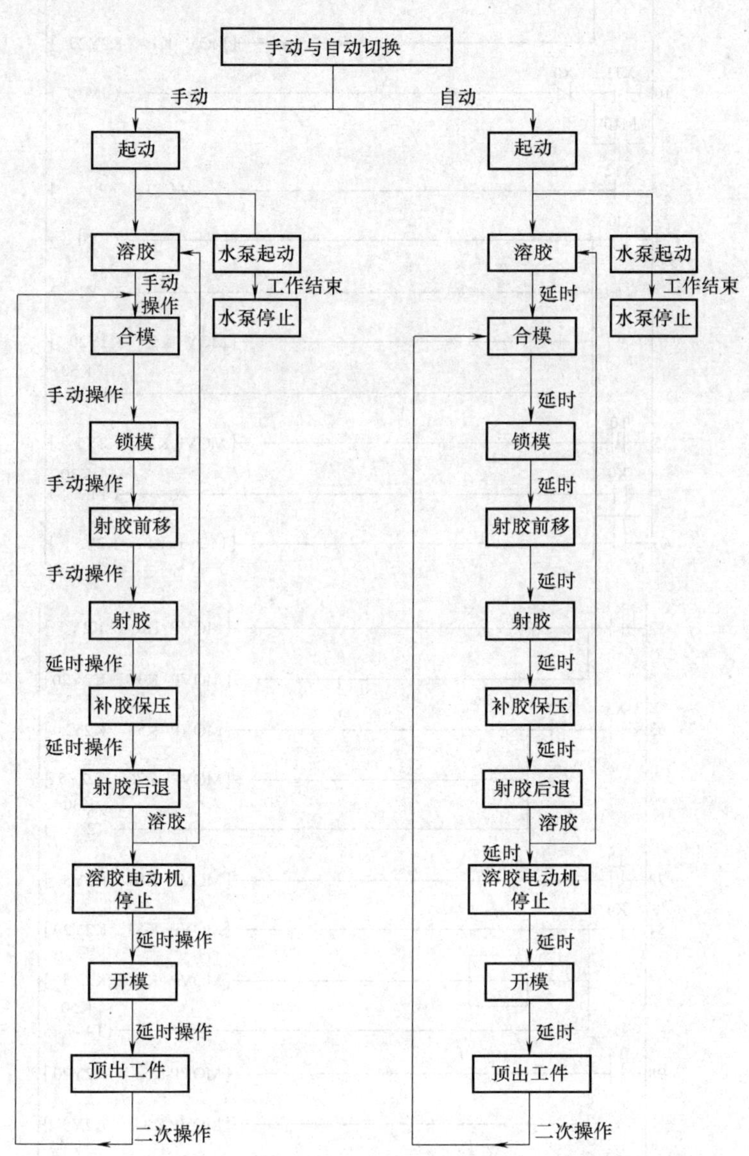

图 6-31　注塑机工作状态流程图

2）编制注塑机 PLC 控制程序梯形图，如图 6-32 所示。

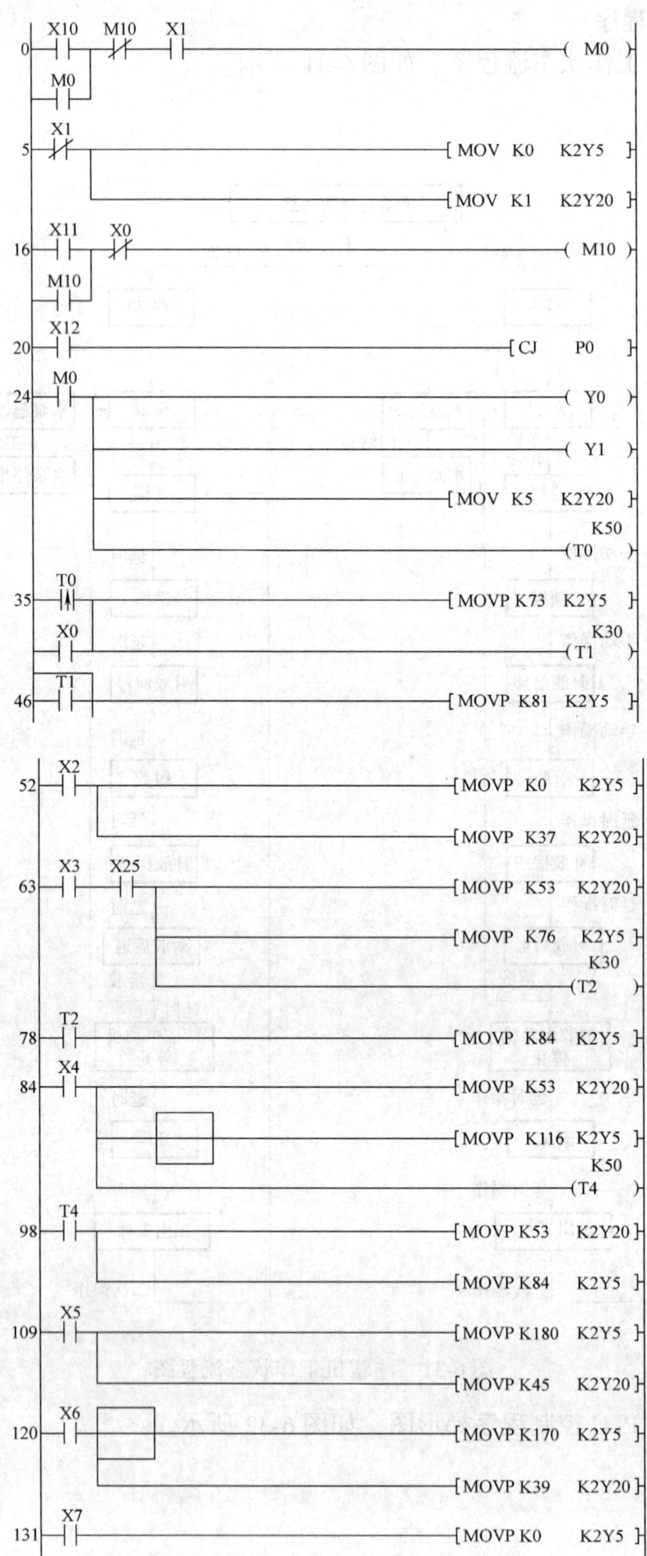

图 6-32　注塑机 PLC 控制程序梯形图

```
137  X5  Y21  T5(NC)                    ( M1 )
     M1                                  K300
                                        (T5 )
145  T5                                 [MOVP K161 K2Y5 ]
                                        [MOVP K65  K2Y20]
                                         K30
                                        (T6 )
159  T6                                 [MOVP K153 K2Y5 ]
165  M100(NC)                           [CJ        P1   ]
P0
169  M0                                 ( Y0 )
                                        ( Y22 )
                                        ( Y1 )
174  X13                                [MOVP K65  K2Y5 ]
                                        [MOVP K33  K2Y20]
185  X2                                 [MOVP K0   K2Y5 ]
                                        [MOVP K1   K2Y20]
196  X14                                [MOVP K129 K2Y5 ]
                                        [MOVP K65  K2Y20]
207  X0                                 [MOVP K0   K2Y5 ]
                                        [MOVP K1   K2Y20]
218  X16                                [MOVP K68  K2Y5 ]
                                        [MOVP K17  K2Y20]
229  X4                                 [MOVP K0   K2Y5 ]
                                        [MOVP K1   K2Y20]
240  X17                                [MOVP K132 K2Y7 ]
                                        [MOVP K9   K2Y20]
251  X6                                 [MOVP K0   K2Y5 ]
                                        [MOVP K1   K2Y20]
```

图 6-32　注塑机 PLC 控制程序梯形图（续）

图 6-32 注塑机 PLC 控制程序梯形图（续）

第四节 PLC、变频器及触摸屏的综合应用

龙门刨床主拖动系统传统上采用电机扩大机调速系统。电机扩大机由交流电动机 MB 拖动，其输出电压给直流发电机 G1 的励磁绕组供电，而交流电动机 MA 则拖动发电机 G1 和励磁机 G2，它们又分别给直流电动机的电枢绕组和励磁绕组供电，通过控制电路实现对直流电动机的调速控制，其系统组成如图 6-33 所示。

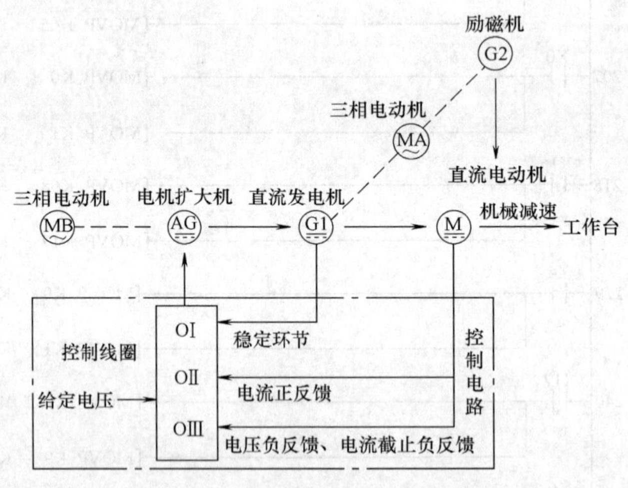

图 6-33 龙门刨床主拖动系统组成

一、控制要求

根据龙门刨床主拖动系统的控制要求，采用 PLC、变频器对龙门刨床主拖动系统进行改造，控制要求如下：

1）能按照规定的速度曲线完成自动往复循环。

2）调整机床时，工作台能以较低的速度“步进”或“步退”。

3）工作台停止时有制动，防止“爬行”。

4）磨削时应能低速运行。

5）有必要的联锁保护措施。

6）编制 PLC 控制程序。

7）利用触摸屏对系统进行监控。

二、电路设计分析

1. 龙门刨床的结构

龙门刨床主要用来加工各种平面、斜面、槽，更适合于加工大型而狭长的工件，如机床床身、横梁、立柱、导轨和箱体等。龙门刨床的结构如图 6-34 所示。

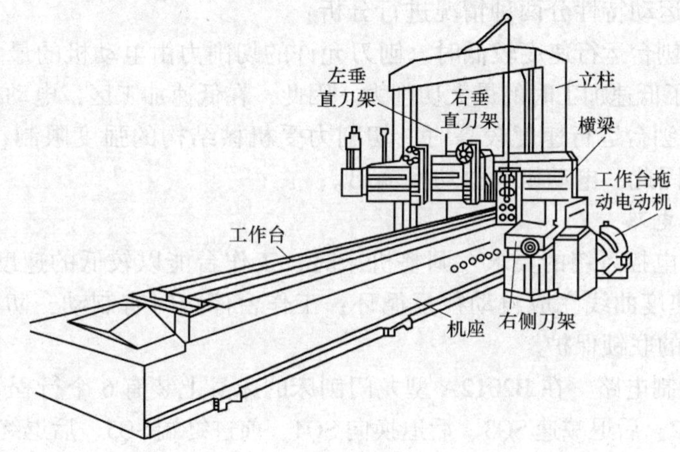

图 6-34　龙门刨床的结构

（1）机座　机座是一个箱形体，上有 V 形和 U 形导轨，用于安置工作台。

（2）工作台　工作台也叫做刨台，用于安置工件。下有传动机构，可顺着床身的导轨作往复运动。

（3）立柱　用于安置横梁及刀架。

（4）横梁　用于安置垂直刀架，在切削过程中严禁动作，仅在更换工件时移动，用以调整刀架的高度。

（5）垂直刀架　安装在横梁上，可沿水平方向移动，刨刀也可沿刀架本身的导轨垂直移动。

（6）左右侧刀架　安置在立柱上，可上、下移动。

（7）拖动电动机　用于拖动工作台的往复循环运动。

2. 龙门刨床的运动

（1）主运动　工作台的往复运动。

（2）进给运动　刨刀垂直于主运动的运动。

（3）辅助运动　横梁的夹紧、放松及升降运动。

3. 拖动系统的要求

（1）调速范围　通常采用直流电动机调压调速，并加一级机械变速，使工作台调速范围达 1:20，工作台低速挡的速度为 6～60m/min，高速挡为 9～90m/min。

（2）静差度　要求负载变动时，工作台速度的变化在允许范围内。龙门刨床的静差率一般要求为0.05～0.1，B2012A型为0.1。

（3）工作台往复运动中的速度能根据要求相应变化　刨刀慢速切入（工作台开始前进时速度要慢，避免刨刀切入工件时的冲击使刨刀崩裂）、刨削加工恒速（刨刀切入工件后，工作台速度增加到规定值，并保持恒定，使得工件表面均匀光滑）、刨刀慢速退出（行程末尾工作台减速，刨刀慢速离开工件，防止工件边缘剥落，减小工作台对机械的冲击）。除此之外，还包括快速返回和缓冲过渡过程。

（4）调速方案能满足负载性质的要求　$n<25\mathrm{r/min}$ 时输出转矩恒定，$n>25\mathrm{r/min}$ 时输出功率恒定，低速磨削时 $n=1\mathrm{r/min}$。另外，工作台正反向过渡过程快，且有必要的联锁。

4. 刨台运动的机械特性

下面对刨台的运动特性分两种情况进行分析：

（1）低速区　刨台运行速度较低时，刨刀允许的切削力由电动机的最大转矩决定。电动机确定后，即确定了低速加工时的最大切削力。因此，在低速加工区，电动机为恒转矩输出。

（2）高速区　刨台运行速度较高时，切削力受机械结构的强度限制，允许的最大切削力与速度成反比，因此，电动机为恒功率输出。

5. 工作台控制电路

（1）工作台对电控系统的要求　调整机床时，工作台能以较低的速度“步进”或“步退”；能按规定的速度曲线完成自动往复循环；工作台停止时有制动，防止“爬行”；磨削时应低速；有必要的联锁保护。

（2）工作台控制电路　在B2012A型龙门刨床的床身上装有6个行程开关，即前进减速SQ1、前进换向SQ2、后退减速SQ3、后退换向SQ4、前进终端SQ5、后退终端SQ6。工作台侧面装有A、B、C、D 4个撞块，如图6-35所示。减速与换向行程开关的工作状态见表6-6。

当主拖动机组起动完毕，横梁已经夹紧，液压泵已经工作，并且机床润滑油供给情况正常时，工作台自动往返工作的控制电路将处于准备状态。

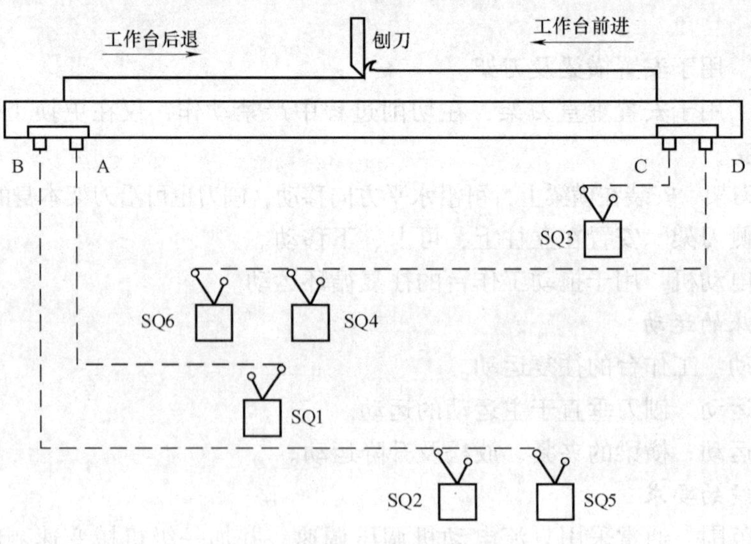

图6-35　行程开关布置示意图

表 6-6　减速与换向时行程开关的工作状态

触点＼工作状态		原位	加速	工进	减速	停止	快速退回			减速	停止
前进减速行程开关	SQ1	−	−	−	+	+	+	−	−	−	−
前进换向行程开关	SQ2	−	−	−	−	+	−	−	−	−	−
后退减速行程开关	SQ3	+	−	−	−	−	−	−	−	+	+
后退换向行程开关	SQ4	+	−	−	−	−	−	−	−	−	+

注：“＋”表示行程开关动作接通，“－”表示行程开关不动作。

三、电路设计

1. 主电路设计

采用变频器对龙门刨床主拖动系统中的刨台进行速度控制，可以克服原设计中的不足，系统框图如图 6-36 所示。

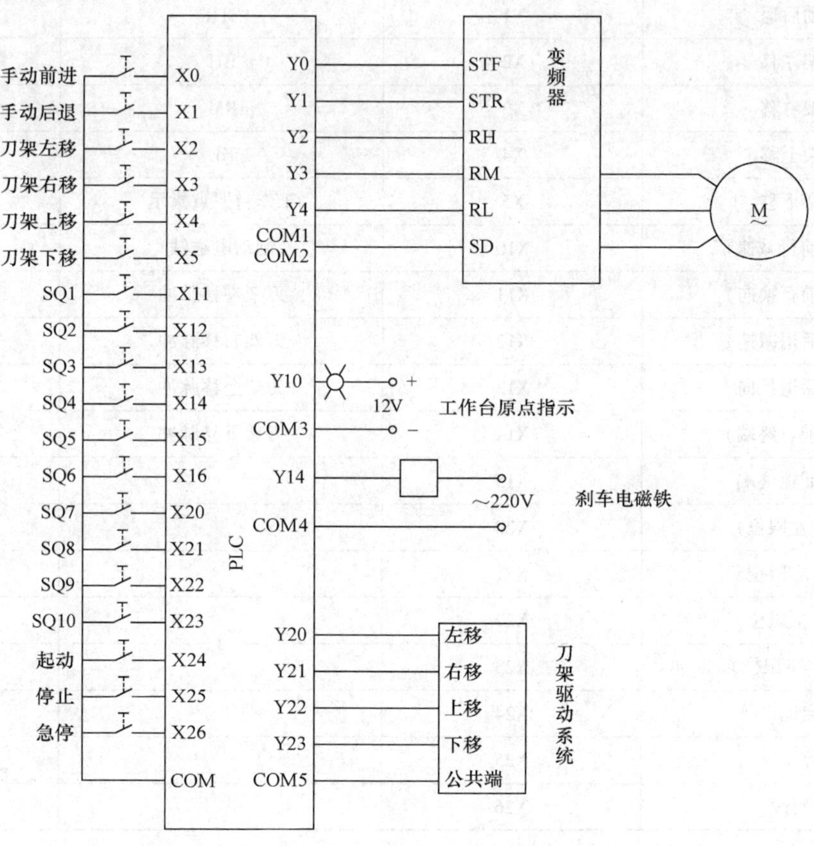

图 6-36　刨台变频调速系统框图

在系统中设置了工作台的手动前进与后退（慢速）控制，并设计了刀架的手动控制，方便加工开始时，直接将刨刀放在合适的位置，以提高生产效率。另外，刀架的运动是根据刨刀运动的方向，由 PLC 发出相应的控制脉冲，再由刀架控制系统驱动刀架的移动。当工作台到达原点时，原点指示灯点亮，提示操作人员当前工作台的状态。当工作台停止运行时，Y14 所控制的电磁铁动作，起制动的作用，防止工作台的“爬行”。SQ1 ~ SQ6 是工作台中的各位置检测开关，SQ7 ~ SQ10 为刀架上下左右 4 个位置的限位开关。

根据主拖动系统的控制要求，可以利用变频器的多段速度运行功能满足工作台往复运动时的速度要求。低速时用于刨刀切入、刨刀退出，中速时用于刨削加工，高速时用于空刀返回。SQ1 ~ SQ6 用于工作台在工作过程中的减速与换向。输出点包括变频器的控制、刀架的运动控制及原点指示与制动。编制 PLC 的输入/输出（I/O）点的分配，见表 6-7。

表 6-7　PLC 的输入/输出（I/O）点的分配

输入信号		输出信号	
功能	地址	功能	地址
手动前进	X0	STF	Y0
手动后退	X1	STR	Y1
刀架左移	X2	RH	Y2
刀架右移	X3	RM	Y3
刀架上移	X4	RL	Y4
刀架下移	X5	工作台原点指示	Y10
SQ1（前行减速）	X10	制动电磁铁	Y14
SQ2（前行换向）	X11	刀架左移脉冲	Y20
SQ3（后退减速）	X12	刀架右移脉冲	Y21
SQ4（后退换向）	X13	刀架上移脉冲	Y22
SQ5（前行终端）	X14	刀架下移脉冲	Y23
SQ6（后退终端）	X15		
SQ7（左限位）	X20		
SQ8（右限位）	X21		
SQ9（上限位）	X22		
SQ10（下限位）	X23		
启动	X24		
停止	X25		
急停	X26		

2. 变频器 6 段速设置

工作台的运行中，要求有 6 种不同的速度，在此采用变频器的 7 段速功能（其中一速不用)，其他6段速度的设定见表6-8。

变频器其他的参数设置见表6-9。

表6-8　7段速度的设置

名称	对应控制端	参数号（Pr.）	设置值（Hz）	备注
速度1	RH	4	10	
速度2	RM	5	15	
速度3	RL	6	20	
速度4	RM、RL	24	25	
速度5	RH、RL	25	45	
速度6	RH、RM	26	50	
速度7	RH、RM、RL	27		此处不用

表6-9　基本运行参数的设定

参数名称	参数号（Pr.）	设定值
提升转矩	0	5%
上限频率	1	50Hz
下限频率	2	3Hz
基底频率	3	50Hz
加速时间	7	5s
减速时间	8	5s
电子过电流保护	9	3A（以实际使用电动机为准）
加减速基准频率	20	50Hz
操作模式	79	2

四、设计程序

1. 绘制状态流程图

利用PLC状态转移中多进程的特性，这里设置了三个进程，分别是进程1，即正常工作进程；进程2，即工作过程的停止操作；进程3，即工作过程的紧急停止。每个进程的工作流程如图6-37所示。

（1）进程1　在刚开始时，可以通过手动对龙门刨床的工作台进行慢速地前进后退、刀架的上下左右移动操作，可以在此阶段调整刀架的高度及左右和下限位，同时还可调整工作台的前行与后退的减速与换向的行程开关位置。在上述内容调整好之后，先使工作台回原点，然后就等待运行指令。

当按下起动按钮后，工作台就按照工艺所要求的运行程序开始运行。在切削的过程中，不同的工作台位置，其运行速度是不同时，根据要求在程序当中设定时间与速度的关系，为提高可靠性，还要根据行程开关的动作（即工作台的位置）对速度和换向同样做出限定，

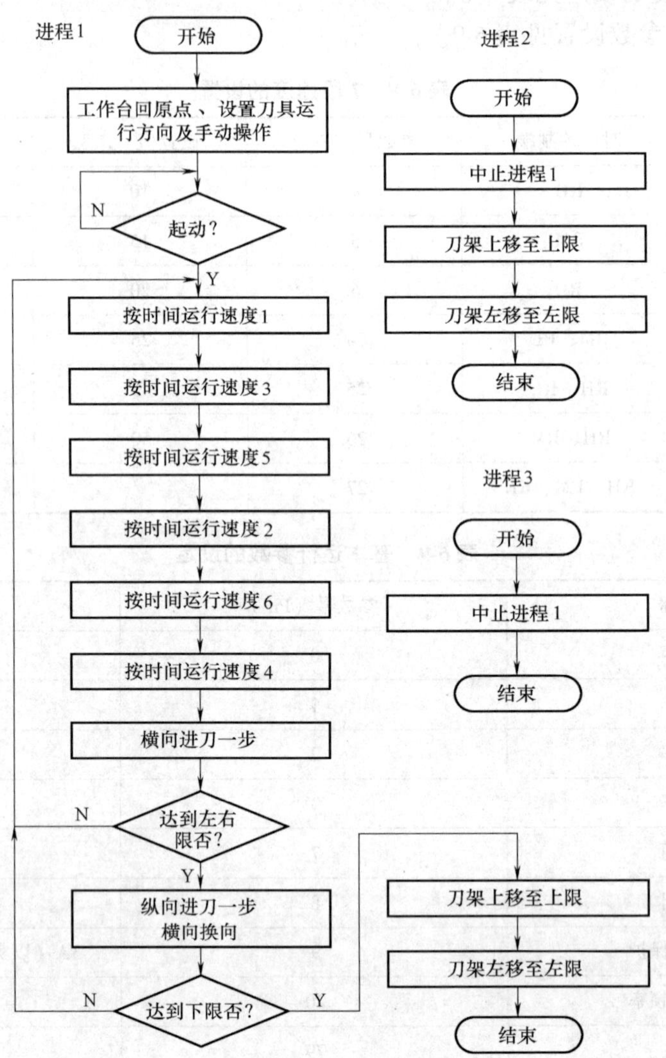

图6-37　龙门刨床的工作流程

位置开关与时间的条件是逻辑或的关系。刨刀刨一条线后，刀架横向进给一步，再刨第二刀，如此反复进行，当刨刀到达横向限位时，完成该面一层的切削，便纵向进给一步，改变刨刀横向进给的方向，再重复上一层的切削过程，也是如此反复地重复一层层的切削，当下限开关动作时，表明该面的加工完成，刀架先上升到上限位，再移到左限位，本次操作完成。

（2）进程2　当加工过程中，遇有情况需要停车时，按下停止按钮，起动停车的进程。在该进程中，中止进程1，并将刀架先上移，后左移，最终放置在左上的位置。

（3）进程3　当遇到突发紧急事件时，按下急停按钮，起动急停进程。在该进程中，中止进程1，工作台与刀架保留在原地不动。

2. 梯形图设计

刨床加工过程是严格按照步骤顺序加工的，这里采用状态转移的方法进行编程，其程序梯形图如图 6-38 所示。

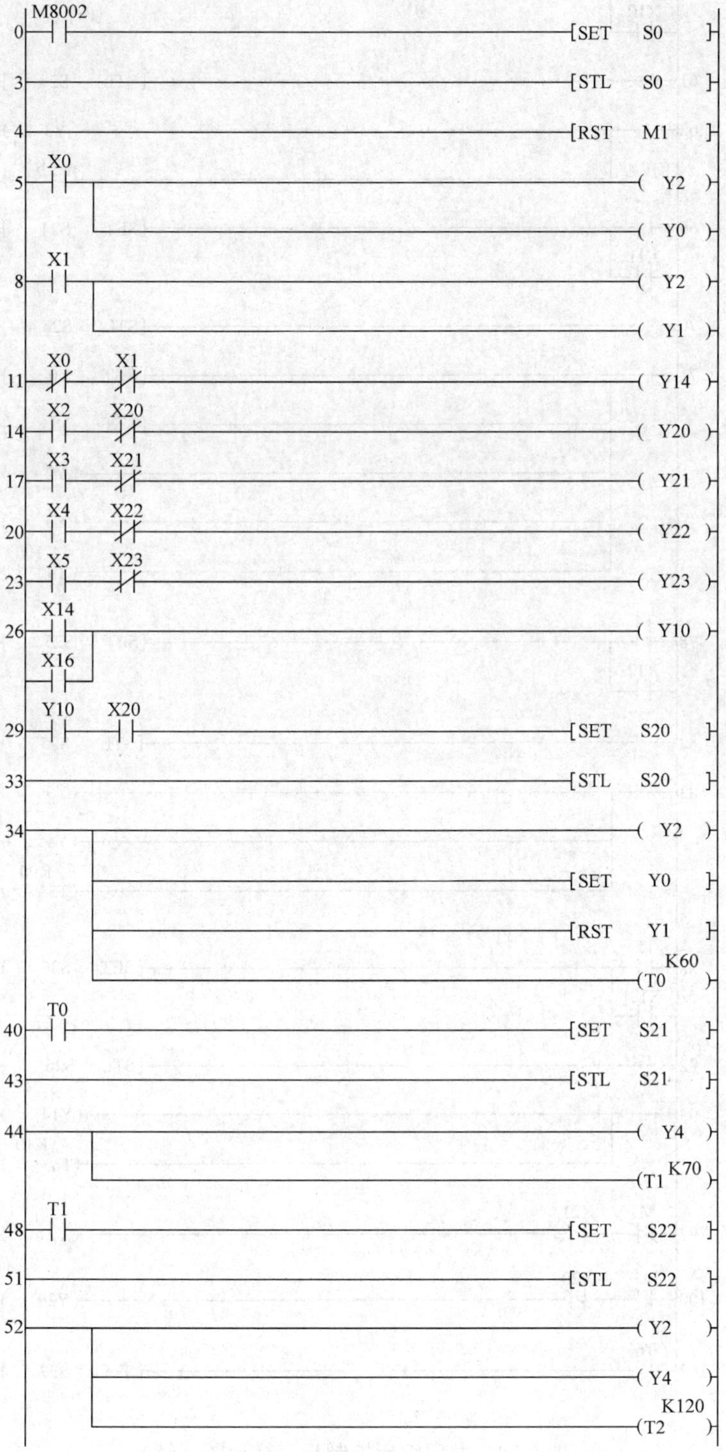

图 6-38　龙门刨床控制程序梯形图

```
57   T2 ─┤├─ (OR X10 ─┤├─) ──────── [SET S23]
61   ─────────────────────────────── [STL S23]
62   ─────────────────────────────── (Y3)
                                     (T3 K80)
66   T3 ─┤├─ (OR X11 ─┤├─) ──────── [SET S24]
70   ─────────────────────────────── [STL S24]
71   ─────────────────────────────── [RST Y0]
                                     [SET Y1]
                                     (Y2)
                                     (Y3)
                                     (T4 K100)
78   T4 ─┤├─ (OR X12 ─┤├─) ──────── [SET S25]
82   ─────────────────────────────── [STL S25]
83   ─────────────────────────────── (Y3)
                                     (Y4)
                                     (T5 K90)
88   T5 ─┤├─ (OR X13 ─┤├─) ──────── [SET S26]
92   ─────────────────────────────── [STL S26]
93   ─────────────────────────────── (Y14)
                                     (T6 K10)
97   M1 ─┤/├─ X21 ─┤/├─ ──────────── (Y21)
100  M1 ─┤├─ X20 ─┤/├─ ──────────── (Y20)
103  T6 ─┤├─ ─────────────────────── [SET S27]
```

图 6-38　龙门刨床控制程序梯形图（续）

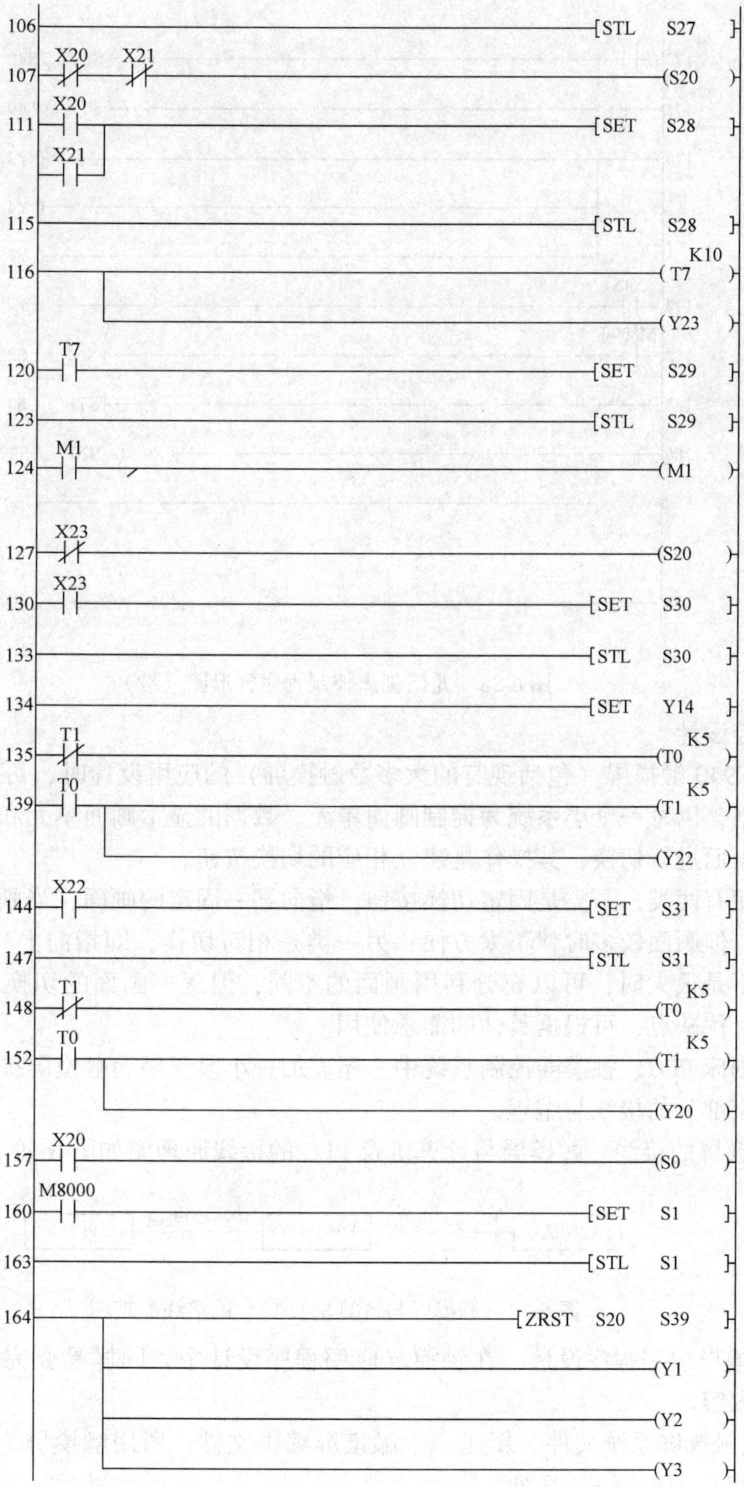

图 6-38 龙门刨床控制程序梯形图（续）

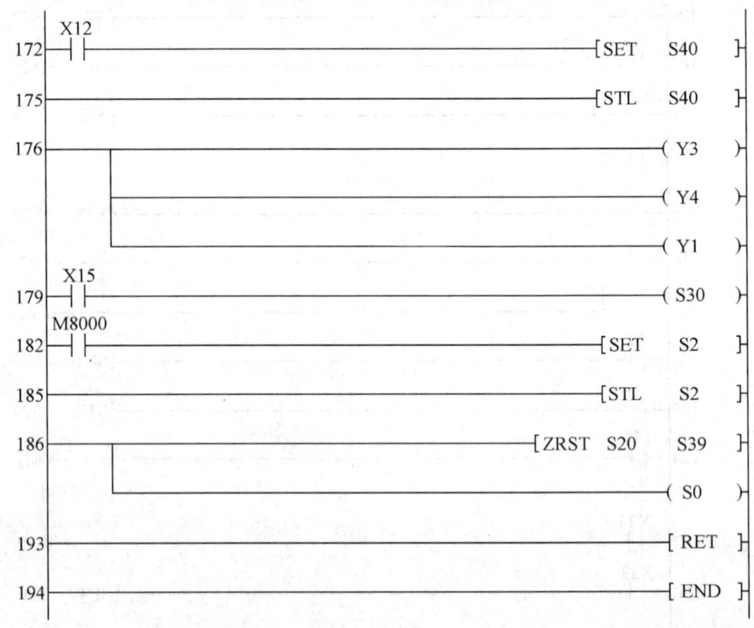

图 6-38　龙门刨床控制程序梯形图（续）

五、监控设计

在三菱 F940 触摸屏（包括现有的大多数触摸屏）的应用设计时，可以对画面以功能模块的方式规划，以每一个小系统为控制画面单元、数据的显示画面单元和趋势图等。在使用中就需要对画面进行切换，其操作是建立相应的切换按钮。

切换按钮有两类，一类是固定切换按钮，指向某一固定的画面，当画面数量较少时可以方便地使用，但画面较多时就不太方便；另一类是相对切换，即指向上一画面或下一画面，在画面尺寸不是很大时，可以充分利用画面的空间，但逐一画面的切换，可能会使操作变慢。两者各有优缺点，可根据具体的需求使用。

在龙门刨床 PLC、触摸屏控制系统中，还需加一小段程序为触摸屏提供数据，再接下来是触摸屏控制部分的接线与编程。

（1）触摸屏的接线　触摸屏与计算机及 PLC 的接线原理图如图 6-39 所示。

图 6-39　触摸屏与计算机及 PLC 的接线原理图

（2）触摸屏应用程序设计　在触摸屏应用程序设计中，同样是要完成系统的建立及画面的制作等内容。

1）新建触摸屏系统文件。新建一个触摸屏编辑文件，所用触摸屏为三菱 F940-SWD 触摸屏，所用 PLC 为三菱 FX 系列。

2）制作触摸屏画面。本系统中建立两个触摸屏画面，一个是工作台运行控制画面，另一个是刀架控制画面，如图 6-40 和图 6-41 所示。在前一个画面中，包含起动、停止、急停、手动前行与手动后退等操作按键，要有工作台的原点指示、变频器的运行方向和输出频率的显示，以及前行与后退过程中的减速和换向行程开关的动作状况指示。第二个画面中，要有刀架上下左右运行的手动操作按键和相应的行程开关动作状态指示。两个画面还均要有画面切换的按键。在画面制作中还要对其属性和对象的外形做出调整。图 6-40 所示为所有按键及指示灯为 OFF 状态时的画面，图 6-14 所示为所有按键及指示灯为 ON 状态时的画面。各对象的属性见表 6-10。

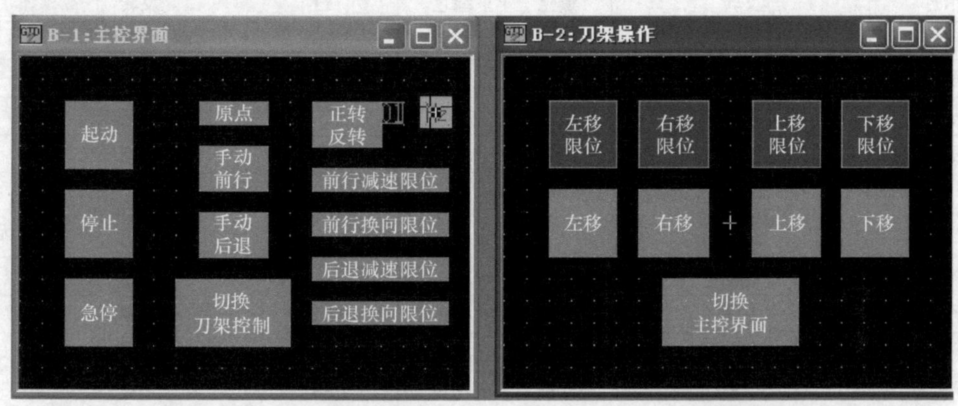

图 6-40　触摸屏控制画面（所有按键及指示灯为 OFF 状态）

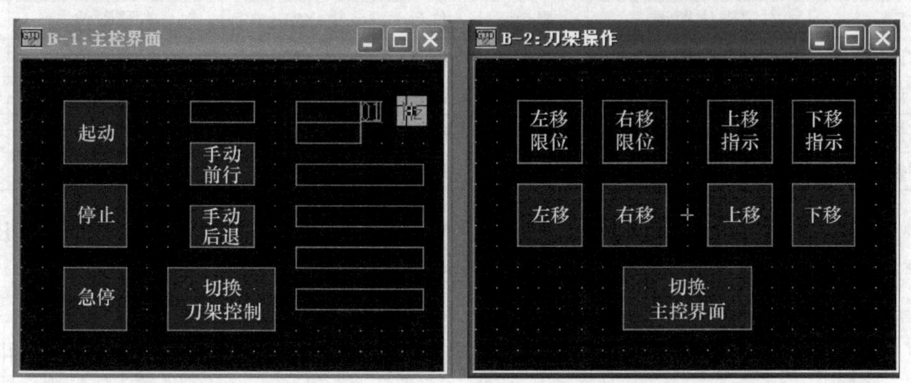

图 6-41　触摸屏控制画面（所有按键及指示灯为 ON 状态）

3）设置各按键与 PLC 中软元件的对应关系。在上述画面完成后，除切换按键以外的所有对象均通过属性的修改与 PLC 软元件建立对应关系。

表 6-10　各对象的属性

对　　象	名　　称	颜　　色		对应软元件	文 本 内 容	其　　他
		OFF	ON			
开关	起动	蓝色	绿色	X24	起动	点动
开关	停止	蓝色	绿色	X25	停止	点动
开关	急停	蓝色	绿色	X26	急停	点动
开关	手动前行	蓝色	绿色	X0	手动前行	点动

（续）

对　象	名　称	颜　色		对应软元件	文本内容	其　他
		OFF	ON			
开关	手动后退	蓝色	绿色	X1	手动后退	点动
指示灯	原点	黑色	绿色	Y10	原点	
指示灯	正转	黑色	绿色	Y0	正转	
指示灯	反转	黑色	绿色	Y1	反转	
指示灯	前行减速限位	黑色	绿色	X10	前行减速限位	
指示灯	前行换向限位	黑色	绿色	X11	前行换向限位	
指示灯	后退减速限位	黑色	绿色	X12	后退减速限位	
指示灯	后退换向限位	黑色	绿色	X13	后退换向限位	
数字显示	变频器输出频率			D0	变频器输出频率	2位数字，无小数位
文本框	Hz				Hz	
开关	左移	蓝色	绿色	X2	左移	点动
开关	右移	蓝色	绿色	X3	右移	点动
开关	上移	蓝色	绿色	X4	上移	点动
开关	下移	蓝色	绿色	X5	下移	点动
指示灯	左移限位指示	黑色	红色	X20	左移限位	
指示灯	右移限位指示	黑色	红色	X21	右移限位	
指示灯	上移限位指示	黑色	红色	X22	上移限位	
指示灯	下移限位指示	黑色	红色	X23	下移限位	
页面切换	切换刀架控制	蓝色	绿色		切换刀架控制	
页面切换	切换主控界面	蓝色	绿色		切换主控界面	

（3）频率显示的PLC编程　针对触摸屏中显示变频器的输出频率，需要在PLC中编写一段程序，加在上一任务的程序中。其要增加的程序梯形图如图6-42所示。

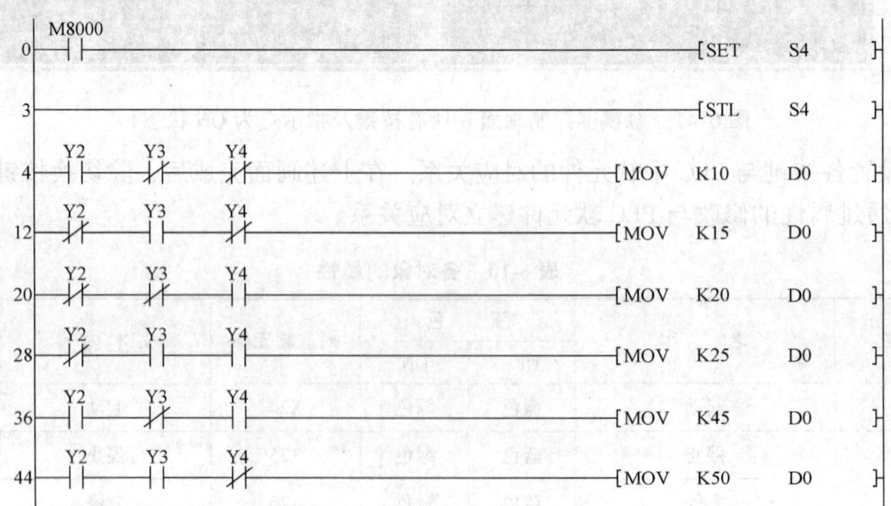

图6-42　要增加的程序梯形图

参考文献

[1] 肖明耀．可编程控制技术［M］．北京：中国劳动社会保障出版社，2004.

[2] 王国海．可编程控制器［M］．北京：中国劳动社会保障出版社，2007.

[3] 瞿彩萍．PLC 应用技术［M］．北京：中国劳动社会保障出版社，2006.

[4] 王建，张宏，徐洪亮．PLC 操作实训（三菱）［M］．北京：机械工业出版社，2007.

[5] 王建，张宏．三菱 PLC 入门与典型应用［M］．北京：中国电力出版社，2008.

[6] 王建，马新合，刘禹林．实用 PLC 技术［M］．沈阳：辽宁科学技术出版社，2010.

读者信息反馈表

感谢您购买《PLC实用技术（三菱）》一书。为了更好地为您服务，有针对性地为您提供图书信息，方便您选购合适图书，我们希望了解您的需求和对我们教材的意见和建议，愿这小小的表格为我们架起一座沟通的桥梁。

姓　名		所在单位名称			
性　别		所从事工作（或专业）			
通信地址				邮　编	
办公电话			移动电话		
E-mail					

1. 您选择图书时主要考虑的因素：（在相应项前面画✓）

（　）出版社　（　）内容　（　）价格　（　）封面设计　（　）其他

2. 您选择我们图书的途径（在相应项前面画✓）

（　）书目　（　）书店　（　）网站　（　）朋友推介　（　）其他

希望我们与您经常保持联系的方式：

□ 电子邮件信息　□ 定期邮寄书目

□ 通过编辑联络　□ 定期电话咨询

您关注（或需要）哪些类图书和教材：

您对我社图书出版有哪些意见和建议（可从内容、质量、设计、需求等方面谈）：

您今后是否准备出版相应的教材、图书或专著（请写出出版的专业方向、准备出版的时间、出版社的选择等）：

非常感谢您能抽出宝贵的时间完成这张调查表的填写并回寄给我们，我们愿以真诚的服务回报您对机械工业出版社技能教育分社的关心和支持。

请联系我们——

地　址　北京市西城区百万庄大街22号　机械工业出版社技能教育分社

邮　编　100037

社长电话　（010）88379080　88379083　68329397（带传真）

E-mail　jnfs@ mail. machineinfo. gov. cn